新型工业化·新计算·计算机学科系列

软件工程

（第2版）

朴勇　周勇/编著

 扫一扫书中二维码
观看配套视频资源

 新形态·立体化
融入课程思政

电子工业出版社·
Publishing House of Electronics Industry
北京·BEIJING

内 容 简 介

本书主要围绕软件的系统工程化开发过程，介绍相关的理论、方法、技术和工具。本书以面向对象的分析和设计为主线，以基本理论为出发点，遵循 UML 2 标准，介绍软件工程概念和软件开发过程；重点针对软件开发的具体活动，讨论需求分析、软件架构的构建、类的分析与设计、代码生成、类的详细设计、设计优化、实现技术、交互设计、软件测试等内容；介绍软件开发环境，包括软件项目级管理、软件过程管理与改进。

本书内容丰富、循序渐进，注重软件工程理论与实践的结合，适合作为高等院校计算机相关专业本科生和研究生的教材，也可作为从事软件开发的理论研究人员及工程技术人员的参考用书。

图书在版编目（CIP）数据

软件工程 / 朴勇，周勇编著. -- 2 版. -- 北京：
电子工业出版社，2025. 1. -- ISBN 978-7-121-49325-6

Ⅰ. TP311.5

中国国家版本馆 CIP 数据核字第 20256AB793 号

责任编辑：刘 玙
印　　刷：三河市双峰印刷装订有限公司
装　　订：三河市双峰印刷装订有限公司
出版发行：电子工业出版社
　　　　　北京市海淀区万寿路 173 信箱　　邮编：100036
开　　本：787×1092　　1/16　　印张：18　　字数：461 千字
版　　次：2019 年 8 月第 1 版
　　　　　2025 年 1 月第 2 版
印　　次：2025 年 1 月第 1 次印刷
定　　价：69.00 元

凡所购买电子工业出版社图书有缺损问题，请向购买书店调换。若书店售缺，请与本社发行部联系，联系及邮购电话：（010）88254888，88258888。

质量投诉请发邮件至 zlts@phei.com.cn，盗版侵权举报请发邮件至 dbqq@phei.com.cn。

本书咨询联系方式：liuy01@phei.com.cn。

前　言

"软件工程"是各高校软件学院开设的一门专业基础课程，主要介绍软件工程的基本原理、开发方法和工具，是软件开发经验总结的理论课程，同时具有很强的实践性。另外，该课程涉及计算机、经济学、管理学、工程学、市场学等多个领域的知识，具有知识广泛性的特点。

在多年教学实践中，编者深切体会到该课程在授课过程中的诸多问题。比如，理论知识枯燥乏味，使学生不容易将抽象的理论与实践联系起来；没有大项目案例的依托，学生体会不到软件工程的作用等。如何突出重点，使学生掌握必备的软件工程基础及应用案例是软件工程课程讲解的重要挑战。

本书突出实用的特点，一方面涵盖软件工程的主要知识点，强调新技术、新方法、新理念；另一方面以案例为线索，以面向对象的分析和设计为主线，将分散的知识点连贯起来，便于读者理解和消化，注重理论和实践的结合，为读者提供一条循序渐进的学习路线。

本书的具体内容包括：第1章介绍软件工程的相关概念、技术与方法；第2章围绕软件开发过程，对软件开发的阶段组织及生命周期模型进行说明；第3~11章主要围绕软件开发的具体活动，讨论需求分析、软件架构的构建、类的分析与设计、代码生成、类的详细设计、设计优化、实现技术、交互设计、软件测试等内容；第12章介绍软件项目级管理，包括软件配置管理、项目管理、项目计划跟踪控制、软件质量保证、风险管理、项目人员构成与沟通等内容；第13章重点介绍软件过程管理与改进。本书知识结构紧凑、突出案例教学，在开发方法的介绍上贯穿具体案例，并且尽量以程序代码的形式对相关的知识点进行说明和展示，以代码为驱动，以此鼓励学生通过实践对软件工程进行深入的理解和探索。本书提供配套教学资源（PPT、源代码），读者可登录华信教育资源网免费下载。

相较于第一版，第二版在保持原有框架的基础上，进行了精心的修订和优化。首先，针对第一版中存在的一些错误和不准确的表述，第二版进行了仔细的校订和纠正，确保了内容的准确性和权威性。此外，为了适应技术发展的步伐，第二版还进行了内容的更新和扩充，并添加了教学视频和思政内容，以增强教育意义和价值导向。

本书适合作为高等院校计算机相关专业本科生和研究生的教材，也可作为从事软件开发的理论研究人员及工程技术人员的参考用书。

由于编写时间和编者水平所限，书中难免有不妥之处，敬请各位读者批评指正，我们将虚心改正。

编　者

视频课程

目　录

VIII

第1章 软件工程概述

软件的开发与管理过程其实是一个优化问题的过程,需要在有限的资源条件下(例如,有限的预算、不断压缩的交付时限、软件工程师的数量及能力、各种风险的预期等)做到收益的最大化。在保证产品质量的前提下,引入软件工程可以达到降低软件开发成本的目的。软件工程追求软件开发的精益化,其本质是规避浪费,确保在合适的时间做合适的事情,以达到效率的最大化,也是精益思想在软件工程中的体现。

软件工程是研究和应用如何以系统性的、规范化的、可定量的过程化方法开发和维护软件,以及如何把经过时间考验且被证明正确的管理技术和当前能够获得的最好的开发技术方法结合起来的学科。

本章主要介绍软件危机与软件工程、系统工程与 UML、系统开发的解空间、软件工程开发方法,以及软件工程发展等相关内容。

1.1 软件危机与软件工程

1.1.1 软件危机

软件工程的提出始于软件危机的出现。1968 年,北大西洋公约组织(NATO)在联邦德国召开的软件工程会议上提出了软件危机一词,同时提出了软件工程的概念,用于解决软件危机。软件危机是指在软件开发及维护的过程中遇到的一系列严重问题,这些问题可能导致软件产品的寿命缩短,甚至夭折。

软件危机在 20 世纪 70 年代表现得尤其严重,具体表现为超预算、超期限、质量差、用户不满意、开发过程无法有效介入和管理、代码难以维护等。人们逐渐认识到软件开发是一项高难度、高风险的活动,因为它失败的可能性较大。软件危机的产生与软件本身的特点有很大的关系,其中最主要的是软件的复杂性。

(1)软件是逻辑层面上的,不是有形的物理文件,与硬件具有完全不同的特征。而且,软件的主要成本产生于设计与研制的过程,而不是制造的环节。软件的制造过程可以理解为"复制"。

(2)软件在使用过程中不会磨损,但会退化。因此,软件的维护不能像维修硬件一样进行简单的更换,而是修复不断发现的缺陷。这个过程比较复杂,有时需要经历新的开发过程,而且缺陷被发现得越晚,为之付出的代价就越高。

(3)软件开发早期是一门艺术,但目前越来越趋于标准化,并且软件产业正向大规模制造和基于构件的方向前进。

(4)软件是一种逻辑实体,具有抽象性。软件可以被使用,但无法看到其本身的形态。软件产品是人类智慧的作品。

（5）软件是复杂的，并且会越来越复杂。人类思想的复杂性导致了软件的复杂性。随着信息技术的发展，软件的规模越来越大，复杂程度越来越高。

人们对软件往往有着过高的期望，认为软件无所不能，对软件的认识也比较模糊。例如，早期人们对软件的误解之一就是软件即程序，认为软件开发就是编写程序，编写程序就是软件开发的全部工作。实际上，软件是由 3 部分组成的，即程序、数据和文档。其中，程序是指在运行中能提供所希望的功能和性能的指令集；数据是指支持程序运行的数据；文档是指描述程序研制过程、方法及使用的记录。随着对软件了解的深入，人们也认识到软件开发的一般性规律——变化。变化是软件开发不变的主题，带来了诸多挑战。

（1）软件开发各环节对缺陷具有放大作用，一个小的问题如果不及时识别和处理，经过几级放大后，会在后期带来"可观"的成本上的损失。

（2）只有早发现问题，才能尽量减少损失，但是有一个难以解决的问题是，用户的需求不可能一次性地确定下来。甚至，有时用户对软件的需求也是模糊的，需要一个不断学习的过程。

总之，软件危机的产生主要是由软件的复杂性、过高的期望，以及无处不在的变化导致的。人们逐渐认识到应对软件危机的必要性，并从以下几点寻找解决软件危机的途径。

（1）要对软件有正确的认识。

（2）推广使用软件开发成功的技术和方法，研究探索更有效的技术和方法。

（3）开发和使用更好的软件工具。

（4）对于时间、人员、资源等，需要引入更加合理的管理措施。

1.1.2　软件工程

软件工程是从技术和管理两个方面开发和维护计算机软件的一门学科。IEEE（国际电气与电子工程师协会）对软件工程的定义是：将系统化、规范化、可量化的工程原则和方法应用于软件的开发、运行和维护及对其中方法的理论研究，其主要目标是高效开发高质量的软件，降低开发成本。

作为开发与维护的指导，软件工程的基本原理包括：用分阶段的生命周期计划严格管理；坚持进行阶段评审；实行严格的产品控制；采用现代程序设计技术；结果应能清楚地审查；开发小组的人员应该少而精；承认不断改进软件工程实践的必要性。

1999 年 5 月，ISO（国际标准化组织）和 IEC（国际电工委员会）的第一联合技术委员会启动了标准化项目——软件工程知识体系指南（Guide to the Software Engineering Body of Knowledge，SWEBOK），其目的是对软件工程学科的范围提供一致的确认。软件工程知识体系版本二（2004 年）是以互联网技术为背景，主要包含两个部分，共 10 个主要知识域，如图 1.1 所示。

软件工程知识体系版本三（2014 年）以普适计算技术为背景，在版本二的基础上，又新增了 5 个知识域，包括软件工程职业实践（Software Engineering Professional Practice）、工程经济学基础（Engineering Economy Foundations）、计算基础（Computing Foundations）、数学基础（Mathematical Foundations）和工程基础（Engineering Foundations）。软件工程知识体系即将迎来版本四（2024 年）的发布，该版本以物联网、大数据和人工智能技术为背景，将要新增 3 个知识域，包括软件架构（Software Architecture）、软件工程运维（Software Engineering Operations）和软件安全（Software Security）。软件工程知识体系中包含的主要知识域的介绍如下。

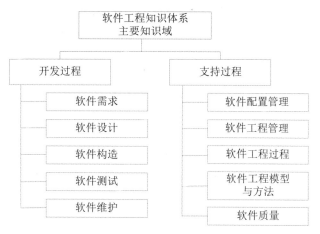

图 1.1　软件工程知识体系主要知识域

软件需求（Software Requirement）涉及软件需求的获取、分析、规约和确认，以及整个软件产品生命周期过程中的需求管理，描述了针对软件产品的要求和约束，包括软件需求基础、需求过程、需求获取、需求分析、需求规约、需求确认、实际考虑因素与需求工具。

软件设计（Software Design）是定义系统或组件的体系结构、组成、接口和其他特征的过程，以及该过程的结果，包括软件体系结构、软件设计复用、用户界面设计、软件设计质量分析与评价、软件设计表示方法、软件设计策略与方法、软件设计工具。

软件构造（Software Construction）是通过程序编写、验证、单元测试、集成测试和调试纠错等一系列活动来创建可工作的、有意义的软件的过程，包括软件构造基础、管理软件构造、实践考虑与构造技术。

软件测试（Software Testing）是在有限测试用例集合上，根据期望的行为对程序的行为进行动态验证的过程，包括软件测试基础、测试级别、测试技术、测试相关度量、测试过程与测试工具。

软件维护（Software Maintenance）是以成本有效的方式为软件提供的全部支持性活动。这些活动在软件交付之前或交付之后进行，包括软件维护基础、软件维护关键问题、维护过程、维护技术与维护工具。

软件配置管理（Software Configuration Management）标识软件的各组成部分，并对每个部分的变更进行管控（版本管理与控制），维护各组成部分之间的联系，使得软件在开发过程中任何时刻的状态都可被追溯。软件配置管理包括软件配置管理过程的管理、软件配置标识、软件配置控制、软件配置状态核定、软件配置审计、软件发布管理与交付、软件配置管理工具。

软件工程管理（Software Engineering Management）是通过规划、协调、测量、监督、控制和报告等管理活动来保证有效提交软件产品和软件工程服务，使用户得益，包括启动和范围定义、软件项目计划、软件项目实施、评审与评价、软件工程度量与软件工程管理工具。

软件工程过程（Software Engineering Process）是软件工程师设计出的一系列工作活动，其目的是开发、维护和操作软件，涉及需求、设计、构建、测试、配置管理和其他过程。软件工程过程也被简称为软件过程，包含软件过程定义、软件生命周期、软件过程的评估和改进、软件度量与软件过程工具。

软件工程模型与方法（Software Engineering Model and Method）使得软件工程的活动系统化、可重用并最终更加成功，也使得软件产品具有可移植性和可复用性等关键指标，强调贯穿软件生命周期多个阶段的模型与方法，包括软件建模、模型类型、模型分析、软件工程方法。

软件质量（Software Quality）在软件工程知识领域中占有重要地位，因为软件工程实践中所包含的过程、方法和工具，最终都可以聚焦在软件质量上，包括软件质量基础、软件质量过程、实际考虑与软件质量工具。

1.2 系统工程与 UML

1.2.1 系统工程

系统工程是为了更好地达到系统目标，对系统的构成要素、组织结构、信息流动和控制机构等进行分析与设计的技术。针对不同的领域，系统工程有不同的实现方法，如商业过程工程（Business Process Engineering）、产品工程（Product Engineering）等。系统工程的目的是确保在正确的时间使用正确的方法做正确的事情。

系统工程用定量和定性相结合的系统思想和方法处理大型复杂系统的问题。根据一系列相关元素的合理组织，系统能够完成既定的任务或目标，如构成计算机系统的元素可以是硬件、软件、人员等，而构成软件子系统的元素可以是程序、数据、文档等。所以，系统有一种很自然的构成方式，即层次方式。层次分析方法是系统分析的常用方法，将问题分解为不同的组成因素，并按照因素间的相互关联影响及隶属关系将因素按不同层次聚集组合，形成一个多层次的分析结构模型。例如，产品工程的层次结构模型如图 1.2 所示。

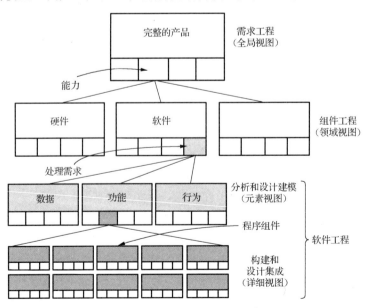

图 1.2 产品工程的层次结构模型

模型的顶层表示领域目标，即层次分析要达到的总目标；中间层表示采取某一方案来实现预定总目标所涉及的中间环节；底层表示要选用的解决问题的各种措施、策略、方案等。

模型能更好地体现出人们对系统的理解和驾驭能力。由于系统工程本身的层次特点，系统模型本质上也是层次化的。对应系统工程的不同层次，相应的模型会被创建和使用，如需求工程中的模型要能体现出对系统宏观上的理解，下层模型要能明确具体子系统的需求。随着对系统的理解，工程化的规范会被引入，生成更细致的模型。

总之，系统工程关注的是整个系统的开发、设计和管理，包括硬件、软件、人员、流程等各个方面。系统工程不仅涉及软件，还包括硬件、人员、政策、流程等。软件工程则专注于软件系统的开发、设计、实施和维护，涵盖了软件开发的各个阶段，包括需求分析、设计、编码、测试和维护。软件工程是系统工程的一个重要组成部分。在许多现代系统中，软件在系统功能和性能中起着至关重要的作用。因此，系统工程师通常需要了解软件工程的基本原理和实践，以有效地集成软件在系统中的作用。同样地，软件工程也受到系统工程的影响。软件工程师需要了解整个系统的需求和约束，以便设计和开发符合系统整体目标的软件解决方案。

1.2.2 统一建模语言 UML

统一建模语言（Unified Modeling Language，UML）是继面向对象的分析与设计（OOA&D）方法出现后，面向对象领域的又一个研究与讨论的热点。UML 在 Booch、OMT、OOSE 等方法的基础上进行了标准化，如今已经成为对象管理组织（Object Management Group，OMG）的标准之一。

顾名思义，UML 是一种语言，或者说是一种工具，而不是一种方法。UML 致力于分析设计的描述，其表述形式以图形方式为主，但其描述形式本质上仍归为非正式（Informal）的方式，区别于其他一些形式化的正式描述方法。事实上，UML 是对 OOA&D 方法进行分析、设计的结果展现。

Grady Booch、James Rumbaugh 和 Ivar Jacobson 被誉为"三朋友"（The Three Amigos），在软件工程领域有着杰出贡献，并对 UML 的发展起着主要的推动作用。其中，Grady Booch 是面向对象方法的最早倡导者之一，提出了面向对象软件工程的概念，在早期与 Rational 软件公司研发 Ada 系统时做了大量工作，并由此提出了适合系统设计与构造的 Booch 方法；James Rumbaugh 在 General Electric 公司曾经有一个研发团队，使用一种对象建模技术（OMT）将方法中的表示符号独立于语言和模型并贯穿软件开发的各个阶段，以实现阶段间的平滑过渡，适用于以数据为中心的信息系统；Ivar Jacobson 早期在 Objectory AB 公司任职，在很多实际项目中积累了丰富的经验，提出了"用例"（Use Case）的概念，创造了 OOSE 方法。OOSE 方法以用例为中心，进行系统需求的获取、分析，以及高层设计等开发活动，适合支持商业工程的需求分析。

在 20 世纪 90 年代中期，Grady Booch、James Rumbaugh 和 Ivar Jacobson 分别代表着不同的学派，各自的理论也比较完善，但各有优缺点。其实，当时还有很多其他学派（如 Shlaer、Mellor、Coad 及 Yourdon 等），分别采用不同的符号进行类与对象的表示和关联，甚至出现了相似符号在不同模型中表示的意义不尽相同的现象。由于他们分别自成体系，造成了混淆，因此不利于大规模的软件开发活动。面对几十种不同的建模语言，这些不同的面向对象表示方法及相关的方法论形成了一个"群雄争霸"的时代,历史上将其称为"方法的战争"(Method Wars)。

在 1995 年, Booch 与 Rumbaugh 合作, 将其方法合并为统一方法, 并公开发表了 0.8 版本, 随后他们又联合 Jacobson, 在方法中加入了用例思想。1996 年, 三人共同将他们的新方法命名为 UML 0.9。

但"方法的战争"并没有就此结束。1997 年 1 月, 不同的组织和机构都向 OMG 提交了各自有关模型交换的草案, 以完善和促进 UML 的定义工作。三人所在的 Rational 公司也将此时的 UML 1.0 版本提交给了 OMG, 经过一段时间的工作和修改, 取长补短, 最终 OMG 选择了 UML 1.1 版本作为 OMG 的标准。从此, UML 又经过不断的修订, UML 1.3 在 1999 年成为了当时的官方版本, 也是在 UML 历史上里程碑式的一个版本。2005 年 7 月, OMG 发布了 UML 2.0 版本, 对 UML 1.x 版本进行了更新和扩充。目前, UML 也成了 ISO 的标准之一。这些都决定了 UML 在软件开发和建模领域中的地位。

UML 将软件开发中的语言表示与过程进行了分离, 具有可视化（Visualization）、规格说明（Specification）、构造（Constructing）和文档化（Documenting）等功能, 下面分别对这些功能进行说明。

1. 可视化

可视化能帮助开发者理解和解决问题, 方便熟悉 UML 的开发者彼此交流和沟通。以此为基础, 开发者可以较容易地发现设计草图中可能的逻辑错误, 保证软件能保质保量交付。

2. 规格说明

对一个系统的规格说明, 应当通过一种通用的、精确的、没有歧义的通信机制进行。UML 适合这种说明工作, 因为它可以表示编码前的一些重要决定, 使得开发者达成共识, 能够对后续软件的开发过程进行指导, 提高软件的开发质量, 降低开发成本。

3. 构造

按照 UML 的语法规则, 开发者使用软件工具对业务进行建模, 并将模型进行解释和说明, 最终将模型映射到某种计算机语言来实现, 大大加快业务系统的建模和实现速度。

在实现的过程中, 开发者根据设计合理调配资源, 并识别可复用的组件, 高效实现复用, 降低开发成本。

4. 文档化

使用 UML 可以同时生成系统设计文档。这些专业化的设计文档可以帮助开发者节省开发时间, 快速熟悉和理解系统, 在人与系统之间起到"桥梁"的作用, 从而达到事半功倍的效果。

UML 是提供给用户的高层建模的方法, 是针对用户需求的高层抽象, 具体表现为描述组件的构成及联系, 给人一种高屋建瓴的效果。代码能够描述一种模型, 但是是具体的、底层的, 如果其他人想要了解设计思想, 则需要读懂代码, 甚至需要先学习一门新的语言。还有一种表示方法是使用自然语言进行描述, 但自然语言具有歧义和含糊不清的缺点。

UML 具有简单的表示法（Notation）, 其定义是规范且严谨的。UML 的表示法简短, 容易学习, 而且其含义有明确的定义（在 UML 中, 这种定义是通过元模型来描述的）。

UML 2.0 的构成及其与 UML 1.x 的比较如下。

UML 1.x 明确了沟通规范，传达了设计的要点，以捕获需求，并将需求映射到软件中的解决方案。UML 2.0 经过体系的重建，克服了 UML 1.x 的过于复杂、脆弱和难以扩展等缺点，引进了一些新的图模型，以便扩展语言，使其应用范围更广泛。

UML 2.0 具体包括以下图模型。

（1）用例图：用于表示系统与使用者（或其他外部系统）之间的交互，有助于将需求映射到系统中。

（2）活动图：用于表示系统中顺序和并行的活动。

（3）类图：用于表示类、接口及其之间的关系。

（4）对象图：用于表示类图中定义的类的对象实例，其配置是对系统的模拟。

（5）顺序图：用于表示重要对象之间的互动顺序。

（6）通信图：用于表示对象交互的方法和需要支持交互的连接。

（7）时序图：用于表示重点对象之间的交互时间安排。

（8）交互概况图：用于将顺序图、通信图和时序图收集到一起，以捕捉系统中发生的重要交互情况。

（9）组成结构图：用于表示类或组件的内部，可以在特定的上下文中描述类间的关系。

（10）组件图：用于表示系统内的重要组件和彼此间交互所用的接口。

（11）包图：用于表示类与组件集合的分级组织。

（12）状态图：用于表示整个生命周期中对象的状态和可以改变状态的事件。

（13）部署图：用于表示系统最终怎样被部署到真实的世界中。

1.3 系统开发的解空间

在面向对象分析和设计方法中，UML 是描述面向对象模型的标准化图形语言和表示法，因此本书将使用 UML 来完成面向对象的分析和设计。

解空间是系统设计和问题解决过程中的一个概念。在系统设计过程中，解空间表示了系统可能采取的各种解决方案、设计选择和参数组合。这些解决方案和设计选择可以通过不同的参数和变量进行描述，从而形成解空间的多维空间。

面向对象分析和设计方法是一种基于模型的方法，综合使用用例建模、静态建模、动态建模、架构建模来描述软件需求、分析和设计模型，从而构成系统开发的解空间。在用例建模中，系统的功能性需求按照用例和由参与者进行定义；静态建模提供了系统的结构化视图，将类按照其属性及其与其他类的关系进行定义；动态建模提供了系统的行为视图，通过对象交互来表示对象之间的通信和协作，从而实现用例；架构建模是系统的核心，使用包、子系统和构件结构来描述系统的框架结构，以及框架中各个部分的连接关系。

UML 可以用来描述解空间中的各种元素、关系和约束。这里描述的是一种基于 UML 的软件建模和架构设计方法，如图 1.3 所示。将用例作为整个分析设计的驱动，基于软件架构的理论和方法构造出软件的总体架构，并以此为核心，进一步使用面向对象的静态和动态建模方法来完成以类为单元封装体和以构件为复合封装体的分析设计，最终生成代码，实现系统。整个过程是一种基于用例的高度迭代的软件开发过程。

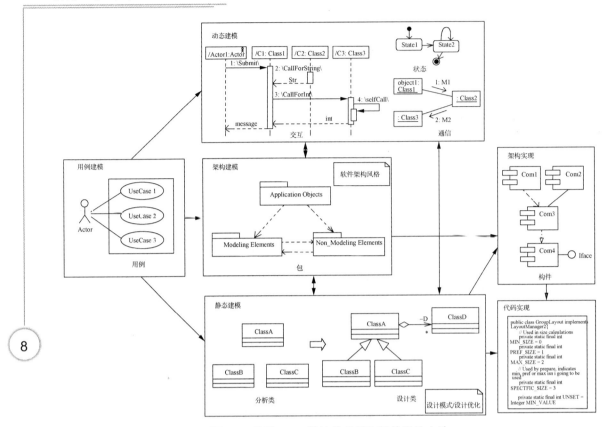

图 1.3　基于 UML 的软件建模和架构设计方法

1．用例建模

在用例建模阶段所开发的用例模型中，由参与者和按照用例来描述业务系统的功能性需求，每个用例都要开发一个叙述性描述的用例规约。在此过程中，用户的输入和主动参与是必不可少的。

2．分析和设计

在分析和设计阶段，要迭代式地进行系统的静态建模和动态建模。静态建模定义了问题域中类之间的结构和关系，并将这些类及其关系描绘在类图中。动态建模实现了来自用例建模的用例，以显示每个用例中参与的对象及对象间是如何交互的，并将对象和它们之间的交互描绘在通信图或顺序图中。在动态建模中，使用状态图来定义与状态相关的对象。

3．架构建模

在架构建模阶段，要设计系统的软件体系结构。其中，将模型映射到一个运行环境中，将问题域的分析模型映射到设计模型的解空间中，并通过包和子系统的组织准则将系统组织为子系统。子系统被视为聚合或复合对象，当在分布式的子系统中使用相互通信的可配置构件进行设计时，要给予特别的考虑。

设计每个子系统。对于顺序系统，重点放在信息隐藏、类和继承的面向对象概念。对于并发系统［例如，实时、客户端/服务器（C/S）或分布式应用］，除了要考虑面向对象的概念，还要考虑并发任务的概念。

4．实现

在实现阶段，需要将软件架构模型映射到可运行实现的模型解空间中。此阶段，包和子系统会映射成组件，而其中的类则使用代码生成方法和优化策略生成可运行和部署的面向对象结构的代码。

使用 UML 来描述解空间中的各种元素和关系，可以帮助系统设计者更好地理解和分析系统的设计空间，从而更好地选择和优化系统的设计方案。

1.4　软件工程开发方法

软件工程在软件开发过程中引入了一整套相关的技术及规范，主要包含方法、工具、过程三个基本要素。其中，方法是完成软件开发各项任务的技术，主要回答"如何做"；工具是为方法的运用提供自动或半自动的软件支撑环境，主要回答"用什么做"；过程是为了获得高质量的软件需要完成的一系列任务的框架，规定完成各项任务的步骤，主要回答"如何控制、协调、保证质量"。软件过程正如中国功夫中的内功，是武术修炼的核心，为各种招式提供内在的力量和支撑。因此，掌握良好软件过程的团队能够在实战中应对自如，在激烈的市场竞争中占据有利地位。随着软件工程的发展及技术的不断进步，根据人们分析问题角度和方式的不同，软件工程开发方法可以分为传统开发方法（结构化方法）、面向对象方法、数据驱动开发方法、快速原型开发方法、面向服务开发方法等，这里主要对传统开发方法和面向对象方法进行介绍。

1.4.1　传统开发方法

传统开发方法也被称为结构化方法，是一种静态的思想，将软件开发过程划分成若干个阶段，并规定每个阶段必须完成的任务，各阶段之间具有某种顺序性。传统开发方法体现出对复杂问题"分而治之"的策略，但主要问题是缺少灵活性，因为规范中缺少应对各种未预料变化的方法，而这些变化却是在实际开发中无法避免的。因此，当软件规模比较大，尤其是开发的早期需求比较模糊或经常变化时，这种方法往往会导致软件开发不成功。即使开发成功，维护起来通常也比较困难，会增加系统的总成本。

1.4.2　面向对象方法

面向对象方法是一种动态的思想，其出发点和基本原则是尽可能模拟人类习惯的思维方式，将现实世界中的实体抽象为对象（Object），同时在对象中封装了实体的静态属性和动态方法。面向对象分析设计的方式使得业务领域中实体及实体之间的关系与对象及对象之间的关系保持一致，以实现概念层与逻辑层的相互协调。更要强调的是各种逻辑关系在结构上的稳定性[1]，即通过稳定的结构来提高应对各种变化的能力。因此，它的开发过程可以是一个主动多次迭代的演化过程，保证了开发阶段间的平滑（无缝）过渡，降低了模型的复杂性，提高了可理解性及应对各种变化的能力，从而简化了软件的开发和维护工作。

---

[1] 这种稳定性可以通过 UML 的类图进行表达。

在技术上，对象融合了数据及数据之上的操作，所有的对象按照类（Class）进行划分，而类是对象的"抽象"；类与类之间可以构成"继承"的层次关系；对象之间的互相联系是通过消息机制实现的，确保了对信息的"封装"，使得对象之间更为独立。

同时，面向对象的分析过程既包含了由特殊到一般的归纳思维过程，又包含了由一般到特殊的演绎思维过程，而且对象是更为独立的实体，可以更好地进行"重用"。

1.4.3　理解两种开发方法

在了解传统开发方法和面向对象方法后，下面通过一个具体的例子进行说明。后续章节还会对这个例子中涉及的具体方法和模型进行更详细的讲解。

下面以日常生活中一个熟悉的应用场景"餐馆就餐"为例进行讲解。传统的思维方式是一种过程化的方式，即将整个就餐过程划分成许多子过程，每个子过程都对应不同的处理流程，使数据在这些子过程中流动和处理，因此这种方法也被称为面向数据流的方法。图 1.4 所示为传统开发方法与面向对象方法的分析比较，形象地描述了运用两种不同的思维方式产生的不同分析方法。图 1.4 的下半部分描述的是传统的过程化方法的分析图[①]，整个就餐过程被划分为点菜、备料、烧菜、上菜 4 个子过程。首先顾客借助菜单在点菜过程中表达就餐意愿并记录在点菜清单中，然后后厨根据点菜清单进行菜品的备料和烧菜，最后在上菜后服务员需要对点菜清单做适当的标记。通过这样的分析过程来描述和理解整个业务流程，并在进一步设计中按照系统工程的层次方法对这些子过程进行更加具体及技术化的展开。

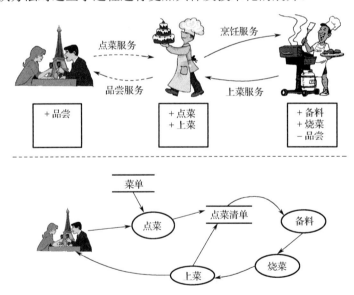

图 1.4　传统开发方法与面向对象方法的分析比较

面向对象的思维方式是以人类对现实世界的理解为出发点，对领域中的实体进行抽象，因此简化了分析的难度并增加了可理解性，同时保证了分析模型结构的稳定性，提高了应对变化的能力。图 1.4 的上半部分是面向对象的分析方式，通过对业务领域的理解抽象出 3 个主要的类，即顾客、服务员和厨师。图中标明了各个类具有的服务能力，如服务员主要是对顾客提供

---

① 此图名为数据流图（Data Flow Diagram，DFD）。

点菜和上菜的服务。值得一提的是，厨师和顾客中都具有品尝服务，但这个服务在两个对象中的作用是不同的。其中，厨师的品尝服务前面有一个短横线标识，表明这是一个私有服务——仅在本对象内使用（烧菜需要的动作）；而顾客中的品尝服务则是一个公有服务。

抽象类之间的关系是保证整个分析结构稳定的重要元素之一，图中顾客与服务员、服务员与厨师之间的箭头表明了对象之间具有的联系。这种联系在这个特定的业务领域（餐馆就餐）中是很自然的，与我们日常的就餐场景一致，而顾客与厨师之间并没有任何联系，符合该业务的一般规则。这是一种固定的业务模式，所以具有较强的稳定性及可理解性。

如果用户此时对需求提出了新的修改建议，如需要当前这个就餐系统能够"礼貌待客"，则这种情况可视为产生了需求变化。需求变化的响应对软件开发者来说一直是一个比较头疼的问题，从应对需求变化的能力中体现出的是设计师的素质和设计质量。针对用户具体的需求变化，从传统开发方法中首先筛选出业务变更的位置——服务员与顾客之间的点菜和上菜这两个过程。不幸的是，上述隔离过程需要设计和维护人员熟悉并理解整个业务流程。对一些较大型的系统来说，这往往是很困难的一件事情。

面向对象过程在应对这一变化时是比较简单和直接的，由于其分析结果是对现实世界的忠实反映，可以知道与礼貌待客直接相关的对象是服务员，其他的对象根本不需要修改，因此我们不需要深入理解它们。根据类的封装性，我们可以直接把修改限定在一个特定的范围内，以体现出模块化的优势。具体地，我们可以在服务员类中添加一个私有的问候服务，并在该类的点菜和上菜服务中使用此服务。其他地方及其他对象，尤其是对象之间的关系结构不用做任何变化。"隔离变化、应对变化、以不变应万变"正是面向对象方法优势的体现。

在简单了解传统开发方法和面向对象方法的特点及其分析比较后，面向对象方法无论是在理念上，还是在实际开发过程中，都比传统开发方法更具有优势，这也是面向对象方法在业界越来越成为主流的原因。即使这样，也不能完全摒弃传统开发方法。作为面向对象方法的补充，这些传统的、经典的分析和设计方法及其过程目前仍然有着广泛的应用。

1.5 软件工程发展

随着敏捷宣言的发布，并伴随着云计算、人工智能等技术的迅猛发展和逐渐成熟，软件工程发展方向和趋势也逐步转向服务化。软件形态的云化成为必然趋势，以微软为例，其典型产品 Office 的在线订阅服务 Office 365 已经成为主推方向。在此背景下，软件服务化对软件开发提出了新的要求，如采用面向服务方式的构建软件，以"多、快、好、省"的原则持续推出新服务或升级现有服务。面对软件系统复杂度的提升、跨地域高效协作，以及多环境部署，软件服务化对软件的可靠性和安全性提出了更高的要求。因此，我们可以笼统地将二十世纪末之前的软件工程时代称为 1.0 时代，将之后的软件工程时代称为 2.0 时代。

如今，随着 GPT 的发布及其不断进化，多模态语言大模型取得了显著的进步与突破。这些模型具备强大的图像识别与文字分析能力，回答问题的准确性大幅提升。人工智能开始逐步接管部分软件研发工作，将其融入软件研发生命周期，如理解需求、自动生成 UI、自动生成产品代码、自动生成测试脚本等。由此，研发团队的核心任务将从仅撰写代码、执行测试转变为训练模型、调整参数、围绕业务主题提出问题或提供提示（Prompt）等。因此，我们有理由相信，软件工程领域正迎来被誉为"软件工程3.0"的新时代。

1.6 习题

（1）软件工程主要包括哪些内容？

（2）面向对象方法优于传统开发方法的根本原因是什么？可否借助图1.4或其他实例给出自己的理解？

（3）UML包含哪些重要的模型？它们在系统开发的解空间中有何作用？

第 2 章 软件开发过程

软件开发过程（Software Development Process）也被称为软件开发生命周期（Software Development Life Cycle，SDLC），是软件产品开发的任务框架和规范，下面将其称为软件生命周期。软件生命周期有很多相应的模型，描述了开发过程中涉及的任务或活动的方法。本章首先介绍软件生命周期模型与软件过程，然后针对软件生命周期中经常采用的传统生命周期模型和敏捷生命周期模型分别进行详细说明。

2.1 软件生命周期模型与软件过程

在通常情况下，软件生命周期模型更一般化（General）。例如，多种具体的软件过程都属于迭代式的软件生命周期模型。ISO/IEC/IEEE 12207 标准是软件生命周期模型的国际标准，旨在提供一套软件开发与维护过程中涉及的各种任务定义的标准，如软件生命周期的选择、实现与监控等。

可重复、可预测的软件过程能够提升软件开发的效率和软件产品质量。过程改进是不断提高过程本身，引入有效的开发经验，也是质量保证的重要环节之一。软件工程过程小组（Software Engineering Process Group，SEPG）在过程改进中具有重要的作用，提供给软件开发者统一的、标准的开发原则，确保每个成员都在做正确的事情，步调一致，充分协调各开发者、开发小组，通过过程控制的方法，保证软件产品的质量。

因此，软件生命周期模型是软件开发宏观上的框架，而软件过程则涉及软件开发的流程等管理细节，在框架稳定的前提下允许对软件过程进行裁剪。软件生命周期模型与软件过程的关系如图 2.1 所示。

目前主要存在 4 种不同类型的软件生命周期模型，分别为顺序式、迭代式、增量式和敏捷式。在不同的软件生命周期模型中，其过程管理主要采用的是"分而治之"的思想，即将整个软件的生命周期划分成软件定义、软件开发和运行

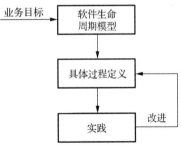

图 2.1　软件生命周期模型与软件过程的关系

维护 3 个主要时期，每个时期再细分为具体的阶段，分别对应明确的任务，并在此基础上实现不同的管理方式。这样做的目的是使规模大、结构复杂、管理复杂的软件开发变得容易控制和管理。在通常情况下，软件生命周期可再细分为可行性分析与开发计划、需求分析、软件设计（概要设计和详细设计）、编码、软件测试、软件维护等阶段。

1. 可行性分析与开发计划

可行性分析的目的是用最小的代价在尽可能短的时间内确定该软件项目是否能够开发，是否值得开发，并给决策者提供做与不做的依据。其本质是要进行一次简化，压缩需求分析和

设计过程，是在较高层次上以抽象的方式进行的一次需求分析和设计过程。

可行性分析的任务首先需要进行概要的分析研究，初步确定项目的规模和目标，确定项目的约束和限制；然后进行简要的需求分析，抽象出该项目的逻辑结构，建立逻辑模型；最后从逻辑模型出发，经过压缩设计，探索出若干种可供选择的主要解决办法，并从技术可行性、经济可行性和社会可行性 3 个方面对每种解决方法进行研究。

技术可行性是对要求的功能、性能及限制条件进行分析，以确定在现有的资源条件下，技术风险有多大、项目能否实现。资源包括软件、硬件、现有的技术水平、已有的工作基础。经济可行性即成本效益分析，估算将要开发的系统的开发成本，并与可能取得的效益进行比较和权衡。社会可行性分析涉及的范围比较广，包括合同、责任、侵权、用户组织的管理模式及规范等。当可行性分析结束时需要提交一份可行性报告，报告中应描述所提出的解决方案和方案的可行性，并拟定一个粗略的开发进度。

开发计划是软件工程中的一种管理文档，主要对开发项目的费用、时间、进度、人员组织、硬件设备的配置、软件开发环境和运行环境的配置等进行说明和规划。开发计划是项目管理人员对项目进行管理的依据，据此对项目的费用、进度和资源进行控制和管理。开发计划文档一般包括项目概述、实施计划、人员组织及分工、交付期限等内容。

2. 需求分析

需求分析阶段是在确定软件开发可行的情况下，对目标软件未来需要完成的功能进行的详细分析。需求分析是软件开发后续阶段的基础，直接关系到整个系统开发的成功与否。由于用户的需求会随着项目的进展不断变化，因此采用合适的方法对需求变化进行管理，以保证整个项目的顺利进行，这个过程即需求变更管理。

此外，应充分理解和掌握用户对目标软件的期望，除功能性需求之外，还要对系统设计有影响的非功能性需求加以识别和分析。需求分析阶段的输出是一份"需求规格（Specification）说明书"。

3. 软件设计

软件设计是在需求分析的基础上寻求系统求解的框架，如系统的架构设计、数据设计等。软件设计可以分为概要设计和详细设计，此阶段的输出分别为"概要设计说明书"和"详细设计说明书"。设计方案是软件实现的蓝图，应综合考虑软件的性能、扩展、安全等因素，合理规划系统模块的结构，充分考虑未来变化的可能性，并预留空间，尽可能保证系统设计结构在整体上的稳定性。

4. 编码

编码是将软件设计的结果翻译成某种计算机语言可实现的程序代码。在编码阶段，我们必须制定统一的编码标准规范，尽量提高程序的可读性、易维护性，以提高程序的运行效率。

5. 软件测试

程序编码后需要对代码进行严密的测试，以发现软件在整个设计过程中存在的问题，并加以纠正。软件测试可以分为单元测试、集成测试和系统测试 3 个阶段。软件测试方法主要有黑盒方法和白盒方法。

软件测试过程需要建立详细的测试计划、编写测试用例、记录并分析测试结果，以保证测试过程实施的有效性，避免测试的随意性。

6. 软件维护

软件维护是软件生命周期模型中持续时间最长的阶段，是为软件能够持续适应用户的要求延续软件使用寿命的活动。软件维护包括改正性维护、适应性维护、完善性维护、预防性维护等。

在软件开发领域，生命周期模型是掌控软件开发过程的关键要素。为了更好地理解和应用这些模型，我们将其粗略地划分为两大类：传统生命周期模型和敏捷生命周期模型。

传统生命周期模型主要遵循严格的开发顺序，以确保软件开发过程的有序进行。这类模型包括顺序式的瀑布模型、快速原型模型，以及增量式的增量模型、迭代式的螺旋模型和喷泉模型。相较于传统生命周期模型，敏捷生命周期模型更注重快速响应变更和持续优化。这类模型主要包括极限编程、Scrum 等。此外，DevOps 作为一种软件开发理念，也与生命周期模型密切相关。它强调开发（Development）和运维（Operations）的紧密合作，以实现持续集成、持续部署和自动化运维等目标。DevOps 理念可以帮助软件开发企业更快地交付软件产品，提高软件质量和稳定性，从而提升整体竞争力。

2.2 传统生命周期模型

传统生命周期模型是一种依次将生命周期阶段进行排列的软件开发过程组织方式，其中颇具代表性的包括瀑布模型和快速原型模型。此外，本节还将阐述增量式的增量模型，以及迭代式的螺旋模型和喷泉模型。尽管这些传统生命周期模型存在诸多不足，但它们目前仍是基本的软件生命周期模型。

2.2.1 瀑布模型

瀑布（Waterfall）模型的构成如图 2.2 所示，该模型因类似瀑布而得名。

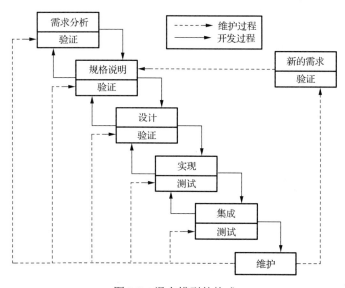

图 2.2 瀑布模型的构成

1. 瀑布模型的特点

（1）文档驱动。只有当一个阶段的文档编制好，并通过评审之后，才可以进入下一个阶段。这是通过强制性的文档规格说明来保证每个阶段都能够很好地完成任务。文档驱动是静态的开发形式。

（2）推迟实现，不急于编写程序。只有对系统有了充分的认识和理解，并完成了需求规格说明和设计规格说明后，才展开编码工作。

（3）质量保证。坚持各阶段结束前的评审活动，及早发现并解决出现的缺陷，避免延迟处理造成更高的代价。

2. 主要问题

（1）用户只有在开发早期及开发结束后，才有机会接触系统。这导致模型的能力天生具有缺陷，尤其是需求模糊或不明确的系统，在开发过程中开发者有过多臆想掺杂，经过各开发阶段的放大效应，使系统返工的风险大为增加。

（2）被动救火式地应对问题，不希望有变化。变化来得越迟，付出的代价越大，可谓"失之毫厘，谬以千里"。

（3）由于文档驱动式的开发方式使模型缺少灵活性，因此变更会很不容易。而软件开发唯一不变的就是变化，瀑布模型（包括其一些变种）无法灵活应对变化的产生，从而导致其在应用上的局限性。

虽然瀑布模型存在很多问题，但是它仍然是最基本、有效的一种可供选择的软件生命周期模型。瀑布模型是一种计划驱动的模型，在对系统整体的把控和协调上，具有一定的优势。因此，瀑布模型比较适合规模较大的系统开发或分布式的开发模式。

2.2.2 快速原型模型

快速原型（Rapid Prototype）模型的结构类似于图 2.2，但需要将图中的"需求分析"改为"原型开发"。快速原型模型的主要作用是在用户和开发者之间搭建起"桥梁"。开发者和用户之间经常面临一个状况：用户熟悉的是业务但不懂得开发技术，而开发者正好相反，其更熟悉具体的开发方法、工具等技术内容，而不明白相关的业务流程，这是需求分析较难开展的原因之一，也是无法固化用户需求的客观因素。

1. 模型的特点

快速原型模型要求对系统进行简单、快速的分析，快速构造一个软件原型，因此用户和开发者在试用或演示原型过程中需要加强沟通和反馈，并通过反复评价和改进原型，减少双方的误解，降低缺陷引入的概率，从而降低由需求不明确带来的开发风险，提高软件质量，获取用户真正的需求。因此，快速原型模型比较适合一个全新的系统开发，使用户能够借助原型了解开发的方向是否正确。比较常见的做法是快速地构建用户界面，让界面首先体现出系统将来需要提供的功能布局。由于界面元素下的功能和相关内容真正实现可能并没有完成，因此主要起演示作用，但借助这样的原型系统，能够使用户建立起对未来系统的认识和了解，并和开发者逐渐达成共识。

另外，在快速原型模型中可以尝试运用未来系统中需要的新技术，提前测试一些性能上的要求是否能够达到预期，如系统的运行或响应速度等，以降低这方面的开发风险。

图 2.3 所示为快速原型模型实例，这是一个实际项目的前期准备，目的是快速给用户提供一个"看得见、摸得着"的演示系统，寻求用户有价值的反馈和进一步开发的建议。这个过程强调的是功能的展示，而不是包含的内容或数据。例如，该原型系统中的数据并非实际要求的真实数据。

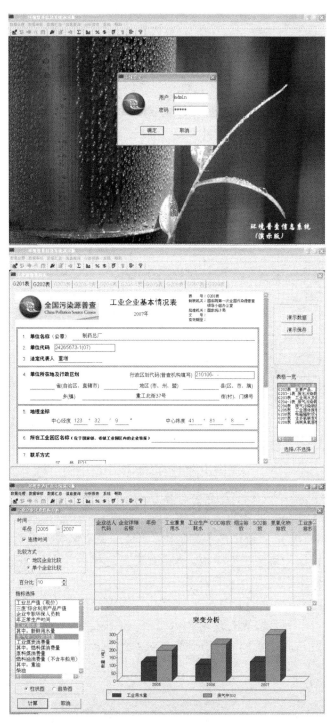

图 2.3　快速原型模型实例

2. 主要问题

快速原型模型的主要问题是所选用的开发技术和工具不一定是实际项目需要的。另外，快速建立起来的模型可能因为不符合各种开发规范，再加上不断的修改，质量一般都比较差，所以通常在实际开发过程中会完全抛弃之前建立起来的原型系统。这也是快速原型模型被诟病的地方，如果采取某些措施和方法能够快速将原型模型在后续的开发中利用起来，则对工期较紧张的项目是非常有帮助的。

2.2.3 增量模型

增量（Incremental）模型也被称为演化模型，顾名思义，是指一步一步地将软件建造起来。在增量模型中，软件被视为由一系列通过设计、实现、集成和测试的增量构件组成，每个构件是由多种相互作用的模块所形成的提供特定功能的代码片段组成的。

增量模型在各个阶段并不会交付一个可运行的完整产品，而是交付满足客户需求的一个可运行产品的子集，如图 2.4 所示。整个产品被分解成若干个构件，开发者逐个构件地交付产品。这样做的好处是软件开发可以较好地适应变化，使客户可以不断地看到所开发的软件，从而降低开发风险。但是，增量模型也存在以下不足。

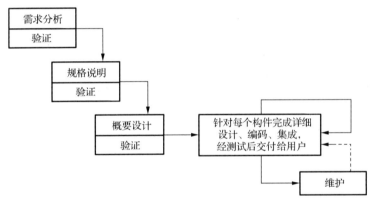

图 2.4　增量模型

（1）由于各个构件逐渐并入已有的软件体系结构中，因此加入构件必须不破坏已构造好的系统部分，这需要软件具备开放式的体系结构。

（2）在开发过程中，需求的变化是不可避免的。增量模型的灵活性可以使其适应这种变化的能力大大优于瀑布模型和快速原型模型，但也很容易退化为"边做边改"模型，从而使软件过程的控制失去整体性。

在使用增量模型时，第一个增量往往只生成基本需求的核心产品。核心产品交付给用户使用后，经过评估会形成下一个增量的开发计划，包括对核心产品的修改和一些新功能的发布。这个过程在每个增量发布后不断重复，直到生成最终的完善产品。

2.2.4 螺旋模型

1988 年，Barry Boehm 正式发表了软件系统开发的螺旋（Spiral）模型。它将瀑布模型和快速原型模型结合起来，强调了其他模型忽视的风险分析，特别适合大型复杂的系统开发。螺旋模型沿着螺旋线进行若干次迭代，如图 2.5 所示，代表了以下活动。

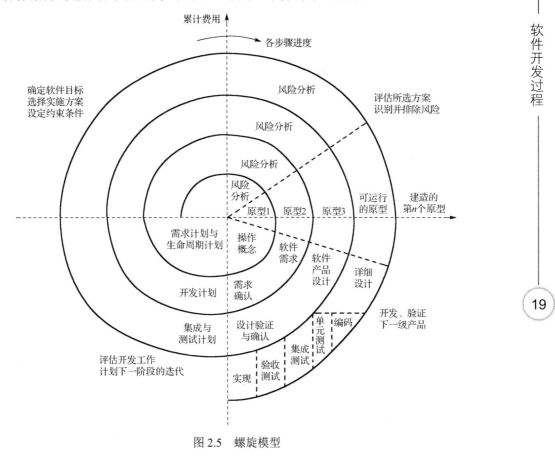

图 2.5　螺旋模型

（1）制订计划：确定软件目标，选择实施方案，设定约束条件。

（2）风险分析：评估所选方案，识别并排除风险。

（3）实施工程：开发、验证下一级产品。

（4）客户评估：评估开发工作，计划下一阶段的迭代。

螺旋模型由风险驱动，强调可选方案和约束条件，从而支持软件的重用，有助于将软件质量作为特殊目标融入产品开发中。但是，螺旋模型也有一定的限制条件，具体如下。

（1）螺旋模型强调风险分析，但要求许多客户接受和相信这种分析，并做出相关反应是不容易的。因此，这种模型往往适用于内部的大规模软件开发。

（2）如果执行风险分析会大大影响项目的利润，那么进行风险分析就毫无意义。因此，螺旋模型一般只适用于规模较大的软件项目。

（3）软件开发者应该擅长寻找可能的风险，并能准确地分析风险，否则会带来更大的风险。

该模型的每次螺旋迭代，首先应确定该阶段的目标，完成这些目标的选择方案及其约束条件；然后从风险角度分析方案的开发策略，努力排除各种潜在的风险，这个过程有时需要通过构造原型来完成，如果不能排除某些风险，则应立即终止该方案，否则启动下一个开发步骤；最后评估该阶段的结果，并设计下一个阶段的迭代。

2.2.5 喷泉模型

喷泉（Fountain）模型也被称为面向对象的生命周期模型。与传统的结构化生命周期模型相比，喷泉模型具有更多的增量和迭代性质，不仅在生存期的各阶段可以相互重叠和多次反复，而且在项目的整个生存期中可以嵌入子生存期。喷泉模型就像喷泉的水既可以喷上去又可以落下来，可以落在中间，也可以落在最底部，如图 2.6 所示。

面向对象可理解为直接面对问题域中客观存在的事物（如领域概念、术语和关系等）进行软件开发，符合人们在日常生活中习惯的思维和表达方式。面向对象的分析过程直接针对问题域中存在的各项事物设立模型中的对象，即问题域中有哪些值得考虑的事物，喷泉模型中就有哪些对象。因此，对问题域的观察、分析和认识是很直接的，对问题域的描述也是很直接的，所采用的概念和术语与问题域中的事物保持了最大的一致性。

同样，在面向对象设计阶段采用的是与面向对

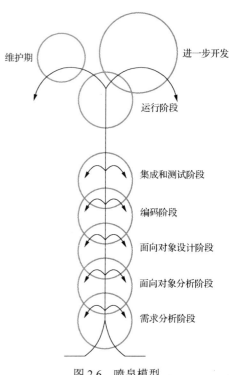

图 2.6　喷泉模型

象分析一致的表示方法。这使得从分析到设计不存在转换，只有局部的补充和优化，并增加与实现有关的独立部分，因此不存在传统开发方法中分析与设计之间的鸿沟，能够做到衔接紧密。

在面向对象集成和测试阶段同样保持了这样的连续性。面向对象开发阶段间的无缝特性和表示方法的一致性是喷泉模型优于传统软件工程方法的重要因素。

2.3　敏捷生命周期模型

敏捷开发是一种从二十世纪末开始逐渐引起广泛关注的新型软件开发方法，也是一种应对需求快速变化的软件开发方法。很多敏捷生命周期模型的具体名称、理念、过程、术语都不尽相同，相对于"非敏捷"，更强调开发团队与业务专家之间的紧密协作、面对面沟通、频繁交付新的软件版本，以及紧凑而自我组织型的团队，能够很好地适应需求变化的代码编写和团队组织方法，也更注重软件开发中"人"的作用。

敏捷生命周期模型包括几种轻量级的软件开发模型，如极限编程（XP）、Scrum、精益开发（Lean Development）、动态系统开发方法（DSDM）、特征驱动开发（Feature Driver Development）、水晶开发（Crystal Clear）、开发运维过程（DevOps）等。不同的敏捷生命周期模型虽然在具体细节上不尽相同，但在方法论的层面上是一致的。它们遵循同样的原则：个体和互动胜过流程和工具；工作的软件胜过详尽的文档；客户合作胜过合同谈判；响应变化胜过遵循计划。

20

2.3.1　增量交付与迭代开发

增量交付与迭代开发是敏捷生命周期模型的两个基本特点。在增量模型中，我们介绍了增量开发的方式，即分批、分期地给用户交付产品。无论是哪种类型的软件，只要需求确定了，就可以设计出理想的方案。但是，影响项目能否成功的因素有很多，如项目的工期、资金预算、人力资源等。开发者在种种因素的作用下，总是感到力不从心，其原因是完美方案的实现往往要付出巨大代价。软件开发具有很大的风险，这是因为市场情况、用户需求等外部因素都可能发生改变，如果不及时发布软件和得到反馈，则方案无法得到验证，所以需要增量开发来应对软件产品之外的不确定因素。

与上次交付的产品相比，每次增量交付的产品都有新的功能。在规划版本时，一般常用的方法是按照功能的重要程度进行排序，但这样很容易陷入具体的细节中，使得系统的整体进度失去控制。敏捷生命周期模型给我们的建议是先实现必要的用户案例，体现出软件的价值；再在后续版本中对功能进行细化，使得软件产品的所有功能都能达到相同的用户体验水平，如图 2.7 所示。用例也被称为用户案例或用户故事，是指用户通过系统完成的有价值的目标，而不是一个具体的功能。例如，用户按下计算器上的减号键，这是一项功能；用户按下"3 − 2 ="组合按键并计算出结果，这是一个用例。一个用例是用户与系统的完整交互，不同的用例可能会涉及相同的功能组合，但意义却不同。在用例中，如果用户按下的是"− 3 + 2 ="组合按键，则其中减号所表示的含义是不同的。在敏捷生命周期模型中，用例通常会作为迭代的单位，这样每次交付的都是可以部署到用户应用环境中被用户使用的、能给用户带来即时效益和价值的产品。

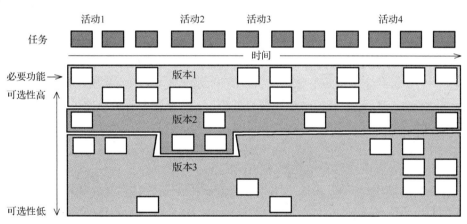

图 2.7　敏捷生命周期模型

在做需求调研时，经常会遇到一些客户，他们通常对需求描述不清，只能大概交代目标系统的轮廓，无法描述细节，并且经常改变想法，需求无法稳定。迭代的思想是，当我们对用户需求没有信心时，可以先构建后修改，通过多次反复，找到客户真正需要的软件。迭代稳定是一个逐步求精的过程，一旦初始的方案是正确的，剩下的就是对方案不断提升和优化的过程，是个逐渐稳定的过程，如图 2.8 所示。

随着软件开发工作的深入进行，用户需求不断清晰，用例中的一些新的功能（如必要功能、可选功能等）会不断地被发现。同时，用户会不断成熟，提出更多新的需求。我们也可能受到市场的启发，得到了新的反馈。我们需要不断地丰富、细化用例，增加和改善新的功能。经过多次迭代完成所有的功能，从多个层次（如必要性、灵活性、安全性、舒适性、趣味性等）满足用户需求，支持用例，从而逐渐缩小功能的不确定性，对功能的描述也越来越明确，这就是敏捷生命周期模型中的迭代过程。迭代效果如图 2.9 所示。敏捷生命周期模型中的迭代是客户和开发者共同成长的过程，每个迭代周期都是一个定长或不定长的时间块，持续的时间一般较短，通常为 1～6 周。

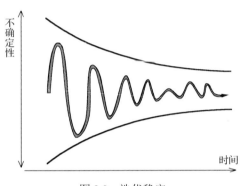

图 2.8　迭代稳定

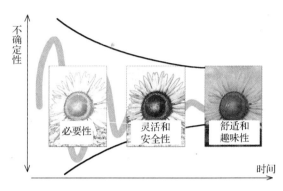

图 2.9　迭代效果

2.3.2　敏捷生命周期模型的优势

为什么瀑布模型多数情况下会失败？为什么需要敏捷生命周期模型？这个问题在日新月异、飞速发展的今天似乎很容易解释。尽管瀑布模型能够在一个迭代周期内表现优异，但是在需求变化面前，瀑布模型却显得无能为力。事实上，大多数的软件项目都具有以下的一些特点。

（1）在初始阶段，用户通常不能准确地知道他们需要什么样的软件。即便知道，也很少有人能准确、清楚地将软件需求表达出来。

（2）某些项目一开始可以很好地定义其所有的功能，但是很多细节只能随着项目的不断深入，才能被挖掘出来。即便是我们了解了所有的细节，大多数人还是不能很好地处理这些细节，特别是在项目开发初期。

（3）外部环境（如客户的业务模式、技术进步）和系统的终端用户都可能在开发过程中不断改变，而预想或试图阻止这些改变通常是徒劳的。

（4）在互联网时代，许多 Web 应用程序的开发都是基于对客户的远景预期，而非当前用户的实际需求。在这种情况下，变化从一开始就有，而且系统开始应用后几乎每天都会发生。

敏捷生命周期模型处理需求和技术变化主要通过增量和迭代过程。在每一次周期结束时，都会交付给用户一个可用且可部署的系统，开发者通过让用户使用并体验该系统，从而获得有价值的反馈意见，并按顺序在随后的周期中和其他需求变化一起，在产品中实现和集成。每次迭代周期应尽可能短，以便能及时频繁地处理需求变化和用户反馈。

采用敏捷生命周期模型能够给企业和用户带来诸多好处，具体如下。

（1）精确。产品由开发团队和用户反馈共同推动。瀑布模型通常会在产品起点与最终结果之间计划出一条直线，并沿着直线不断往前走。然而，当项目到达终点时，用户通常会发现那已经不是他们想去的地方。而敏捷生命周期模型则采用小步的方式向前走，每一小步都是对真实目标的一次逼近，并及时调整下一步的方向，直到到达真正的终点。

（2）质量。敏捷生命周期模型对每一次迭代周期的质量都有严格要求。在一些敏捷开发的过程中使用测试驱动开发（Test Driven Development，TDD），并在正式开发功能代码前先开发该功能的测试代码。这些都为敏捷生命周期模型提供了可靠的质量保证。

（3）速度。敏捷生命周期模型提倡避免较大的前期规划，认为那是一种很大的浪费。因为很多预先计划的东西都会发生改变，大规模的前期规划通常是徒劳的。敏捷开发团队只专注于开发项目中当前最需要、最具价值的部分，这样能很快地投入开发。

另外，新的功能或需求变化总是尽可能频繁地被整合到产品中。有些项目在每个迭代周期结束时构建，有些项目则每天都在构建（Daily Build）。

（4）丰厚的投资回报率。在敏捷生命周期模型中，最具价值的功能总是被优先开发的，这样能给客户带来最大的投资回报率。

（5）高效的自我管理团队。拥有一个积极的、自我管理的、具备自由交流风格的开发团队，是每个敏捷开发项目必不可少的条件。人是敏捷生命周期模型的核心，因为敏捷生命周期模型总是以人为中心建立开发的过程和机制，而不是把过程和机制强加给人。这既是采用敏捷生命周期模型的必然结果，又是推动敏捷生命周期模型不断前进的动力。

敏捷生命周期模型给企业带来了巨大的收益。据统计，采用敏捷生命周期模型的团队的开发效率一般会提高 3～10 倍，软件的质量也有了更加可靠的保证。同时，敏捷生命周期模型的应用也给团队内的每个成员提供了良好的发展机会，使其技术和合作水平都能得到相应的提高。敏捷生命周期模型的成功来源于其方法本身的适用性和团队对它的深入理解和合理运用。当然，敏捷生命周期模型也不是万能的。通过以上分析可以看出，敏捷生命周期模型更适合规模中小、需求变化频繁的系统开发，强调团队的作用，所以更适合集中式的开发模式。

2.3.3 极限编程

极限编程（Extreme Programming，XP）的主要目的是降低需求变化的成本。它引入一系列优秀的软件开发方法作为开发实践的指导，并将它们发挥到极致。例如，为了能及时得到用户的反馈，XP 鼓励客户代表每天都与开发团队在一起。同时，XP 建议所有的编程都采用结对编程（Pair Programming）的方式。这种方式是传统的同行评审（Peer Review）的一种极端表现，也可以说是它的替代方式。

XP 定义了一套简单的开发流程，包括编写用例、架构规范、实施规划、迭代计划、代码开发、单元测试、验收测试等。像所有其他敏捷开发方式一样，XP 对变化进行预期并积极接受变化。XP 具有以下原则。

（1）互动交流。团队成员不是通过文档来交流的，因为文档不是必需的。团队成员之间通过日常沟通、简单设计、测试、系统隐喻及代码本身来沟通产品需求和系统设计。这里的隐喻与体系结构类似，都是从全局来描述一个项目的概貌，但隐喻不强调过多的符号和连接，而是定义一个从开发者到客户都能够理解的、全面一致的主题。隐喻可类比于拼图游戏中的原画，有了它的指引，开发过程也变得主动、有趣和可理解。

（2）反馈。反馈是一种信息的交流方式，能使系统更加完善。反馈和交流密切相关，客户的实际使用、功能测试、单元测试等都能为开发团队提供反馈信息。同时，开发团队也可以通过估计和设计用户案例的方式将信息反馈给客户。

（3）简单。XP 提倡简单的设计、简单的解决方案。XP 总是从一个简单的系统入手，并且只创建今天（而不是明天）需要的功能模块。因为它认为，创建明天需要的功能模块可能会因为需求的变化而造成浪费。

（4）勇气。XP 鼓励一些应对较高风险的良好做法。例如，它要求开发者尽可能频繁地重构代码，删除过时的代码，不解决技术难题就不罢休。

（5）团队。XP 提倡团队合作，相互尊重。XP 将建立并激励团队作为一项重要任务。同时，它把互相尊重和实际的开发习惯相结合。例如，为了尊重其他团队成员的劳动成果，每个人不得将未通过单元测试的代码集成到系统中。因此，每个人的代码质量必须过关。

XP 注重可用于开发活动的实践，包括一系列核心的做法，也被称为最佳实践（Best Practices）。

（1）小规模、频繁的版本发布，短迭代周期。

（2）测试驱动开发（Test Driven Development）。

（3）结对编程（Pair Programming）。

（4）持续集成（Continuous Integration）。

（5）每日站立会议（Daily Stand-up Meeting）。

（6）共同拥有代码（Collective Code Ownership）。

（7）系统隐喻（System Metaphor）。

2.3.4 Scrum

Scrum 是一个敏捷开发框架，与 XP 相比更注重软件开发的系统化过程。它由一个开发过程、几种角色及一套规范的实施方法组成，可以运用于软件开发、项目维护，也可以作为一种管理敏捷项目的框架。

在 Scrum 中，产品需求被定义为产品需求积压（Product Backlog）。产品需求积压可以是用例、独立的功能描述、技术要求等。所有的产品需求积压都是从一个简单的想法开始，并逐步被细化，直到可以被开发的程度。

Scrum 将开发过程分为多个冲刺（Sprint）周期，每个 Sprint 都代表一个 1～4 周的开发周期，有固定的时间长度。首先，产品需求被分成不同的产品需求积压条目。然后，在 Sprint 计划会议（Sprint Planning Meeting）上，将最重要或最具价值的产品需求积压优先安排到下一个 Sprint 周期中。同时，在 Sprint 计划会议上，将会预先估计所有已经分配到 Sprint 周期中的产品需求积压的工作量，并对每个条目进行设计和任务分配。

在 Sprint 周期中，每天开发团队都会进行一次简短的 Scrum 会议（Daily Scrum Meeting）。在 Scrum 会议上，每个团队成员都需要汇报各自的进展情况，同时提出目前遇到的各种障碍。每个 Sprint 周期结束后，都会有一个可以被使用的系统交付给客户，并进行 Sprint 评审会议（Sprint Review Meeting）。在评审会上，开发团队会向客户或最终用户演示新的系统功能。同时，客户会提出意见及一些需求变化。这些将以新的产品需求积压的形式保留下来，并在随后的 Sprint 周期中得以实现。

随后，有一个 Sprint 回顾会议（Sprint Retrospective Meeting），总结上次 Sprint 周期中有

哪些不足需要改进，有哪些值得肯定的方面。最后，整个过程将从头开始一个新的 Sprint 计划会议。Scrum 过程框架如图 2.10 所示。

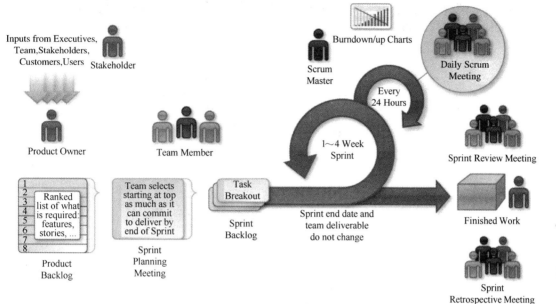

图 2.10   Scrum 过程框架

在图 2.10 所示的 Scrum 过程框架中定义了 4 种主要的角色。

（1）产品拥有者（Product Owner）：负责产品的远景规划，平衡所有涉众的利益，确定不同的产品需求积压的优先级等，是开发团队和客户或最终用户之间交流的联络点。

（2）涉众（Stakeholder）：该角色与产品之间有直接或间接的利益关系，通常是客户或最终用户代表。他们负责收集、编写产品需求，以及审查项目成果等。

（3）专家（Scrum Master）：负责指导开发团队进行 Scrum 开发与实践，是开发团队与产品拥有者之间交流的联络点。

（4）团队成员（Team Member）：项目开发者。

Scrum 提供了一个敏捷开发框架，可以将其他许多敏捷开发活动都集成到 Scrum 中，如测试驱动开发和结对编程等。

2.3.5   持续集成与持续交付

持续集成（Continues Integration）强调开发人员提交了新代码之后，立刻进行构建、单元测试。根据测试结果，我们可以确定新代码和原有代码能否正确地集成在一起。

持续集成频繁（一天多次）地将代码集成到主干。持续集成的目的是让产品可以快速迭代，同时可以保持高质量。它的核心措施是，代码集成到主干之前，必须通过自动化测试。只要有一个测试用例失败，就不能集成。持续集成并不能消除 Bug，而是让它们非常容易发现和改正。

持续交付（Continuous Delivery）是持续集成的延伸，将集成后的代码部署到类生产环境中，确保可以以可持续的方式快速向客户发布新的更改。如果代码没有问题，则可以继续手动部署到生产环境中。

持续交付频繁地将软件的新版本交付给质量团队或用户，以供评审。如果评审通过，则代码会进入生产阶段。持续交付可以看作持续集成的下一步。它强调的是，无论怎么更新，软件都是随时随地可以交付的。

持续集成与持续交付的过程如图 2.11 所示。

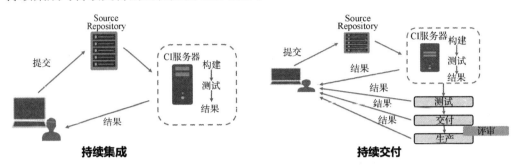

图 2.11　持续集成与持续交付的过程

2.3.6　DevOps 过程

DevOps 由开发（Development）和运维（Operations）两个单词组成。它源于敏捷开发，遵从基本的敏捷原则，强调了"个体和交互胜过流程和工具"的作用，但不受限于某一种软件过程，甚至在瀑布模型中也会发挥作用。

DevOps 实际上是一组过程、方法与系统的统称，用于促进开发、技术运营和质量保证部门之间的沟通、协作与整合。它的出现是因为软件行业日益清晰地认识到，为了按时交付软件产品和服务，开发和运营工作必须紧密合作。例如，图 2.12 所示为一个从开发到测试，再到生产部署的一般流程，由于环境的不同，很难保证各个环节有一致的处理方式，因此一个系统可能经常会出现问题，但开发团队和测试团队会用不同的系统和方式来处理它们。这不仅在团队中导致了不必要的摩擦，并且把本应一起工作的双方隔离开了。运维团队很可能会使用不同的方式来处理服务器的部署请求。其实，三个系统都具有相似的工作流程，三个团队里的每个人都有使用一个相同系统的可能性，也许只需为不同的角色展示不同的界面即可。如果三个系统变成了一个，则会带来减少维护成本的长期利益。

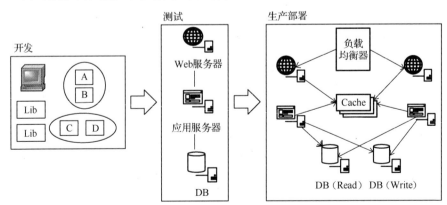

图 2.12　开发、测试与生产部署的一般流程

DevOps 的另一个核心目标是自动化和可持续交付。简单来说，DevOps 就是自动化一切可重复的、乏味的工作，把更多时间留给人与人之间的交流，产生真实的价值。DevOps 致力于让团队的流程更快、更有效、更可靠，只要有可能，就取代那些容易出错的、重复性的人力劳动。因此，DevOps 可以视为敏捷开发强有力的推手，让敏捷开发的迭代周期更好地运转，实现敏捷企业间跨部门协作。无论是在短周期中还是长周期中，DevOps 都会使得开发过程更有效率。例如，DevOps 工程师维护的部署系统，让 Scrum 周期最后的交付更快、更有效。交付每 2~4 周就会周期性地发生，而在经常手动部署的企业中，部署一次可能需要好几天。在 DevOps 框架下，一旦代码提交到代码库，一个设计良好的、持续交付的流水线大约只需几分钟就可以把提交的代码部署到生产环境（取决于变更集的大小）。

综上所述，DevOps 提倡开发和运维之间的高度协同，打通开发和运维之间的部门墙可以实现全生命周期的工具全链路，打通与自动化和跨团队的线上协作能力可以全面提高生产环境的可靠性、稳定性、弹性和安全性。DevOps 过程模型如图 2.13 所示。

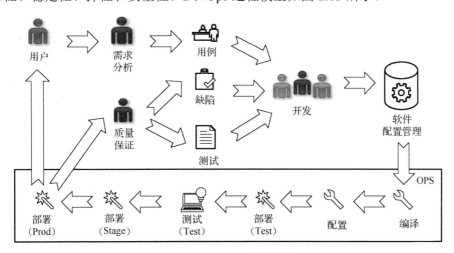

图 2.13　DevOps 过程模型

图 2.13 所示的 DevOps 过程包含了两个维度的集成，即纵向集成和横向集成。

纵向集成打通了应用全生命周期，强调的重点是跨工具链的"自动化"，最终实现全部人员的"自助化"。例如，项目组的开发者可以通过 DevOps 的平台自主申请开通需要的各种服务，包括开通开发环境、代码库等。

横向集成打通了架构、开发、管理、运维等部门墙。在横向集成中，DevOps 强调的重点是跨团队的"线上协作"，即通过 IT 系统，实现信息的"精确传递"。例如，传统的系统上线部署方式可能是一个冗长的说明文档，但在 DevOps 过程中提倡"一切皆代码"的理念，因此部署的方式应该是通过标准运行环境的选择、环境配置的设置、部署流程的编排，实现数字化的"部署手册"。这样的手册，不仅可以让操作人员理解，还可以让机器执行，甚至可以全过程进行追踪和审计。DevOps 通过"工具链与持续集成""交付""反馈与优化"进行端到端整合，完成无缝的跨团队、跨系统协作。

通过以上的介绍可以看出，DevOps 并不独立于敏捷过程，而是融合了敏捷与精益的思想和方法，并在其基础上进一步发展。交付全流程的覆盖范围包括敏捷开发、持续集成、持续交付、DevOps 四个重要阶段，如图 2.14 所示。其中，敏捷开发让开发团队拥抱变化、快速迭代，并覆盖计划、编码、软件生成阶段；持续集成让开发团队在提交代码后立刻进行构建和单元测试，快速验证提交代码的正确性；持续交付则在持续集成的基础上，将集成后的代码部署到更贴近真实运行环境中进行验证，让团队可以不断发布可用的软件版本；DevOps 则覆盖全流程，加入运维环节，用于促进开发、运维和质量保障部门之间的沟通、协作与整合，实现工程效率最大化。

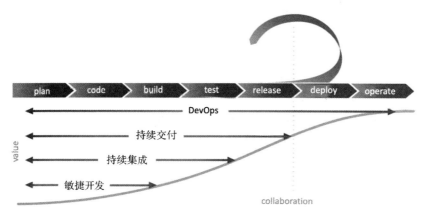

图 2.14　交付全流程的覆盖范围

2.4　习题

（1）总结敏捷生命周期模型与传统瀑布模型主要的不同点及适用情况。

（2）什么是用例？它与功能的含义有什么不同？请举例说明。

（3）简述 DevOps 的基本原理和任务。

第3章 需求分析

视频课程

需求分析是软件开发的第一个阶段。简单来说,需求分析的目标就是搞清楚用户真正想要的系统是什么,存在哪些约束条件。对软件项目来说,这是一个至关重要的环节,关系着系统开发的成败。需求分析对开发者来说是系统整体上的输入,"垃圾入,垃圾出"就是说原始的需求会对开发的结果产生巨大的影响。这就像在一幢大楼的建设过程中,如果地基没有打牢,则在建设的后期,即使采取了各种弥补的方法,也很难保证其质量。

本章主要围绕需求分析的主要方法和过程展开,从需求分析活动、用例与系统功能、过程建模与事件流、功能性需求、非功能性需求、需求跟踪等方面进行了详细介绍。

3.1 需求分析活动

软件开发如同高楼建设,如果在开发早期存在一个微小的问题,则在开发后期需要几十倍的投入来修正它,到了这个地步,软件质量是无法保证的。毫无章法的软件开发,尤其是在开发过程中凌乱的需求分析,很容易导致整个项目失败。

需求分析是一个令人比较兴奋又充满挑战的工作,因为开发者需要与未来系统相关领域的专家们在一起工作,去探索一个全新的未知领域。对软件开发者来说,这是一个学习未知领域的过程,是一个值得享受和回味的过程。如果没有这个过程的铺垫,则在后续的设计和实现等阶段,很难把握用户的真实预期,更不会有灵感和创造力的产生。所以,需求分析是一个非常重要的阶段,为了顺利地开展这个阶段的活动,分析人员需要借助各种手段了解、熟悉和掌握相关的业务领域。这不同于简单的记录和对业务的理解,一定要经过充分的思考和分析整理,这样的解决方案日后才会奏效。

另外,每个人(包括领域专家们)都不会对系统的全局有一个完整的概念,每个人都是一个局部,很难预知哪些领域信息会对以后的开发产生影响;更进一步的是,开发者还要事事留心,客户的想法会在开发进程中毫无征兆地发生改变,如何采取措施来应对这些无法预知的变化是需求分析的难点。

3.1.1 需求准备

需求分析阶段一般通过一份需求规格说明书的文档来描述项目应该实现的内容。在需求分析的开始阶段,往往还伴随着一个较短的可行性分析活动。在可行性分析中,需要明确系统的功能性需求、边界位置,以及在技术、经济、法律或操作等方面项目是否能顺利进行,是否存在潜在的风险,这些风险的影响程度和降低这些风险的措施,并给出一个合理可行的解决方案。可行性分析的结果还有另外一个作用,即评估出系统初步的开发费用,这也是与客户(甲方)签订商务合同的依据。

初步的需求分析可以由项目的委托方组织相关的开发者实施,并给出系统主要的需求列表。我们把以客户为主导制作的需求文档称为用户（业务）需求，以开发者为主导制作的需求文档称为系统需求。用户需求中主要描述用户对系统的期望和要求，包括系统的功能、性能、可用性、可靠性等方面，而系统需求是指为满足用户需求而必须满足的具体技术规范和限制，如软件的安装要求、数据格式要求、安全性要求等。用户需求通常是非技术性的，以用户的角度描述系统应该如何工作，而系统需求则更加技术性，以技术规范和限制的方式描述系统应该如何被设计和实现。

为了确保软件项目的成功，开发者需要将用户需求转化为系统需求，并确保系统需求可以被满足和实现。这需要开发者充分理解用户需求，并在系统设计和实现中考虑到这些需求，同时确保系统需求能够满足这些需求。在形成系统需求的过程中，一是要确定哪些用户需求不在系统的范围之内，因为用户需求可以理解为某种宏观"愿望"，所以不是所有的用户需求最终都可以被目标系统满足，需要明确界定哪些需求超出了系统的能力范围；二是根据提议的系统所要使用的技术的特性和限制，增加相应的系统需求，同时支持相应的用户需求。这些系统需求并不是最终系统的设计，而是驱动设计过程的需求，因此这些系统需求必须是具体、明确、完整、一致和可验证的。比如，在某项目管理系统的调研中，用户提出"需要保证项目的一致性"的需求。这是一个典型的用户需求，因为它更像是一个抽象的愿望，不够具体，也没有可验证性，所以在系统需求的描述中，我们可以对其进行完善和具体化，使其能够为开发者提供日后进行测试和验证的参考。

（1）系统提供对进行中的项目进行一致性检查。

（2）系统在进行一致性检查时，必须保证项目包含的所有子项目和任务的计划工作时间之和小于或等于所属项目的总计划工作时间。

（3）若项目存在一致性问题，则应给出系统提示。

总之，从用户需求到系统需求是软件工程中非常重要的一步，需要仔细分析用户需求和系统功能，以确保最终的系统能够满足用户需求，并具有高质量的可靠性、可维护性和可扩展性。

3.1.2　系统涉众

在制定系统需求的过程中，通常需要与不同的用户群体进行交流和协商，以确保系统需求的准确性和完整性。这些用户群体被称为涉众（Stakeholder），也被称为利益相关者或干系人，是与目标系统相关的一切人和物，对目标系统的构建具有一定的影响。涉众是一个比较宽泛的概念，可以是提出系统原始需求的人，也可以是委托方，还可以是使用目标系统的最终用户。有时涉众并不固定，很可能会突然出现在我们面前。例如，若某公司新增加了信息安全方面的要求，则信息安全负责人员会马上成为目标系统的涉众，会按照相关要求对目标系统进行检查，必要时会改变系统的设计策略和实现方式。

当然，对影响系统的涉众来说，他们的重要程度是不同的。他们提出的需求有时可能是从不同的角度对目标系统的理解，甚至可能是有矛盾的地方。这就需要开发者不仅能准确地将需求识别出来，并确定其优先级，还能在他们之间斡旋和协调，当有矛盾发生时，说服他们，使其在某些方面妥协，让目标系统满足大多数涉众的要求，从而使系统开发得以向前推进。常见的涉众包括以下几种。

1. 最终用户

最终用户对系统成败具有举足轻重的作用，是系统的实际使用者，对目标系统有直接的接触和评价。为简化系统分析和设计，将最终用户划分为某些角色，因为不同的角色通常与系统有着不同的交互方式和交互内容。

这里的用户是一个抽象的概念，用户一般是涉众的代表，或者说，用户是目标系统的直接涉众。也就是说，用户是实际系统的参与者，是目标系统的一部分。其他涉众一般只在需求分析阶段分析系统，最终并不与系统发生交互。在系统的设计过程中，概念模型的建立和系统模型的分析一般都只从最终用户开始进行，不必理会其他涉众。

例如，在一个"软件项目管理系统"中，项目经理需要将任务指派给具体开发者；项目开发者要能够通过系统更新他们承担的任务信息；每个项目的进展情况和状态要能够及时通知项目经理和质量保证人员。以上这些人员和各自的角色都属于该系统的最终用户。

2. 投资者

投资者也被称为出资方，主要关心的是目标系统的总成本、建设周期及未来的收益等高层目标。在通常情况下，投资者就是目标系统的业务提出者，但有时可能是不同的人或组织。例如，在一个"环保普查"项目中，省环保局可能是该系统的出资方，但并不负责该系统的管理和运营，具体需求的提出者和使用者是各地方环保单位。虽然出资方并没有直接关注系统的开发和技术，但不可否认的是，总成本、建设周期等因素会间接影响目标系统采用的技术和边界范围。

3. 业务提出者

业务提出者的目标通常是使现有的业务能够更加规范和高效，以提升业务质量。例如，在"软件项目管理系统"中，投资者是某软件企业，其目的是提升公司内部开发过程的组织和管理水平、社会影响等，虽然这些期望都比较原则化和粗略化，但是为该系统的开发者提供了建设宗旨和目标。在系统开发中，必须将其贯彻，否则会面临项目失败的风险。业务提出者通常是业务方的高层人员，如总经理，分管生产、财务、销售等部门的经理等。

4. 业务管理者

业务管理者负责业务计划、生产、监督等环节的实际实施和控制。他们在业务方具有承上启下的作用，上对高层管理者负责，下对实际业务进行管理和安排。因此，他们关心如何方便地得知业务执行情况、如何下达指令、如何得到反馈、如何评估结果等。他们通常是业务方的中层管理者，如各科室的主任等。

业务管理者是需求分析过程中比较重要的调研对象，因为他们的需求相对更加具体，更为实际，所以他们对业务流程、业务规则及业务模式有着比较深入的理解。正因为如此，调研过程需要进行科学的设计，引导他们将业务内容系统且浅显地阐述出来，帮助他们厘清业务的主线和辅线，使得后续开发满足实际业务需求。

开发者和业务方总存在"沟通"上的障碍，因为开发者不懂业务，而业务方不懂技术，所以这两个涉众在这个层面上的矛盾尤其突出和难以调和。因此，在调研过程中，我们鼓励业务管理者和需求分析人员一同工作，使业务管理者可以成为需求评审、系统部署等阶段的评价者和确认者。

5. 业务执行者

业务执行者是指实际的操作人员，是频繁与系统直接交互的人员。他们最关心的内容是系统会给他们带来什么样的便利，会怎样改变他们的工作模式。他们的需求最具体，直接影响系统的可用性、友好性和运行效率。由于系统界面风格、操作方式、数据展现方式、录入方式和业务细节都需要从他们这里了解，因此他们是系统能否成功的重心所在。

这类人员的期望灵活性最大，也最容易说服和妥协。同时，他们的期望又往往是不统一的，各种古怪的要求都有。他们的期望必须服从业务管理者的期望，因此系统分析人员需要从他们的各种期望中找出普遍价值，解决大部分人的问题，必要时可以依靠业务管理者来影响和消除不合理的期望。

6. 第三方

第三方是指与业务关联的，但并非业务方的其他人或事。第三方的期望对系统来说不起决定性意义，但会起到限制作用。例如，标准、协议和接口等。

7. 开发方

开发方是合同乙方（受托方）的利益代表，关心的是这个项目是否有经济利益，是否能积累核心竞争力，是否能树立品牌，是否能开拓市场。这些期望将很大程度地影响一个项目的运作模式、技术选择、架构建立和范围确定。

8. 法律法规

相关的法律法规也是一个很重要的涉众，既指国家和地方法律法规，又指行业规范和标准。法律法规通常会在业务领域的非功能层面上产生影响，对未来软件产品的适用范围或市场推广等方面起着较重要的作用，必要时应在开发合同中确立相应条款。

3.1.3 系统目标

当识别出所有的涉众后，需要定义待开发系统的目标。在实际开发中，系统目标和涉众紧密相关，即涉众提供了系统目标，同时系统目标也影响对涉众的取舍。

在给出系统目标时要尽量将目标明确定义，并说明对这些目标验证的标准。通过对系统目标的整理，可以确保这些目标或目标的内部之间不会有矛盾的地方，以达到整体上项目的各个部分都要保持一致的目的。总之，系统目标的界定能够说明软件应该做什么，不应该做什么。

系统目标最直接的来源是系统应该提供的功能，这些功能通常不是单一的。每个目标都需要单独定义，可以借助如表 3.1 所示的系统目标定义模板对各目标进行详细描述。

表 3.1 系统目标定义模板

项　　目	内　　容
目标	设置该目标可以满足的期望
对涉众的影响	对应的涉众及其影响
边界条件	附加条件或约束
依赖	是否依赖其他目标，与其他目标的关系如何，是相辅相成还是此消彼长
其他	其他需要说明的内容

目标的定义是软件开发的纲领，是对用户需求进行深入分析的里程碑。用户需求只有与目标进行关联，才有实际意义。

3.2 用例与系统功能

下一步是确定与各涉众相关的系统核心功能。识别功能的过程可以根据项目的类型和涉众的计算机经验和技能采用不同的方法。一些典型的方法如下。

（1）需求分析人员与相关涉众通过座谈的方式，共同确定未来软件支持的业务工作流程。需要注意的是，应顾及所有涉众的需求，尽量不要有遗漏。

（2）访谈关键的涉众人员，因为未来的系统最终由这些人员组织验收。此外，还要对预期的问题和风险进行讨论。这种访谈形式非常适合规模较小的涉众团体，或者难以联系的涉众代表。

（3）采用调查问卷的形式，并要求问卷中的题目具有代表性。同时需要注意的是，调查问卷不具有上述两种方法具有的交互性。

（4）采用上述方法与涉众讨论原系统或当前系统的运行情况及其适用性，重点讨论存在的各种问题，挖掘、优化潜力。

（5）通过在现场对最终用户的调研和访谈，促进开发者身临其境地进行头脑风暴，使其逐渐融入开发过程，较为容易地理解业务过程的实现原理。

当然，上面给出的方法是可以结合使用的。需要注意的是，我们力求发现的功能是未来系统对外界提供的行为和响应，这些功能以后要转换成待开发的任务，但不涉及具体的实现步骤。这些任务在项目进行中可以独立分配，有明确的开始和结束时间（或者持续时间），提供明确的输出结果，可以分析并确定任务之间在逻辑上的依赖性。

3.2.1 用例及其表示

长期以来，人们习惯使用一种交互的方式来描述系统的场景，借以"捕获"用户的需求，这就是用例的概念。这里对用户需求使用的是"捕获"一词，因为业务用例不能只作为静态的简单功能说明，而是要构建一个动态的场景，用来强调参与者与系统的交互活动。在这样的交互场景中，相同的功能可能会有着不同的作用。例如，在之前计算器例子中，减号键的功能在不同的场景中可能代表"减号"或"负号"。通过用例的交互场景可以更明确地捕获用户的需求，并借助 UML 中的用例图，可以对这种活动进行文档化。Ivar Jacobson 在 OOSE 方法中倡导使用这种技术，因为该技术在面向对象开发领域中得到了广泛的应用。

用例是对需求深入分析和理解后的结果输出。用例的完善一般需要迭代进行，每次迭代都会添加对当前迭代中的一些业务细节。另外，每个用例都具有文档化的说明——用例规约，是对具体用例场景中业务流程的脚本式的说明。开发时，不求一次性完成某个用例的完全脚本化，先进行一些口头上的交流也不失为一种沟通的手段，再逐渐细化，重要的是没有遗漏任何涉众关注的内容。

对于前面提到的"软件项目管理系统"，我们可以先使用如图 3.1 所示的用例图进行简单描述，其中有 5 个主要的用例。每个用例都使用椭圆来表示，代表一项用户与系统的交互。为了明确说明用例对应的涉众，用例通常直接或间接与某个人形符号（Stickman）相关联，并将其称为 Actor。Actor 的中文解释为"演员"，是指使用系统的用户类别，不特指具体的人，因此按照角色（Role）来理解更合适。

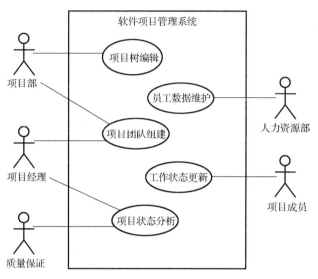

图 3.1 "软件项目管理系统"的用例图

不同的人可以扮演相同的角色，相同的人也可以在不同的场景中扮演不同的角色，因为角色与具体的人或职位并没有必然的对应关系。在角色实现系统的某些用例中，一个角色可以对应多个用例，一个用例也可以对应多个角色。

3.2.2　识别用例

在实际应用中，我们可以先从角色出发来识别用例，因为角色是存在于系统边界之外的与系统发生某些交互的对象。掌握这条原则可以帮助我们更快速地确定用例图中的角色。

综上所述，角色不仅可以由现实业务中的人来扮演，还可以是某些存在于系统之外的其他软件系统。例如，图 3.2 所示"仓库管理系统"中的"零件目录系统"角色和"定时器"（Timer）角色。与"定时器"角色关联的"库存统计"用例表示该用例在特定的时间被自动触发，产生关于该仓库的统计报告。

寻找用例的过程实际上是一个具有创造性的过程，要围绕客户的预期，充分体现出用户需求。虽然这个过程非常灵活，难以掌控，但是可以考虑从以下几个方面进行切入。

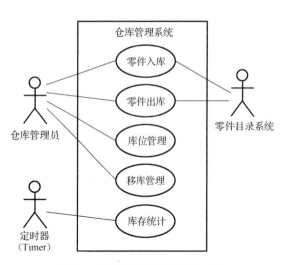

图 3.2　用例图中特殊类型的角色

第一，着重考虑在业务系统中进行管理和处理的一些关键业务实体，通常是与业务相关的一些关键概念或技术术语。业务实体是业务管理中的基本信息，在高层的业务逻辑中与其他信息一起使用，构成更复杂的业务数据结构。例如，在"软件项目管理系统"中的业务实体主要有"软件项目"和"员工"两种。

（1）软件项目（Software Project）：每个软件项目对应一个在系统中组织和管理的基本结构，项目开发者以团队的形式参与其中。

（2）员工（Employee）：即开发者，是项目实施的基本单位，可以进一步组成团队。

第二，对于业务实体，必须首先确定它们是由要创建的软件管理的，还是由已经存在的其他系统管理的。若它们由其他系统管理，则可以将这些外部系统识别为一种角色。如在"软件项目管理系统"中，若有一个外部系统负责管理员工的基本数据，则可以加入一个"员工数据管理系统"角色。

假设对基本业务实体的管理都发生在系统边界内，那么理论上可以直接识别出针对每个业务实体的 5 个用例，分别如下。

（1）创建新的业务实体对象的用例。

（2）修改已有业务实体对象的用例。

（3）删除已有业务实体对象的用例。

（4）持久化业务实体对象的用例，如存储到数据库中。

（5）访问业务实体对象的用例，如从存储的文件或数据库中读取数据。

如果这 5 个基本的操作业务实体对象的用例与同一个角色相对应，则建议使用一个统一的用例进行表示，而不是使用 5 个单独的用例。例如，在上面的例子中，项目始终由项目部负责创建、修改和删除，因此可以使用"项目信息编辑"用例来代表项目实体的创建、删除、修改操作。同理，员工信息始终由人力资源部门负责创建、修改和删除。另外两类用例涉及对数据的持久化操作，如果需要，则通常使用单独的两个用例"备份"和"恢复"分别与之对应。当然，如果在数据创建和删除的同时会进行同步保存，则不需要考虑后两种情况，因为这两个交互已经包含在增加、删除、修改操作的用例中了。

第三，对同一事物尽量采用相同的专业术语进行指代，在用例命名时也要尽量具体和贴切一些。例如，"员工数据备份"要比"员工数据处理"更具体。用例的命名需要在与客户的沟通中逐渐清晰化。同时，用例是从使用者的角度来观察系统的，与用户之间保持紧密的关系至关重要，也要尊重用户的习惯和选择，从而建立起领域共同语言。

第四，用例寻找需要围绕涉及业务过程数据的动态信息，即基本业务实体的组合和加工。业务过程数据是比业务实体数据更复杂的数据，而且它们会在业务运行期间频繁和动态地变化以响应业务。例如，"软件项目"和"员工"两个业务实体通常只需创建一次，在基本的维护过程中可能会有部分的修改，但相比之下开发团队信息的变更则变得更频繁，这样才会适应业务中新的工作安排和调动。由此，项目团队和项目安排两种业务过程数据被识别出来。

（1）项目团队：对人员进行组织的单位，会被分配到具体的项目中。项目团队的构成情况在项目进行过程中会经常发生改变。

（2）项目安排：项目的起始和结束时间等。开发者需要按照调度安排开展工作。

被识别出的这些动态的业务过程数据同样可以按照上面提到的 5 种情况进行分析，并建立对应的用例，如"项目团队组建"和"项目安排更新"两个用例。在这一步发现的用例通常是业务的核心用例，用来描述系统的主要功能性需求，一般在访谈过程中由用户直接提出。

第五，需要考虑系统的业务需求，这也是系统的真正价值所在，一般是在识别出的基本业务实体数据和动态过程数据的基础上做进一步的计算和利用。如果一个系统只需完成上述数据的维护工作，则不需要额外添加其他用例了，但一个有价值的系统需要利用这些数据开展更复杂的业务活动，如对各种数据的组合处理、分析挖掘等。每个这样的数据被利用都会导致新用例的产生。在"软件项目管理系统"中，"项目状态分析"用例需要对进行中的项目数据做进度上的分析和评估，如果形成了项目延期的结论，则需要在管理上施加措施，如增加额外的开发者，而这可以通过已识别的"项目团队维护"用例来实现。对于更复杂的系统，系统中用例的数量会随着业务要求增加，如项目后期的计划变更等。

第六，需要考虑是否存在与正在运行的其他系统的交互。在分布式的环境中，与其他系统的交互，如同步或监听数据等场景，需要设置单独的用例来捕获其功能性需求。

经过以上分析，我们可以将发现的用例记录下来，形成初始版本的用例图。用例图需要进一步补充和细化，可能的话，尽可能与客户一起工作，防止遗漏和误解，并忠实体现他们的需求。同样，客户也会理解开发者的开发过程，从而更容易接受开发者的工作成果。

从客户的角度形成的用例通常被称为业务用例，是一次涉众与业务目标之间的交互，为涉众创造价值。业务描述的是业务过程，而不是软件系统的过程，所以可以超越未来系统的边界。开发者需要以业务用例为基础，整理归纳系统用例。系统用例是从计算机系统的角度描述业务系统的，其业务边界是系统本身的设计范围，角色是系统的参与者，与计算机系统共同实现一个目标。

这两种用例类型其实是密切相关的。一般来说，业务用例和系统用例存在一定的对应关系，因为系统用例描述了对应业务用例在软件系统中的实现。此外，我们还需要添加一些额外的系统用例，用于数据的初始化和维护工作。

例如，上述例子中的"项目团队组建"用例，用来描述在制订项目计划时相关部门的领导对计划的安排进行商讨，确定哪些开发者以何种角色参与到具体的项目中。在对应的系统用例中，则描述为项目部的负责人员首先利用系统浏览员工的工作状态并挑选合适的人选，然后为挑选出来的人员分配角色，并将其分配到开发项目中。

业务用例的建模一般适用于业务活动比较复杂、涉及人员众多并需要长期深入某个行业的情形，而对于专业性和技术性较强的工具软件及应用软件等，大多数不需要业务建模的过程。本书主要关注系统用例模型的创建，因为对于"软件项目管理系统"这个例子，其需求的描述对于业务的理解已经比较充分了，所以本书采取的方法是针对业务说明，在用例图中直接创建其对应的系统用例。

3.2.3 用例规约

用例规约是对每个用例的细化，其描述可以参照如表 3.2 所示的用例规约模板。中间一列的数字为迭代的编号，表示在哪一轮迭代中应该完善此信息。在初始迭代中，只需为用例提供迭代编号为 1 的信息；在后续迭代中，逐渐对上次迭代的信息进行补充，并完善当前迭代中的内容。

表 3.2　用例规约模板

项　　目	编　　号	内　　容
用例名称	1	简短、精练的描述，一般为动宾短语的形式
用例编号	1	项目中唯一确定的数字编号
包	2	在较复杂的系统中，用例被划归为不同的业务子系统，可以使用 UML 的包进行封装
维护者	1	创建和维护该用例的人员
版本	1	当前用例的最新版本号，或者将版本变化的历史一同保留，记录修改时间、目的和修改人
简介	1	简短描述该用例通过何种方式实现了什么功能
参与的角色	1	参与该用例的角色（涉众），该用例对应的原始期望者
业务支持者	1	负责解答该用例对应哪些业务人员，分别处在哪些领域。如果需要修订，则确认谁可以决定该用例的业务内容
引用	2	指出对该用例的实现有影响或有联系的信息来源，可能是某些规则、标准或现有的文档
前置条件	2	执行用例前系统所处的状态必须达到条件要求
后置条件	2	在用例执行完成后，系统可能处于的状态或结果
基本事件流	2	该用例正常执行的步骤和流程
备选事件流	3	基本事件流中异常或特殊情况的处理流程
关键性	3	该用例在系统中的重要程度
关联用例	3	其他相关的用例
功能性需求	2	有哪些具体的功能性需求是从这个用例派生的
非功能性需求	2	有哪些具体的非功能性需求是从这个用例派生的

　　对于用例中基本事件流和备选事件流内容的确定，以及派生的功能性需求和非功能性需求的归纳，在后续章节中还会进一步阐述。另外，在对用例进行文档化规约的同时，还应该建立一个词汇表（也被称为数据字典），用来描述相关业务术语的定义，要尽可能对相同的业务概念使用相同的术语进行描述，这对于需求的理解很有意义。

　　本例中的"项目信息编辑"用例经过三次迭代和优化后，其用例规约按照表 3.2 的格式可描述为表 3.3。

表 3.3　"项目信息编辑"用例规约

用例名称	项目信息编辑
用例编号	U01
包	—
维护者	杨楠　需求分析师
版本	1.0，2018 年 12 月 2 日，建立
简介	项目部人员有权编辑项目信息及其层次结构，包括项目各种属性、包含的子项目等
参与的角色	项目部人员
业务支持	王云　项目部主任
引用	《项目开发规范》
前置条件	软件成功安装并启动
后置条件	对于项目及子项目的修改成功提交系统

续表

用例名称	项目信息编辑
基本事件流	1. 用户选择项目信息编辑功能 2. 用户输入项目的基本信息 3. 用户新建子项目 4. 用户提交数据
备选事件流	用户可以选择已有的项目进行编辑 用户可以修改子项目的信息
关键性	高等级，系统核心功能

3.2.4 用例提炼

在用例图中，有时需要定义一些通用的过程，这些过程为其他主用例提供某种共同的基础性的功能。为避免这些相同的基础性功能被多次重复实现，我们可以将它们作为一种附加用例表示，并通过构造型«include»与依赖它们的主用例相连。

在上面的例子中，系统要求每个主用例在执行之前必须成功验证每个用户的合法权限。这个检查过程对应一个通用的用例，可以将其提取出来，并以如图 3.3 所示的用例图中的包含关系的形式进行描述。

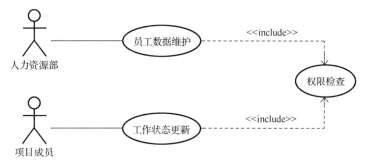

图 3.3　用例图中的包含关系

图 3.3 中新添加的"权限检查"用例为两个主用例提供基础功能，其表现形式与普通用例的椭圆形一样，也可以在这个用例上使用构造型«secondary»，表示此用例是在细化的分析阶段被识别出来的（主用例的内嵌用例）。在 UML 的元素中，双尖括号用来表达此元素额外的属性或附加的语义，被称为构造型（Stereotype）。UML 中预定义了很多构造型。除此之外，用户也可以根据需要自定义与业务相关的构造型，从而对 UML 进行扩展。

表示包含关系的构造型«include»需要通过文字的方式记录在用例规约的"关联用例"字段中，在基本事件流的对应描述中也应指明主用例使用其他用例的位置和方式。

构造型«include»的作用是避免某些交互过程的多次重复建模，但不应过分使用构造型«include»，尤其是不应该将用例错误地按照功能进行分解，把它们按照层次结构进行简单的组织，其中的某些用例只是作为连接其他用例而存在的，其实质不对应具体的任务。图 3.4 所示为错误的用例关系，按照功能分解的思想把"员工数据维护"划分为了"新建员工记录""修改员工记录""删除员工记录"三个子功能。需要说明的是，这里并不是因为引入了三个子功能而导致问题的产生，其根源在于它们与主用例其实不处于相同的业务级别，对业务粒度有不同的要求。

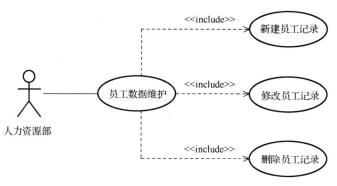

图 3.4　错误的用例关系

因此，在与客户一起进行业务建模时，在开始阶段应考虑完全不使用«include»关系组织用例，这样可以集中精力，快速在模型中捕获参与者关注的业务场景，未来再考虑通过«include»关系对这些用例进行细化和再加工。这样做的基本原则是保证图中的各个用例处于相同的业务级别。

在用例图中，两个用例之间还存在一种扩展的关系，描述了用例之间另外一种特殊的语义，在 UML 中以构造型«extend»进行区分。

图 3.5 所示为用例图中的扩展关系，强调了客户期望在某些情况下要表达出的一种意愿。此处表示在项目状态分析过程中，如果识别出一些异常的状况（如项目具有延期风险），则应由系统施加相应的措施，如警告提醒。图 3.5 中还存在另外一种图元，可以出现在任何 UML 图中，即在一个右上角带有卷边的矩形中写有的注释文本。注释文本有两种形式：非正式的文本形式和正式的形式化语言。图中是非正式的文本形式，将某种条件使用花括号括起来表示，这也是 UML 中常用的表示形式。

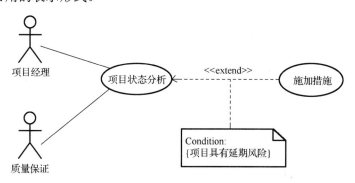

图 3.5　用例图中的扩展关系

扩展关系与包含关系很容易混淆，需要设计人员仔细甄别正确的业务含义及其联系。一般来说，被包含用例属于无条件发生的用例，而扩展用例属于有条件发生的用例；被包含用例提供的是间接服务，扩展用例提供的是直接服务。扩展用例在用例规约中一般作为备选事件流存在。

对于构造型«include»和«extend»所代表的不同用例关系和使用场合，这里给出一些有意义的建议和方法来尽量保证用例分析的正确性。一个好的用例能够提炼出明确的业务过程，也能够给出清晰的业务起点和结果的定义。即使是在非常复杂的系统中，每个用例图中的用例数目一般要避免超过 15 个。同一用例图中的用例应尽量具有相同的业务粒度水平，并处于同一抽象级别。在实际设计中，由于上述的条件在形式上难以掌控，因此建议最终将所有用例放在一起进行筛选和分级。

如果所有的用例都具有了一致的形式，并使用了相同的业务词汇，那么这些用例可以为后续的开发提供基础。例如，进行进一步的开发和细化；以此为根据，进行较详细的成本估算；作为增量或迭代计划的基础单元；进行工作任务的分工等。

3.3 过程建模与事件流

前面给出的用例规约模板中有两个使用文本方式描述的事件流：基本事件流和备选事件流。对于处理流程的建模，使用 UML 中的活动图是非常合适的。本节将介绍使用活动图进行过程建模的方法及应用。

3.3.1 过程建模

活动图的一般描述形式如图 3.6 所示。过程的每个步骤在活动图中都用带有圆角的矩形表示，也被称为动作（Action）。动作的执行顺序由动作间的箭头方向进行指示。在活动图中，黑色实心圆圈表示活动图的开始，带有外环的黑色实心圆圈表示活动图的结束。在活动图中，菱形表示控制点，有两种形式：一种是多个箭头从控制点引出，表示分支的选择，在每个引出的分支上给出对应的条件，同时要求最多只能有一项满足，而且最好不要出现所有条件都不满足的情况，因为这样过程会在此处暂停并处于等待状态，直到某一个条件满足才会继续；另一种是多个分支的汇入，表示不同的条件分支的汇聚节点。

图 3.7 所示为活动图的并行流程，是在活动图中对并行处理的一种表达方式，图中黑色长条 1 表示一个分支（fork），代表从此处开始可以有多个并行执行的子流程。例子中的两个并行流程分别为"选定项目经理"和"选定项目成员"，在执行的顺序上不分先后。图中黑色长条 2 表示各流程的汇聚节点。汇聚的类型可通过一个花括号具体说明。例如，图中的 {and} 表示必须等待所有分支结束后才可以继续进行，即具有"同步"各分支流程的作用。若是 {or}，则表示有一个流程分支结束即可，这时其他分支中的活动会继续进行，而汇聚后的过程也会继续，并且不受那些并行流程结束的影响。

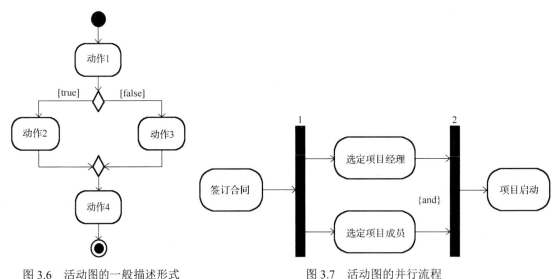

图 3.6 活动图的一般描述形式　　　　　　　图 3.7 活动图的并行流程

在活动图中，除了动作，还可以嵌入表示数据的对象，这样就可以有对象流了，使得活动图的描述能力更强。对象流一般用来强调上一个动作的输出结果，或者下一个动作需要的输入。图 3.8 所示的带有对象的活动图描述了一个 Eclipse 项目的分析模型的创建过程，图中用矩形框标识了参与其中的对象，其状态对应方括号中的条件。例如，输出对象"Eclipse 项目[已创建]"会作为后续动作的输入继续处理。

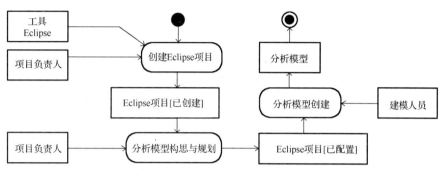

图 3.8　带有对象的活动图

活动图中的对象是可选的图元，在一些上下文较清晰的业务中，可以将这些对象类型在图中省略，以简化模型。过程模型的构建需要在充分了解需求的基础上，才能准确地识别出业务动作及其逻辑关系，为日后软件的开发提供了依据和方向。

过程模型一般都采用增量的方式进行构建，首先描述出典型的流程，如果所有人员对过程的描述达成了一致，则可以逐渐加入其他可能的分支流程。每个步骤也可以是增量的，逐步加入可选的动作。当所有内容都充实后，可以考虑将某些部分进一步提炼为单一动作，从而对模型进行简化和优化。下面通过一个典型的销售业务流程来具体说明其活动图的构建过程。我们可以模拟某公司的销售业务流程，并按照增量的方式逐渐细化。

典型的销售业务流程如图 3.9 所示。对应的文字描述为：销售代表先与客户取得联系并与其进行访谈，确定客户的具体需求；再由相关部门提供预算；最后与客户签订合同。从以上流程的分析中可以识别出的角色包括销售代表、客户及可能的相关部门（如技术部门），涉及的主要对象包括客户的具体需求、预算及合同。

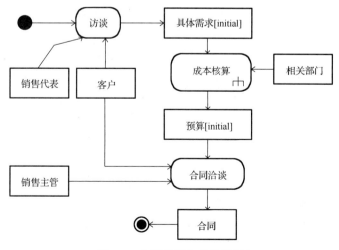

图 3.9　典型的销售业务流程

在接下来的迭代中，我们要对销售业务流程进行深入的研究，并加入业务的细节内容。作为示例，假设客户有可能对预算的成本不能接受，需要调整需求，并重新核算成本。此时，补充细化后的活动图如图 3.10 所示。

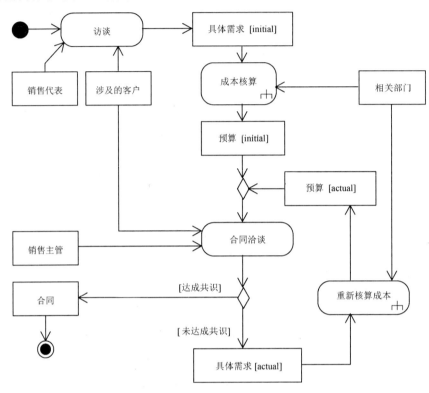

图 3.10　补充细化后的活动图

当所有的可能流程都在模型中体现后，就需要考虑对模型进行提炼和优化。图 3.9 和图 3.10 中的"成本核算"动作使用了一个类似"中"的符号标记，表示此动作是一个复合动作，可以通过另外一个活动图进行细化。这个细化的活动图也是按照前面的步骤进行绘制的，首先绘制基本的流程，然后补充可能的流程，最终的结果表示在如图 3.11 所示的成本核算的细化中。这里去掉了参与者的角色说明，因为按照上层的活动图可知，这里的所有动作都应由相关部门负责。

当在活动图中加入新的业务分支时，通常需要与原有的分支合并，这就会伴随着补充一个菱形的控制。随着这样的控制增多，活动图会逐渐变得凌乱。其实，我们可以使用一种简化的形式，即汇聚的另外一种表达，如图 3.12 所示，以省略对应的菱形控制。但是，活动图的语法规定，若动作具有多个汇聚的箭头，则需要等待所有的分支都完成，类似并行分支的同步情况。因此，在上面的例子中，分别对成本的两个核算对象加入两个状态条件[initial]和[actual]来避免相互等待。

活动图中还有"泳道（Swimlane）"的概念。泳道是一种角色的划分方法，每个角色的活动都被放置在对应的泳道中。利用泳道可以将模型中的活动按照职责组织起来。在活动图中，这种分配可以通过将活动组织成用线分开的不同区域来表示。例如，图 3.13 所示为带有泳道的稿件处理流程活动图，描述的是某编辑部稿件处理流程对应的活动图，并使用泳道对活动进

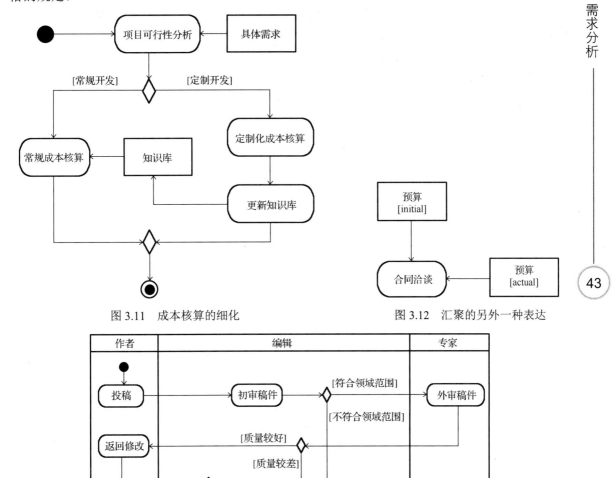

行了组织。活动图中的泳道可以对应不同的用户角色、用例或部门等，UML 规范中并没有严格的规定。

图 3.11　成本核算的细化

图 3.12　汇聚的另外一种表达

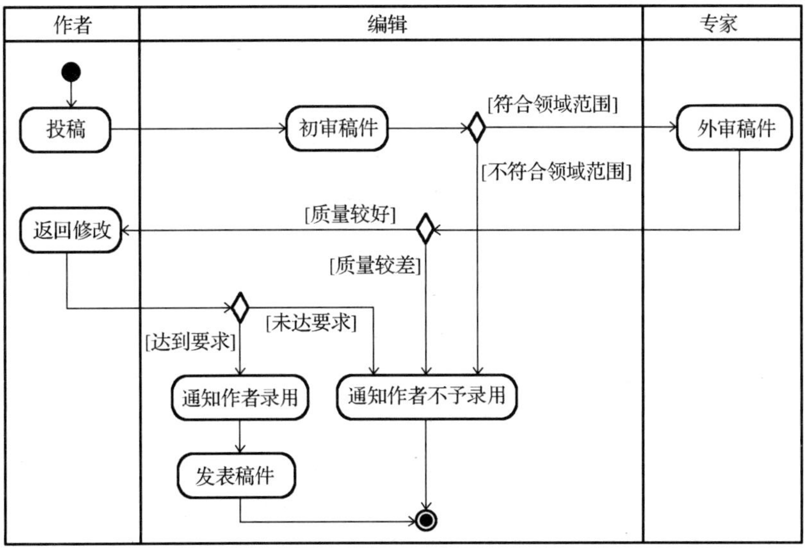

图 3.13　带有泳道的稿件处理流程活动图

　　以上的例子说明，相同的语法含义在活动图中会有多种不同的描述方式。本书不对 UML 语法进行面面俱到的介绍，关于活动图的其他描述内容此处不再赘述。

3.3.2　事件流

　　利用活动图进行的过程建模可以用于描述用例中的事件流。对于用例中基本事件流的每个步骤，可以生成一个单独的动作。如果这个动作比较复杂，则可以对应使用几个动作对其进行表示，或者使用另外一个单独的活动图对其进行细化。之后迭代补充每个备选事件流的动作，同时注意每个动作是否需要进一步细化。

　　"软件项目管理系统"中"项目信息编辑"用例的基本事件流活动图如图 3.14 所示。这里暂时没有必要对其中的动作做进一步的细化。我们可以考虑此用例的备选事件流，将备选事件流说明中对应的动作逐渐补充进该活动图中，完成后的"项目信息编辑"用例的完整活动图，如图 3.15 所示。

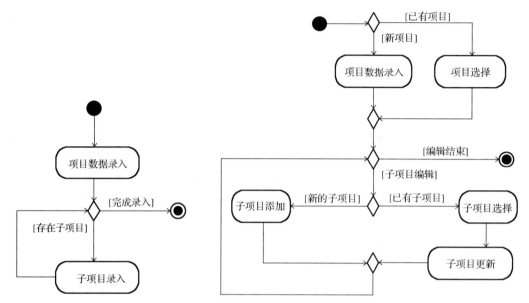

图 3.14　"项目信息编辑"用例的基本事件流活动图　　图 3.15　"项目信息编辑"用例的完整活动图

　　图 3.16 所示为"员工数据维护"用例的活动图。在开发的每个阶段，开发者都要考虑对开发结果的可验证性。活动图是一个建立系统测试或验收测试的很好的开始，活动图中每个可能的遍历都对应一种需要进行测试的业务场景。也就是说，我们要对活动图中的每个可能的分支设计一个对应的测试用例，以确保所有的业务情况都能覆盖到。

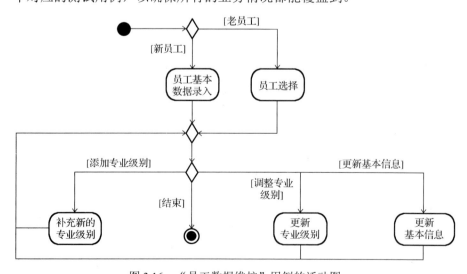

图 3.16　"员工数据维护"用例的活动图

活动图基本都可以在需要进行过程建模的场合中使用。它描述的业务粒度可大可小，如3.3.1 节中描述的业务是在一个较高的业务层次上，因此活动图中的动作通常是跨用例的。

3.4 功能性需求

在实际开发中，要优先考虑那些与核心功能相关的活动图，并对其进行细化和文档化。从用例出发，理解和导出目标软件的具体功能性需求，是后续开发的基础。从用例中抽取功能性需求需要首先识别用例，然后使用模板对用例进行规约和文档化，使用活动图对基本事件流和备选事件流进行细化，最后导出文字表述的功能性需求。

一般来说，后续的步骤要比前面的步骤花费更多的时间，并且各个步骤的工作会对最后的需求分析质量产生影响。最终的分析结果依赖于业务的复杂程度，以及对它们的理解和细化程度。在分析的过程中，开发者需要从文字描述的功能性需求中提取出分析类图，用于描述业务的结构，是从业务迈向技术的第一步和关键一步。

对缺少实际经验的分析人员来说，需求描述本身就是一项较困难的任务。在分析人员与业务人员一起进行访谈的过程中，业务人员尝试着将他的期望如实地描述出来，分析人员则在他的经验基础上尝试着去理解。同样，开发者在给领域专家介绍新的软件系统如何发挥作用时，双方在语言理解方面的误解也会表现出来。自然语言本身就具有一定的不确定性，这种不确定性体现在多个方面。例如，古代哲学家公孙龙曾经提出过一个著名的悖论——"白马非马"的故事。这个故事展示了语言在描述事物时的局限性和多义性，也反映了人们在理解和使用语言时可能遇到的困惑和挑战。在调研的过程中，由于开发者缺少业务背景，而客户对实现技术又不了解，因此双方的沟通变得障碍重重。需求描述困难主要表现在以下的几个方面。

1. 隐含的假设

当领域专家向开发者说明他们的想法时，一般会将他们认为是理所当然的信息遗漏掉，谈话也会变得更加简洁。例如，两位开发者正在讨论编程语言 C++ 和 Java 中对于继承的不同实现方式，这时若另外的人员要无障碍地加入讨论，则需要懂得谈话中提到的继承的概念。

2. 笼统的注释

在对业务过程进行描述时，由于存在隐含的假设，因此注释可以用来对不熟悉的内容进行解释和说明，从而起到数据字典的作用。如果业务概念缺失或过于笼统，则使开发者感到迷惑。例如，文字说明"数据复杂并且相互关联"对开发人员来说更容易理解，因为这在技术上很容易与各种数据结构及其表示联系起来，但对一个非专业人员来说，可能会疑惑：数据到什么程度算是复杂的，没有准确说明的关联数据有哪些。

3. 模糊的概括

概括是指在基本事件流中经常使用的"总是"或"从不"等描述形式。分析人员应该在写下需求的同时经常质疑这些描述形式的表达。例如，在需求描述"在程序代码改动后，类总是会被重新编译"的叙述中，应该搞清楚是否存在例外，是否编译只是在程序代码改动后发生，是否所有的类都要被重新编译。

4. 迷惑的命名

在对业务活动进行描述时，不可避免地要对动词进行选择。而名词的使用可以局限在业务层面，数据字典也可以提供解释，这些业务实体在过程的上下文表达中含义通常是清晰的。当动词作为名词使用时，需要特别注意其表达的含义是否准确。例如，"回归测试要在系统生成后进行"，这里的回归测试和系统生成应该给予说明。

文字形式的需求是从用例中提炼出完整、准确的系统功能性需求。为了使需求描述顺利地进行，我们可以遵循一些规则来辅助生成，并确保这些需求具有可验证性。在此过程中，建立一个合适的文字需求模板是非常必要的。这个模板采用的是基于语法结构和规则的方法，有助于提高需求的清晰度和逻辑性。

这个过程首先要明确需求描述所涉及的业务领域和系统边界，以便在描述过程中避免涉及无关内容。然后根据系统的功能需求，将其分为不同类型，如核心需求、辅助需求、可选需求等，这有助于对需求进行分类管理，便于后续的开发和验证工作。之后使用简洁、明了的语言描述每个需求，确保需求描述清晰、易懂。同时，注意使用规范的语法和标点符号，使文本具有良好的可读性。根据需求的重要性和紧迫性，为每个需求设定优先级，这有助于开发团队在资源有限的情况下，合理分配工作并安排时间进度。为确保需求实现的正确性，需要规定每个需求的可验证性，这可以通过编写测试用例、定义验收标准等方式来实现。最后在需求描述的过程中，应及时更新需求的状态，如需求变更、需求实现等，建立需求跟踪机制，这有助于确保需求管理的动态性和实时性。

根据需求类型和业务场景，选用合适的需求模板。需求模板可以包括需求编号、需求名称、需求描述、需求类型、需求优先级等要素，以便整理和汇总需求信息。图3.17所示为文字需求的模板，通过"必须""应该""将会"三种基本形式控制右侧需求描述的组合，用于表示优先级的不同。这里，"必须"的需求有着重要作用，因为其代表用户直接的期望；"应该"的需求意味着从用户的角度出发，其可能是有意义的，但是否需要最终进行实现还需继续讨论；"将会"的需求通常表示在某些已经实现的功能上的扩展功能，需要考虑它们的可行性。

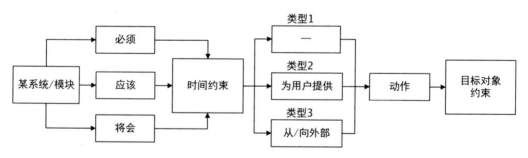

图 3.17　文字需求的模板

另外，从合同的角度看，开发者（乙方）当然希望把合同框架只限定在"必须"的需求范围之内，但这在实践中往往不是令客户（甲方）满意的做法。对开发者来说，总是希望能与客户保持较好的、长期的合作关系。

模板中还存在三种不同的需求类型，其关系如图3.18所示，三种需求类型的具体含义如下。

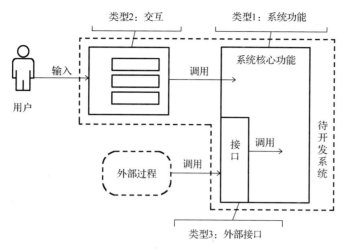

图 3.18　三种需求类型间的关系

（1）类型 1：系统功能，即系统自身应完成的功能需求。例如，根据所有子项目及其完成的进度，查询和计算项目到目前为止已经投入的工作量。

（2）类型 2：交互，即该系统提供给特定用户交互性的功能。例如，在进行项目数据录入时，系统需要提供给用户对项目包含的相关字段进行录入的界面。

（3）类型 3：外部接口，即该系统为第三方系统提供的外部访问接口，或者需要通过外部系统的接口获取数据的功能。例如，"软件项目管理系统"为外部的办公系统提供查询接口，为进行中的项目提供数据浏览和数据交换等功能。

类型 1 是系统功能的主要组成部分，也是类型 2 和类型 3 的发起者。类型 2 一般提供交互类的界面，执行对深层功能的调用并显示结果。这些深层功能一般为类型 1 的功能。

模板中的时间约束指示具体的约束条件，即对应的功能必须满足的要求。在一些基于交互的系统中，开发者经常会通过"当用户选择功能 A 后，系统必须……""当输入的 E 通过有效性检查后，系统要……"等形式对需求进行描述。

所有的需求描述都具有目标对象约束，尽可能补充那些缺少的或模糊的附加内容。需求的文字描述从用例的活动图出发，产生并最终形成对未来系统的功能需求。建立需求模板有助于提高需求的规范性和一致性，使开发团队能够更加高效地开展工作。在实际项目中，应根据实际情况调整和优化需求描述方法，以满足不断变化的需求和挑战。

作为说明，从"项目信息编辑"用例（见图 3.15）中可以得出以下的功能性需求。

（1）R1.1 项目创建：系统必须提供给用户项目创建及为其指定具体项目信息的功能。

● 项目信息：自动生成的唯一项目编号、项目名称、项目起止时间、预计工作量。

● 项目：可由多个子项目构成，同时，子项目也可以作为单独的项目。项目不仅可以分解为子项目，还可以分解为具体的任务。

● 子项目：项目可由子项目构成，从结构上看，二者是相同的。

（2）R1.2 数据存储：数据输入完成后（按"Enter"键或单击"确认"按钮），系统必须将新输入的记录在系统中持久地存储起来。

（3）R1.3 项目选择：系统必须提供给用户选择某个项目的功能。

（4）R1.4 子项目创建：选定项目后，系统需要提供给用户为所选项目创建子项目的功能。

（5）R1.5 子项目与项目：系统对子项目的处理方式，与项目应该是一样的，对项目提供的编辑功能，子项目也必须具有。

（6）R1.6 项目信息编辑：选定项目后，系统必须提供给用户对该项目进行数据编辑的功能，包括实际开始时间、最新计算出的结束时间、预计工作量及项目备注等。

（7）R1.7 项目任务添加：选定项目后，系统必须提供给用户对该项目添加项目任务的功能。

- 项目任务：项目中包含的子任务，具有名称、责任人、计划与实际工作量、计划与实际的开始和结束时间、完成进度等属性。
- 完成进度：每次数据更新后，对项目任务的完成进度通过百分数进行标识，通常是线性递增的。项目的完成进度是根据其子项目及任务的进度，通过预计工作量值计算出来的。
- 工作量：每次编辑项目任务记录时，为此任务指定的已花费时间（小时）。整个项目的工作量根据每个子项目和任务的工作量进行计算。

（8）R1.8 项目任务选择：项目选定后，系统必须提供给用户对项目任务进行选择的功能。

（9）R1.9 项目任务编辑：选定项目任务后，系统必须提供给用户对选定任务的所有属性进行修改的功能。

（10）R1.10 对其他项目的依赖：选定项目后，系统必须提供给用户对该项目与其他（子）项目的依赖关系的编辑功能，用于说明它们之间的逻辑关系。

（11）R1.11 工作量改动的验证：在录入新的子项目、新的任务，或者对子项目或任务的工作量改动后，系统必须对工作量值的合理性进行检查。

（12）R1.12 工作量检查：在系统对工作量值的合理性进行检查时，必须保证所有子项目和任务的计划工作时间之和小于或等于所属项目的总计划工作时间。

（13）R1.13 工作量改动失败提醒：如果某项工作时间的改动没有通过合理性检查，那么系统必须通知用户存在的问题，而且不允许更改对应的工作时间属性。

需求 R1.2 是一个通用的功能，因为它可能还会同时给其他活动图中的业务提供存储服务，所以这些依赖关系可以通过需求跟踪来指定。对于交叉使用的功能，我们可以使用单独的编号方式进行区分。例如，S1.1 是一个交叉使用的需求描述——系统功能选择。

S1.1 功能选择：在启动系统后，系统提供给用户对项目和任务编辑、开发者管理和项目监控功能进行选择的界面。

这个例子中没有涉及"类型 3：外部接口"，因为该系统是一个独立的系统，并没有涉及必须与其他外部系统的交互。若用户要求该系统为外部系统提供项目一览的列表，则对应的需求描述如下。

R1.14 与外部系统的协同：在与外部系统取得连接后，系统必须能够对外部系统的查询请求（如项目名称、工作时间汇总及完成进度等）结果进行返回。

由活动图派生的文本形式的需求需要将每个动作都在一个或多个需求描述中体现，并且每个动作的转移和判断分支都至少要包含在一个功能中，或者作为约束条件在需求中存在，不要遗漏。

3.5 非功能性需求

到目前为止，讨论的都是功能性需求，因为功能性需求的实现保证了软件系统构成的完整性，能够为用户提供成功的应用。除了功能性需求，用户可能还会提出另外一些关于系统可用性方面的需求，如系统的响应时间。该需求使用户能够有效地使用软件工作，不允许存在较大的延迟。在进行需求调研时，还存在一些系统涉众，对他们来说，没有纯功能上的需求，而是要满足他们对软件产品某些方面的要求，如可移植性或文档的完整性等。所有这类需求被统称为非功能性需求。

1. 质量需求

质量需求是针对目标软件的质量特征进行说明的。有关质量方面的内容在表 3.4 中进行了概括，类似于 ISO 9126 中定义的质量框架标准。当然，我们也可以将功能性需求归并到质量需求中，因为对软件的正确性来说，能够满足功能上的需求也是质量的一部分。

表 3.4 软件产品的质量需求

质 量 特 征	质量特征的具体定义和示例	可能的质量措施
正确性	符合规格说明的程度 例如，软件根据算法 A 计算速度	根据算法 A 制订对应的测试用例
安全性	将系统的人身伤害或财产损失限制在可接受的水平之内是安全的 例如，对于数据 XY 的访问受到密码保护	在系统空闲时间，设置一个暴力破解程序，尝试所有可能的密码组合，对系统进行尝试性攻击
可靠性	在给定的环境下（如固定的时间间隔中），系统没出现故障的概率 例如，系统应能保证 24 小时×7 天正常运行	系统平均无故障运行时间（MTTF）：系统启动后正常运行的平均时间
可用性	对系统功能性的一种度量，指系统在某时间点无故障运行的概率 例如，系统在每天早上 7:30 能够正常运行	平均无故障运行时间（MTTF）加上平均维修时间（MTTR）：系统维修和重启的平均时间
健壮性	系统在非常规环境中工作的能力及对异常的容错能力 例如，当系统出现故障时，软件能够自动从主服务器切换到备用服务器，而对用户的使用没有影响	统计在电源断电后的情况下，系统能够成功正常运行的次数
存储和运行效率	针对不同的负载情况，系统的存储消耗及运行状况 例如，系统在个人计算机上占用的内存上限为 500MB	使用内存监控软件测试在不同负载下占用的内存量
可维护性	在操作条件或需求变更的条件下对软件进行调整，以适应用户的期望 例如，系统的架构清晰，修改容易	开发过程中要不断地进行重构，采用必要的设计模式辅助设计
可移植性	软件系统迁移到其他平台上运行的能力，一般与用户的需求相关 例如，系统后台数据库从 SQL Server 迁移到 Oracle	了解两种数据库的差异，并在设计和实现中屏蔽偏差
可验证性	对程序的正确性、健壮性及可靠性进行可能性测试 例如，系统生成 1000 页文档的时间小于或等于 300 毫秒	开发过程中采用措施提升系统的可测试性
易用性	软件系统对用户应友好，并且具有简单、易用的特点 例如，用户应易于学习和掌握系统的操作	对用户输入的提示、标准格式的约束等

在对具体的需求进行描述时要注意，对给出的需求描述应能满足，并且程度是可以度量的，为此要尽可能准确和详细地给出可能采取的质量验证措施。

在实际开发中，质量需求尤其要引起开发者的关注，因为某个单一的质量需求可能会对整个项目的成败起到决定性的作用，而单一的功能性需求的影响力往往没有这么大，不满足功能性需求往往只是不满足系统的某些功能而已，通常不会危及整个项目。例如，某非功能性需求要求开发的系统在计算结果展示时，5s内必须返回结果，如果逾越这个限制，则对用户来说，整个系统可能都是失败和无法接受的。

此外，一个简单的质量需求后面可能会存在着大量的隐性需求。例如，要符合某个标准或规范的要求，这意味着该标准或规范涉及的所有文档内容都会成为需求的一部分。

2. 技术性需求

技术性需求主要是指软件项目相关的技术及环境等方面的需求，其中最典型的是硬件需求。例如，需要描述清楚支持软件系统运行的硬件平台。除此之外，技术性需求还有支持的操作系统，以及与未来软件共同运行的其他软件要求等。例如，它们的版本等。功能性需求中主要阐述与协同软件的协作功能，而技术性需求主要包含对协同软件的约束，包括版本、分布式架构、连接类型、网络传输速度等，会对未来软件的性能产生一定的影响。

技术性需求还可以描述为对开发环境或工具的要求，如将开发工具指定为 Java 的某个版本或函数库等。总之，要保证新的软件能够在要求的环境中运行。如果客户期望以后自己能够承担维护或修改未来软件的工作，则可以将使用的开发环境作为技术性需求的一部分。

3. 其他交付物

软件项目通常并不只是交付最终的安装包，其他与产品相关的交付物，如硬件、使用说明书、安装说明书、依赖库、开发文档及培训等都需要作为非功能性需求列出。

4. 合同需求

其他边界和约束条件，如项目开发的进度安排等，同样是需求的一部分。这些需求的形成可以通过合同的形式规范下来，或者作为补充的合同条款细化。这是合理的，因为付款的方式、交付期限、计划的项目会议、惩罚和诉讼方式等，对未来开发都有着影响和牵动作用。

5. 规格说明

所有的需求最终都要在需求文档中进行汇集，这份文档通常被称为需求规格说明书。合同的甲方，即委托方，在说明书中明确了对未来产品的期望；合同的乙方，即开发方，将要完成的需求任务通过说明书确定下来。由此，双方在需求层面上达成共识。所以需求规格说明书不只是一份合同。通常所说的商务合同一般只是一份较为粗略的任务说明，对合同的甲方和乙方来说，可能还需要一份更为详细的技术协议，作为商务合同的细化和补充。需求规格说明书的结构如下。

（1）文档说明性内容：文档的版本号、创建者、修改记录、批准者等。

（2）目标群体和系统目标：利益相关者分析、项目目标、预算成本、开发周期等。

（3）功能性需求：从用例到业务场景分析，再到文字的功能性陈述。

（4）非功能性需求：注重质量需求及重要的技术需求。

（5）其他交付物：需要交付的软件制品（Artifact）清单及时限。

（6）验收标准：验收的方式及标准说明。

（7）附件：相关文档的清单。

3.6 需求跟踪

项目的开发始于需求，因为需求的质量直接决定了未来项目开发的成败。需求管理同样是项目管理的最佳实践之一，尤其对于大型项目或需要长期扩展开发的项目，将需求管理起来并且能够随时获知需求的完成情况，对项目的开发工作具有很大的帮助。

需求跟踪的基本原理是给出每个原始需求项及其对应的目标制品，并将它们通过某种方式联系起来，由此可以确定出源需求的实现情况。对类似的"源需求项→目标制品"的映射都应该通过跟踪进行管理，如"用例图→活动图""活动图或动作→功能性需求""功能性需求→类""功能性需求→测试用例"等。

对这些关联信息的管理会使得跟踪变得方便，最简单的方法是使用一个文档快速地把这些对应关系记录下来。但是，如果跟踪的内容有变化，则需要对该文档中的大量关联内容进行维护，这是非常烦琐的，因此引入工具的支持是非常必要的。在某些 UML 工具中已经紧密地集成了对这些关联的管理功能。例如，对于用例图中的用例，可以指定其与活动图之间的连接，并通过这些连接可以从用例直接导航到对应的活动图。

图 3.19 所示为跟踪关系图，粗略地描述了工具的跟踪关系，这样的跟踪关系有时可能比较复杂，因为源与目标之间经常存在多对多的联系。

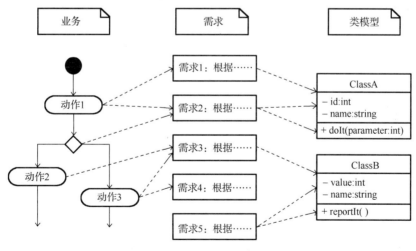

图 3.19　跟踪关系图

使用图 3.19 的跟踪信息进行分析的一个直接的应用就是能够马上识别出一个需求有没有源内容与其对应。例如，图 3.19 中的需求 5 需要进一步确认是否遗忘了与它对应的源，或者需求 5 确实不存在源。这预示了该需求描述并非由客户提出，因此有可能会将此需求省略，不做实现。类似地，图 3.19 中的需求 4 没有对应的目标实现。

跟踪信息另一个非常有价值的地方在于，如果软件随后进行了修改或扩展，则会在正式实施前存在一个有效实现需求变更的问题，即，需要事先对其影响范围进行评估。根据跟踪的对应连接，我们可以很容易地回答这些问题。同样，如果软件的某个功能被删除了，或者进行了调整，则通过跟踪信息马上也会意识到有哪些类受此影响，进而可以逆向追溯需求，以获知影响的功能范围。跟踪信息还可以附加创建时间、迭代周期等信息，以满足更多的追踪需求。

在能力成熟度模型（Capability Maturity Model for Software，CMM）中，要求软件组织必须具备需求跟踪的能力，即"在软件制品之间，维护一致性"。软件制品包括软件计划、过程描述、分配需求、软件需求、软件设计、代码、测试计划及测试过程。由此可见，需求追踪活动是覆盖整个开发周期的。例如，建立测试用例和需求之间的连接和跟踪，对提高测试的完备性具有重要意义。

在实践中，我们经常借助需求跟踪矩阵（Requirement Tracking Matrix，以下简称 RTM）对变更进行跟踪，包括需求变更、设计变更、代码变更、测试用例变更等。RTM 是目前经过实践检验的进行变更波及范围影响分析的有效工具，如果不借助 RTM，则在发生上述变更时，往往会遗漏某些连锁变化。RTM 是验证需求是否得到实现的有效工具。

按照跟踪的内容可以将 RTM 分为纵向跟踪矩阵和横向跟踪矩阵两类。纵向跟踪矩阵又包括以下三种跟踪内容。

（1）需求之间的派生关系，如从客户需求到系统需求。

（2）实现与验证的关系，如从需求到设计、从需求到测试用例等。

（3）需求的责任分配关系，如需求的负责人员。

横向跟踪矩阵主要包含的内容有需求之间的接口关系等。

RTM 并没有规定具体的实现办法，每个团队注重的方面不同，所创建的 RTM 也不同，只要能够保证需求链的一致性和状态的跟踪，就能达到目的。

3.7 习题

（1）在软件开发过程中，问题发现得越晚，修正起来越困难，付出的代价越高。请分析原因，至少给出两个理由，并简短说明。

（2）图 3.10 通过活动图描述了合同签订的流程，请对其进行扩展，并满足以下要求。

① 客户对销售的产品并不感兴趣。

② 对于金额小于 20 万元的合同，在谈判的过程中需要部门主管的参与，考虑到项目管理的费用，由他们决定是否按照当前的合同金额签订合同。

③ 相关部门在核算成本前会提出一些问题，需要销售人员向客户询问，并澄清结果。

（3）请绘制出以下需求描述的用例图。

① 一个音像商店准备开发软件系统，用于向客户销售或租借电影光盘。

② 音像商店向多家订购商订购上千张光盘，并分类存储在系统中；还可以根据客户的请求向订购商订购光盘。

③ 所有的电影光盘用条码来管理，条码的号码是光盘的唯一标识。

④ 音像商店可以向客户销售或租赁电影光盘。使用条码扫描来支持销售或租赁。

⑤ 音像商店建立会员制，会员客户购买电影光盘可以享受折扣。会员卡也使用条码来管理。

⑥ 会员可以通过网络预订电影光盘，并在指定的日期来取。

⑦ 会员可以利用灵活的搜索机制找到喜欢的电影，如果没有对应光盘，则可以提出预订。

使用 UML 给出上述需求描述的用例图。要求绘制规范，尤其注意"角色—用例"和"用例—用例"之间的关系。

（4）请根据某毕业设计选题系统的功能描述，使用 UML 建模技术，完成需求分析的用例图，包括系统的用例及其子用例（如果有，则需要标记与主用例的关系）和角色（Actor）。

① 教师信息维护：教务员录入教师的基本信息；教师信息包括教师 ID、教师姓名、教师职称、联系方式、邮箱地址等，可以从 Excel 中导入；指导教师的联系方式在学生选题申报成功后，才能对学生公开。

② 学生信息维护：教务员录入和维护学生信息。学生信息包括学号（学生 ID）、学生姓名、班级。

③ 登录：学生、教师、教务员都需要输入 ID 和密码登录系统，使用权限范围内的用例，可以修改个人密码。

④ 出题：教师使用此功能登记和维护毕业设计的题目。子功能是在出题过程中确定题目的类型，如校内或校外，可选的是直接指定该题目的选题学生。

⑤ 审题：系主任负责对所有该系教师出的题目进行审核，合格的题目可以发布，不合格的题目要求教师修改。

⑥ 开放选题：教务员将所有审核通过的题目公开，供学生选择。

⑦ 选题：学生浏览公开的题目列表，并根据题目要求和个人兴趣及特点，选择相应的题目。

⑧ 确认选题：教师审查自己所出题目的选题情况，对合格的学生予以确认，将不合格的学生删除，并发送邮件通知。

⑨ 统计选题情况：教务员在选题结束后统计选题情况，包括已选和未选的情况。

（5）下面给出了"老年人监护系统"中的用例及其描述，请使用 UML 用例图描述该系统，并给出用例之间的联系。

① 摔倒动作检测：从楼梯传感器和摄像头中获取输入数据，用以检测是否有人摔倒。

② 摔倒事件报警：如果检测到某位老人摔倒，则发送一条报警消息到手机上，同时该报警信息会被发送到"事件日志"用例中进行记录。

③ 事件日志：将发生的事件记录在数据库中。

④ 床传感器监测：从安装在床位上的床传感器中获取脉搏、呼吸等数据，并发送到"事件日志"用例中处理。

⑤ 配置系统：系统管理员对系统进行各种配置操作。

（6）在图书管理系统中实现以下操作。

① 管理员可进行"删除书籍"和"修改书籍信息"这两个操作，并且这两个操作在执行前都必须先进行"查询书籍"操作。

② 读者可以实现"还书"这一基础操作。如果读者所借书籍超期，则在还书时需要缴纳罚金，即当书籍"超期"时，将执行"缴纳罚金"操作。

要求：绘制出上述系统的 UML 用例图。

第4章　软件架构的构建

软件架构也被称为软件体系结构。在对软件工程的初期研究中，人们把软件设计的重点放在数据结构与算法的设计和选择上。随着软件系统的规模和复杂程度不断增加，总体的系统结构设计和规格说明比起计算的算法和数据结构已经变得重要得多。在此种背景下，人们认识到软件架构的重要性，并认为对软件架构进行深入的系统研究将成为提高软件开发效率和解决软件维护问题的新的、最有希望的途径。

用户需求中的各种约束对软件架构的选择具有直接的影响。本章主要介绍软件架构的基本概念、相关模型、风格及设计方法。

4.1　软件架构及其定义

4.1.1　软件架构的理解

软件架构设计就是建立计算机软件系统所需的数据结构和程序构件，主要考虑软件系统采用的体系结构风格、系统组成构件的结构和属性，以及系统中所有体系结构构件之间的相互关系。

如果将软件比喻为一座楼房，则从整体上看，它有基础、主体和装饰，即操作系统之上的基础设施软件、实现计算逻辑的主体应用程序和方便使用的用户界面程序。另外，从细节上看，每个程序也是有结构的。早期的结构化程序是以语句组成模块，模块的聚集和嵌套形成层层调用的程序结构，也就是体系结构。结构化程序的程序（表达）结构和逻辑（计算）结构的一致性及自顶向下的开发方法自然而然地形成了体系结构。由于结构化程序设计时代程序规模不大，通过强调和应用结构化程序设计方法学，自顶向下、逐步求精，并注意模块的耦合性，就可以得到相对良好的结构，因此并未特别研究软件架构。

如果用建筑来比喻，则结构化程序设计时代以砖、瓦、灰、沙、石来预制梁、柱、屋面板盖平房和小楼，而面向对象时代以整面墙、整间房、一层楼梯的预制件来盖高楼大厦。构件怎样搭配才合理？体系结构怎样构造更容易？重要构件有了更改后，如何保证整栋高楼不倒？每种应用领域（医院、工厂、旅馆等）需要什么构件？有哪些实用、美观、造价合理的构件骨架使建造出来的建筑（体系结构）更能满足用户的需求？如同土木工程进入现代建筑学一样，软件也从传统的软件工程进入现代面向对象的软件工程，研究整个软件系统的体系结构，并寻求构造最快、成本最低、质量最好的构造过程。

软件架构研究的主要内容涉及软件架构描述、软件架构风格、软件架构评价和软件架构的形式化方法等，目的是解决好软件的重用、质量和维护问题。从最初的"无结构"设计到现行的基于体系结构的软件开发，软件架构技术的发展过程共经历了4个阶段。

（1）无体系结构设计阶段。以汇编语言进行小规模应用程序开发为特征。

（2）萌芽阶段。在出现程序结构设计主题后，以控制流图和数据流图构成的软件结构为特征。

（3）初期阶段。在出现从不同侧面描述系统的结构模型后，以 UML 为典型代表。

（4）高级阶段。以描述系统的高层抽象结构为中心，不关心具体的建模细节，划分了体系结构模型与传统软件结构的界限，且该阶段以 Kruchten 提出的"4+1"模型为标志。

4.1.2 软件架构的定义

虽然软件架构已经在软件工程领域有广泛应用，但是迄今为止还没有一个被大家所公认的定义。许多专家学者从不同角度对软件架构进行了刻画，较典型的定义有以下几个。

（1）Dewayne Perry 和 Alexander Wolf 认为，软件架构是具有一定形式的结构化元素（Element），即构件的集合，包括处理构件、数据构件和连接构件。其中，处理构件负责对数据进行加工，数据构件是被加工的信息，连接构件把体系结构的不同部分组合、连接起来。这个定义注重区分处理构件、数据构件和连接构件，并在其他的定义和方法中基本得到了保持。

（2）Mary Shaw 和 David Garlan 认为，软件架构是软件设计过程中的一个层次，这一层次超越计算过程中的算法和数据结构设计，并在其上处理整体系统结构设计和描述方面的一些问题，如全局组织和全局控制结构、通信、同步与数据存取的协议（Protocol）、设计构件功能定义、物理分布与合成、设计方案的选择、评估（Evaluation）与实现等。

（3）Kruchten 指出，软件架构有 4 个角度，它们从不同方面对系统进行描述。其中，概念（Concept）角度描述系统的主要构件及它们之间的关系；模块角度包含功能分解与层次结构；运行角度描述一个系统的动态结构；代码角度描述各种代码和库函数在开发环境中的组织。

（4）Barry Boehm 和他的学生提出，软件架构包括软件和系统构件、互联及约束的集合；系统需求说明的集合；基本原理用以说明这一构件、互联和约束能够满足系统需求。

（5）Bass、Clements 和 Kazman 认为，程序或计算机系统的软件架构包括一个或一组软件构件、软件构件的外部可见属性及其相互关系。其中，软件构件的外部可见属性是指软件构件提供的服务、性能、特性、错误处理、共享资源使用等。

综上所述，软件架构的通识定义可以描述为：软件架构为软件系统提供了一个结构、行为和属性的高级抽象，由构成系统的元素的描述、这些元素的相互作用、指导元素集成的模式及这些模式的约束组成。软件架构指定了系统的组织（Organization）结构和拓扑（Topology）结构，显示了系统需求和构成系统的元素之间的对应关系，并提供了一些设计决策的基本原理。

4.1.3 软件架构的"4+1"视图模型

研究软件架构的首要问题是如何表示软件架构，即如何对软件架构进行建模。根据建模的侧重点不同，可以将软件架构的模型分为 5 种：结构模型、框架模型、动态模型、过程模型和功能模型。在这 5 种模型中，比较常用的是结构模型和动态模型。

（1）结构模型。这是一个最直观、最普遍的模型。这种方法通过体系结构的构件（Component）、连接件（Connector）和其他概念来刻画结构，并通过结构反映系统的重要语义内容，包括系统的配置、约束、隐含的假设条件、风格、性质等。研究结构模型的核心是体系结构描述语言。

（2）框架模型。框架模型与结构模型类似，但它不太侧重描述结构的细节，反而更侧重整体结构。框架模型主要以一些特殊的问题为目标，建立只针对和适应该问题的结构。

（3）动态模型。动态模型是对结构或框架模型的补充，研究系统"大颗粒"的行为性质。例如，描述系统的重新配置或演化。动态模型可以指配置系统总体结构、建立及注销通信通道或计算的过程。这类模型通常是激励型的。

（4）过程模型。过程模型研究构造系统的步骤和过程，因而其结构遵循某些过程脚本的形式。

（5）功能模型。功能模型认为体系结构由一组功能构件按层次组成，且下层向上层提供服务。它可以视为一种特殊的框架模型。

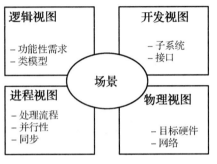

图 4.1 "4+1"视图模型

软件架构的 5 种模型各有所长，因此形成一个完整的模型来刻画软件架构更为合适，并将 5 种模型有机地统一。Kruchten 在 1995 年提出了一个"4+1"的视图模型。"4+1"视图模型用 5 个不同的视图（逻辑视图、进程视图、物理视图、开发视图和场景视图）来描述软件架构。每个视图只关心系统的一个侧面，5 个视图结合在一起才能反映系统的软件架构的全部内容。"4+1"视图模型如图 4.1 所示。

逻辑视图（Logic View）主要支持系统的功能性需求，即系统提供给最终用户的服务。在逻辑视图中，系统被分解成一系列的功能抽象，这些抽象主要来自问题领域。这种分解不仅可以用来进行功能分析，还可以用来标识在整个系统的各个不同部分的通用机制和设计元素。在面向对象技术中，通过抽象、封装和继承，可以用对象模型代表逻辑视图，用类图（Class Diagram）描述逻辑视图。

开发视图（Development View）也被称为模块视图（Module View），主要侧重于软件模块的组织和管理。软件可以通过程序库或子系统进行组织，将一个软件系统由不同的人进行开发。开发视图不仅要考虑软件内部的需求（如软件开发的容易性、软件的重用性和软件的通用性），还要充分考虑由具体开发工具的不同所带来的局限性。

进程视图（Process View）也被称为并发视图，侧重于系统的运行特性，主要关注非功能性需求，如系统的性能和可用性。进程视图强调并行性、分布性、系统集成性和容错能力，以及逻辑视图中的主要抽象如何适应进程视图。它定义了逻辑视图中的各个类的操作具体是在哪一个线程（Thread）中被执行的。

物理视图（Physical View）主要考虑如何把软件映射到硬件上，即考虑系统性能、规模、可靠性等，以解决系统拓扑结构、系统安装、通信等问题。当软件运行于不同的节点上时，各视图中的构件都直接或间接地对应系统的不同节点。因此，从软件到节点的映射要有较高的灵活性，当环境改变时，对系统其他视图的影响要最小。

场景视图（Scenarios View）可以被视为是那些重要系统活动的抽象，将以上 4 个视图有机联系起来。从某种意义上来说，场景是最重要的需求抽象。在开发体系结构时，场景视图可以帮助开发者找到体系结构的构件和它们之间的作用关系，也可以使用场景来分析一个特定的视图，或者描述不同视图构件间是如何相互作用的。

4.2 软件架构模型

综合软件架构的概念，其核心模型主要由 5 种元素组成：构件、连接件、配置（Configuration）、端口（Port）和角色。其中，构件、连接件和配置是基本元素，具体介绍如下。

（1）构件是具有某种功能的可重用的软件模板单元，表示系统中主要的计算元素和数据存储。构件有复合构件和原子构件两种。其中，复合构件由其他复合构件和原子构件连接而成；原子构件是不可再分的构件，底层由实现该构件的类组成。这种构件的划分提供了体系结构的分层表示能力，有助于简化体系结构的设计。

（2）连接件表示构件之间的交互，简单的连接件有管道（Pipe）、过程调用（Procedure Call）、事件广播（Event Broadcast）等。更为复杂的交互有客户机/服务器（Client/Server）通信协议、数据库和应用之间的 SQL 连接等。

（3）配置表示构件与连接件的拓扑逻辑和约束。

4.3 软件架构风格

软件架构设计的一个核心问题是能否使用重复的体系结构模式（Pattern），即能否达到体系结构级的软件重用，或者说能否在不同的软件系统中使用同一体系结构。这些可重用的结构在某种程度上类似于围棋中的棋谱，都提供了一种固定的框架和策略，以便在特定情境下进行有效的操作和决策。通过借鉴和应用这些模式，开发人员可以避免"重复发明轮子"，专注于更具创造性和挑战性的任务，从而提升整个项目的成功率和稳定性。

软件架构风格是描述某一特定应用领域中系统组织方式的惯用模式（Schema）。体系结构风格定义了一个系统家族，包括体系结构的定义、词汇表和一组约束。词汇表中包含一些构件和连接件类型，而约束指出系统是如何将这些构件和连接件组合起来的。体系结构风格反映了领域中众多系统共有的结构和语义特性，并指导如何将各个模块和子系统有效地组织成一个完整的系统。按这种方式理解，软件架构风格定义了用于描述系统的术语表和一组指导构建系统的规则。

软件架构风格促进了对设计的重用，不变的部分使不同的系统可以共享同一实现代码，只要系统使用常用的、规范的方法组织，就可以使其他开发者很容易地理解系统的体系结构。

根据此框架，Garlan 和 Shaw 给出了软件架构风格的分类。

（1）数据流风格：批处理序列、管道与过滤器等。

（2）调用/返回风格：层次结构、正交软件结构、客户机/服务器结构、浏览器/服务器结构等。

（3）独立构件风格：进程通信、事件系统、MVC 架构等。

（4）虚拟机风格：解释器、基于规则的系统等。

（5）数据中心风格：数据库系统、超文本系统、仓库/黑板系统等。

下面将介绍几种主要的软件架构风格，常用于主流系统的设计。

4.3.1　管道与过滤器

在管道与过滤器风格的软件架构中，每个构件都有一组输入和输出。构件读取输入的数据流，经过内部处理后会产生输出数据流。这个过程通常通过输入流的变换及增量计算完成，所以在输入被完全处理之前，输出便产生了。因此，这里的构件也被称为过滤器，这种风格的连接件就是数据流传输的管道，将一个过滤器的输出传到另一个过滤器的输入。这里的过滤器必须是独立的实体，不能与其他过滤器共享数据，而且一个过滤器不知道它上游和下游的标识。图 4.2 所示为管道与过滤器风格的示意图。

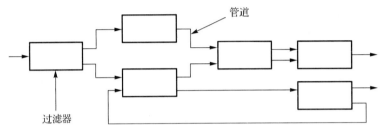

图 4.2　管道与过滤器风格的示意图

一个典型的管道与过滤器风格的例子是以 UNIX Shell 编写的程序。UNIX 既提供一种符号以连接各组成部分（UNIX 的进程），又提供某种进程运行时的机制以实现管道。另一个著名的例子是传统的编译器。传统的编译器一直被认为是一种具有管道与过滤器风格的系统，在该系统中，一个阶段（包括词法分析、语法分析、语义分析和代码生成）的输出是另一个阶段的输入。

管道与过滤器风格的软件架构通常适合批处理和非交互处理的系统，通过这种软件架构使得软件具有良好的信息隐藏性和模块独立性，从而产生高内聚、低耦合的特点。

4.3.2　层次结构

层次系统组织成了一个层次结构，每一层为上层提供服务，并作为其下层客户。在一些层次系统中，除了一些精心挑选的输出函数，内部的层通常只对相邻的层可见。这样的系统中构件在一些层上实现了虚拟机的作用，而在另外的层次系统中层可能是部分不透明的。连接件通过决定层之间如何交互的协议来定义，拓扑约束包括对相邻层间交互的约束。

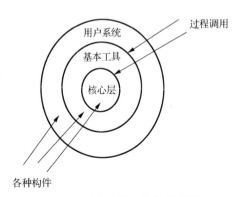

图 4.3　层次结构风格的示意图

这种风格支持可增加抽象层的设计，允许将一个复杂问题分解成一个增量步骤序列来实现。由于每一层最多只影响两层，只要给相邻层提供相同的接口，就允许每一层使用不同的方法来实现，为软件重用提供了强大的支持。

图 4.3 所示为层次结构风格的示意图。层次结构风格最广泛的应用是分层的网络通信协议（如 ISO 的七层协议栈结构），并且每一层都提供一个抽象的功能，作为上层通信的基础，即较低的层次定义低层的交互，底层通常只定义硬件物理连接。

层次结构是基于抽象程度递增的系统设计，使开发者可以将一个复杂系统按递增的步骤进行分解，而且便于功能的增强和扩展。图 4.4 所示为 Windows 中的 TCP/IP 层次结构，是一个典型的层次结构风格。

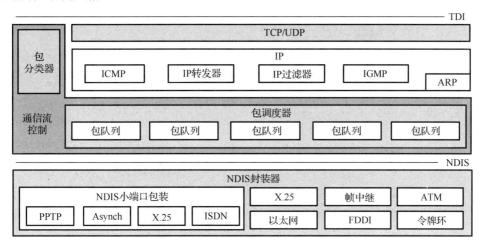

图 4.4　Windows 中的 TCP/IP 层次结构

4.3.3　仓库/黑板系统

在仓库/黑板系统风格中，有两种不同的构件：中央数据结构，说明当前状态；独立构件，在中央数据存储上执行。仓库与外构件之间的相互作用在系统中会有较大的变化。

控制原则的选取将产生两个主要的子类。若输入流中某类事件触发进程执行的选择，则仓库是一个传统型数据库；若中央数据结构的当前状态触发进程执行的选择，则仓库是一个黑板系统。图 4.5 所示为数据库和黑板系统的组成。

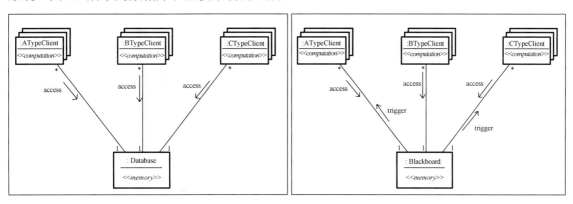

图 4.5　数据库和黑板系统的组成

图 4.5 的右图为黑板系统，主要由 3 部分组成。

（1）知识源。知识源中包含独立的、与应用程序相关的知识。知识源之间不直接进行通信，它们之间的交互只通过黑板来完成。

（2）黑板数据结构。黑板数据是按照与应用程序相关的层次来组织的解决问题的数据，而知识源通过不断地改变黑板数据来解决问题。

（3）控制。控制完全由黑板的状态驱动，黑板状态的改变决定特定知识的改变。

黑板系统的传统应用是信号处理领域，如语音和模式识别，另外的应用包括松耦合代理数据共享存取等。

4.3.4　正交软件结构

正交软件结构由组织层和线索的构件构成。其中，层是由一组具有相同抽象级别的构件组成；线索是子系统的特例，由完成不同层次功能的构件组成，通过相互调用来关联，并且每一条线索都是完成整个系统中相对独立的一部分功能。每一条线索的实现与其他线索的实现无关或关联很少，在同一层的构件之间不存在相互调用。

如果线索是相互独立的，即不同线索的构件之间没有相互调用，则这个结构是完全正交的。因此，从定义可知，正交软件结构是一种以垂直线索构件为基础的层次化结构，其基本思想是把应用系统的结构，按功能的正交相关性垂直分割为若干条线索（子系统）。线索又分为几个层次，由于每条线索由多个具有不同层次功能和不同抽象级别的构件构成，且各条线索的相同层次的构件具有相同的抽象级别，因此线索之间是相互独立正交的。正交软件结构的框架如图 4.6 所示。

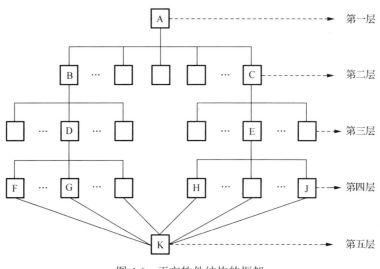

图 4.6　正交软件结构的框架

在图 4.6 中，ABDFK 组成了一条线索，ACEJK 也是一条线索。B、C 处于同一层次中，不允许进行互相调用；H、J 处于同一层次中，也不允许互相调用。第一层一般是公共控制模块，第五层可能是一个物理数据库连接构件或设备构件，可供整个系统公用，因此这是一个三级线索、五层结构的正交软件结构的框架图。

在软件演化过程中，系统需求会不断发生变化。在正交软件结构中，因为线索的正交性，每个需求变化仅影响某一条线索，而不会涉及其他线索。这样就把软件需求的变动局部化了，产生的影响也被限制在一定范围内，因此容易实现。正交软件结构是一种典型的调用/返回体系结构。

4.3.5　客户机/服务器结构

客户机/服务器（Client/Server，C/S）结构在信息产业中占有重要的地位。网络计算经历了从基于宿主机的计算模型到客户机/服务器计算模型的演变。在集中式计算技术时代广泛使用的是大型机/小型机计算模型，并通过一台物理上与宿主机相连的非智能终端来实现宿主机上的应用程序。

C/S 结构是基于资源不对等且为实现共享而提出来的技术，C/S 结构定义了客户机如何与服务器相连，以实现将数据和应用分布到多个客户机上。C/S 结构由服务器、客户应用程序和网络 3 个主要部分组成，其示意图如图 4.7 所示。

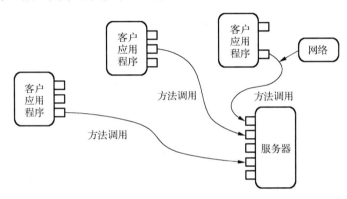

图 4.7　C/S 结构的示意图

服务器负责有效地管理系统的资源，其任务集中于服务器访问与并发性控制、服务器安全性、服务器的备份与恢复，以及全局数据完整性规则。客户应用程序的主要任务是提供用户与服务器交互的界面、向服务器提交用户请求并接收来自服务器的信息、利用客户应用程序对存在于客户端的数据执行应用逻辑要求。网络的主要作用是完成服务器和客户应用程序之间的数据传输。

C/S 结构将应用一分为二，其中服务器（后台）负责数据管理，客户应用程序（前台）完成与用户的交互任务。服务器为多个客户应用程序管理数据，而客户应用程序发送、请求和分析从服务器中接收的数据。C/S 结构主要便于分配系统的客户应用程序和服务器构件分别运行在不同的计算机上，使系统中每台服务器都可以适合各构件的要求，这对于硬件和软件的变化显示出极大的适应性和灵活性，而且易于对系统进行扩充和缩小。在 C/S 结构中，系统中的功能构件被充分隔离，客户应用程序的开发集中于数据的显示和分析，而服务器的开发集中于数据的管理，不必在每个新的应用程序中都对数据存储进行编码。

4.3.6　浏览器/服务器结构

浏览器/服务器（Browser/Server，B/S）结构主要是利用不断成熟的 WWW 浏览器技术，结合浏览器的多种脚本语言，使用通用浏览器来实现原来需要复杂的专用软件才能实现的强大功能，并节约开发成本。在 B/S 结构中，除了数据库服务器，应用程序以网页形式存放于 Web 服务器上，当用户想要运行某个应用程序时只需在客户端的浏览器中输入相应的网址，调用 Web 服务器上的应用程序并对数据库进行操作，以完成相应的数据处理工作，最后将结果通过浏览器显示给用户。可以说，在 B/S 结构的计算机应用系统中，应用程序在一定程度上具有集中特征。

基于 B/S 结构的软件，系统安装、修改和维护全在服务器端解决。用户在使用系统时，只需一个浏览器就可运行全部模块，从而真正实现"零客户端"功能，也很容易在运行时自动升级。B/S 结构还提供了异种机、异种网、异种应用服务的联机、联网、统一服务等最现实的开放性基础，其示意图如图 4.8 所示。

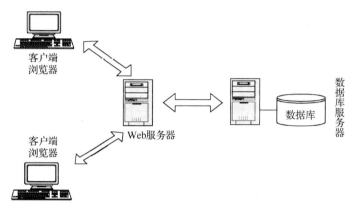

客户端浏览器

客户端浏览器

Web服务器

数据库

数据库服务器

图 4.8　B/S 结构的示意图

客户端上只有浏览器负责解析和显示交互数据，但是不包括有关业务本身的处理逻辑。Web 服务器层包含具体的业务处理逻辑，而处理所需的数据则要从表示层或数据层取得。数据层就是数据库管理系统，负责管理对数据的读写。数据库管理系统必须能迅速执行大量数据的更新和检索。现在的主流是关系型数据库管理系统（RDBMS）。因此，一般从功能层传送到数据层大多使用 SQL 语言。

与 C/S 结构相比，B/S 结构增加了一个应用服务器，可以将整个应用逻辑保存在应用服务器上，以减轻客户端的压力，将负荷均衡地分配给服务器。由于这种结构不再需要专用的客户端软件，因此可以将技术维护人员从繁重的安装、配置和升级等维护工作中解脱了出来，将主要精力放在服务器程序的更新工作上。如果将 Web 浏览器作为客户端软件，则界面友好，新开发的系统也不需要用户每次都从头学习。而且，这种三层模式，层与层之间相互独立，任何一层的改变都不影响其他层原有的功能，所以可用不同厂家的产品组成性能更佳的系统。

4.3.7　MVC 架构

MVC 全名为 Model View Controller，是模型（Model）、视图（View）、控制器（Controller）的缩写。MVC 是一种软件设计典范，用业务逻辑、数据、界面显式分离的方法组织代码，将业务逻辑聚集到一个部件中，并且在改进和个性化定制界面及用户交互的同时，不需要重新编写业务逻辑。

MVC 最开始存在于桌面程序中，其架构如图 4.9 所示。M 是指模型，V 是指视图，C 是指控制器，使用 MVC 的目的是将 M 和 V 的代码分离，从而实现在同一个程序中可以使用不同的表现形式。例如，一批统计数据可以分别用柱状图、饼状图来表示。C 存在的目的是确保 M 和 V 的同步，一旦 M 改变，V 应该同步更新。

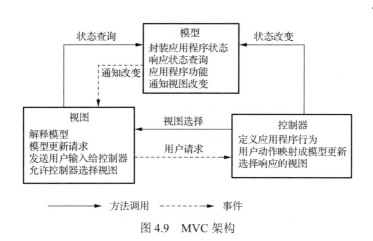

图 4.9 MVC 架构

视图是用户看到并与之交互的界面。对传统的 Web 应用程序来说，视图就是由 HTML 元素组成的界面。在动态的 Web 应用程序中，虽然 HTML 依旧在视图中扮演着重要的角色，但是一些新的技术层出不穷，包括 Adobe Flash，以及像 XHTML、XML/XSL、WML 等一些标识语言和 Web 服务器，因此 MVC 能为应用程序处理很多不同的视图。

模型表示企业数据和业务规则。在 MVC 中，模型拥有最多的处理任务。例如，它可能使用像 EJB（Enterprise Java Beans）这样的构件对象来处理数据库，其中被模型返回的数据是中立的，模型与数据格式无关。这样的一个模型能为多个视图提供数据，由于应用于模型的代码只需要写一次就可以被多个视图重用，因此减少了代码的重复性。

控制器可以接收用户的输入并调用模型和视图完成用户的需求，所以当单击 Web 页面中的超链接和发送 HTML 表单时，控制器本身不输出任何结果，也不做任何业务处理。它只是接收请求并决定调用哪个模型去处理请求，以确定调用哪个视图显示返回的数据。

在实际应用中，MVC 模式也存在一定的问题，尤其在前端开发环节。为了解决这些问题，MVVM 架构模式（Model-View-ViewModel）应运而生，这是对 MVC 模式的一次演进和发展。MVVM 模式通过引入 ViewModel 层，并将其作为视图与模型之间的中介，负责处理视图的逻辑和数据绑定。它将模型中的数据转化为视图能够直接使用的形式，同时暴露一些可供视图调用与监听的方法和事件。ViewModel（视图模型）与视图之间采用数据绑定方式进行通信，当模型数据发生变化时，ViewModel 能够自动更新视图，实现视图与模型之间的解耦。这样一来，开发人员可以更加专注于模型和视图的开发，以提高开发效率和代码可维护性。

MVVM 模式在现代前端开发中得到了广泛应用，尤其是在大型单页应用（Single Page Application）的开发中。该模式的出现使得前端开发变得更加高效和可维护。它有效地解决了 MVC 的一些问题。

（1）降低视图与模型的耦合度：在传统的 MVC 模式中，视图直接与模型进行交互，导致视图与模型之间的耦合度较高。MVVM 模式通过引入 ViewModel 来解耦视图与模型之间的关系，使得视图可以更加独立地进行更新和维护。

（2）简化视图逻辑：在 MVVM 模式中，ViewModel 负责处理视图逻辑和数据绑定，使得视图可以更加专注于展示数据，从而简化了视图的复杂性。

（3）增强前端开发的可测试性：MVVM 模式将业务逻辑从视图中抽离出来，使得业务逻辑可以更容易地进行单元测试，从而提高了前端开发的可测试性和可维护性。

4.4　软件架构设计

在软件架构设计的初期，要考虑软件所处的环境，即应该定义与软件交互的外部实体（如其他系统、设备、人等）和交互的特性。这些信息一般是在建立分析模型的阶段获得的，而所有其他的信息都是在需求工程阶段获得的，通过第 3 章中的图 3.18 可以辅助我们建立一个粗略的模型框架。一旦建立了软件的环境模型，并描述出所有的外部软件接口，开发者就可以通过定义和求精，实现架构的构件，以描述系统的结构。这个过程不停地迭代，直到获得一个完善的架构为止。

通过软件架构，系统将逻辑关系密切的单元划分到一起，形成系统的逻辑划分，有利于后续进行独立的开发和管理。这个划分经常是基于类模型进行的，并参照一些设计优化方法形成更合理的组织方式，从而达到模块内部的高内聚和模块间的低耦合。软件架构对应的实现就是将软件使用"包（Package）"进行构建，每个包都对应某种专属的功能，并尽可能独立。包中的类互相紧密配合，完成包的功能。每个包与其他包中含有的类之间的接口应尽可能简单，以降低它们的耦合性。

4.4.1　包及其结构

包与包之间可以相互嵌套构成包的层次关系，在 Java 的类库中，就存在很多这样的情况。图 4.10 所示为 Java 中的包层次示例，即在图形界面包 swing 中嵌入了一个用于文本显示或处理的 text 包。除了一般的文本处理类，text 包又包含了专门针对 html 和 rtf 格式处理的两个包。在 html 包中又含有一些专门用于 html 的解析类，这些解析类又进一步被组织到其中的 parser 包中。需要注意的是，嵌套的包有两种绘制方式：直接嵌套，或者通过一个带圈的十字连接符嵌套。

如图 4.10 所示，包在 UML 中都以标签页的形式显示，若只显示包的名称，则可以直接将包名写在每个包的中间位置；若还要显示包中含有的内容（如所含的类），则需要进一步将显示的图形或元素放置在包的中间矩形部分，将包名显示在标签页的头部。包全名的构成包含所有的前缀内容，形如：

`MainPackageName.SubPackageName.SubPackageName`

理论上，这种形式包含的包结构可以任意长地进行组织，通过包的全名能够较清楚地了解包所处的位置，如 swing 包中 text 包的 rtf 包。

我们可以通过包对类进行合理的划分。图 4.11 所示为三层架构的包结构，显示了系统中业务相关的类通过界面、业务和数据构成了一个层次架构。其中，界面层中包含的类多为图形显示或与用户交互相关的类；业务层中包含所有与业务逻辑相关的类，在分析模型的构建时，主要针对的就是此层中的类及其关系；数据层的类主要负责数据存储，即负责为对象的持久化服务，包括存和取两个方向的操作。这层也被称为数据访问层，其中的对象也被称为 DAO（Data Access Object）。

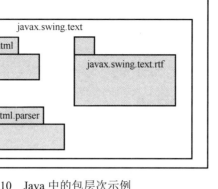

图 4.10　Java 中的包层次示例

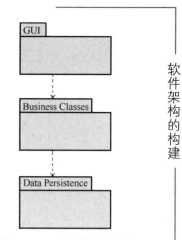

图 4.11　三层架构的包结构

在图 4.11 中，包之间的虚线箭头描述的是层间的使用（依赖）关系，若有 A 包指向 B 包的虚线箭头，则表示 A 包中的类通过某种方式使用了 B 包中的类。包结构中一个重要的要求是在包之间不能出现循环的依赖，即不能从 A 包出发，通过若干个依赖关系又回到 A 包。这种循环依赖在类图中也同样需要避免，否则会导致逻辑复杂、实现困难。例如，A 包使用 B 包，如果对 B 包中某个类进行修改，则 A 包中的某些类可能会受到影响；如果对 A 包中某个类进行修改，则 B 包中的类不会受到影响。但是，在循环依赖的情况下，对于任何包中的修改，都要对各个依赖方向上的包进行循环检查，这显然是非常烦琐和不可取的。

4.4.2　包结构设计

作为三层架构的拓展，系统的设计可能会存在多层架构。比如，有时可能需要建立一个工具包来对所有其他的包提供基础性的服务支持。在类似这样的包中，我们可以存储一些全局类，但应尽量减少这些全局类的数量。在全局类中，通常会涉及一些与具体项目相关的业务类型（如其他业务类需要的枚举类型等），也可以放置一些主要的项目配置信息（如文件路径配置等）。这些信息同样可以在全局类中存储，并在多个包中使用。在这些全局类中，我们习惯使用静态变量和静态方法实现对它们的组织和管理。

图 4.12 所示为项目管理系统的初始包图，描述了初始的项目管理系统的层次架构。其中，Projects 包和 ProjectMembers 包是两个业务层的包，DAO 包是数据层的包。关于数据存储的实现，会在 9.4 节数据的持久化部分进行介绍。界面层的 GUI 包中设置了一个控制类 GUIControl，其作用是将用户事件的处理向不同的业务接口类分发，使得该架构有了 MVC 的雏形。GUI 包中还有一些 Mask 类基本是按照对应的业务类设置的，其作用是提供显示和控制需要的业务信息和功能，如交互数据的校验和规则等。包的结构需要满足基本的非循环依赖要求，在后续的结构调整和优化中，也要注意满足这个要求。

图 4.12 中虽然没有循环依赖，但是存在很多位于不同包的类之间具有依赖关系的问题，使得包与包之间的关系变得复杂。进一步优化的目标是要将类更加合理地在包之间划分和组织，以提高各部分的独立性，从而达到更高的内聚性。基于这样的考虑，对初始包进行设计的调整，如图 4.13 所示。在改进 GUIControl 类后，将全部围绕相应的管理类界面来控制和协调领域模型中的业务类，使得业务界面中的 Mask 类不再直接访问业务类。这种设计思想是设计

模式的门面模式的体现。另外，在图 4.13 中对所有业务界面类提炼出一个抽象界面类 AbstractMask，用于提供所有界面类的统一形式。在 Projects 包和 ProjectMembers 包中分别加入了两个接口，目的是进一步降低与 GUI 包之间的耦合性。

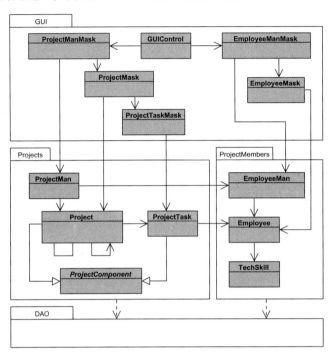

图 4.12　项目管理系统的初始包图

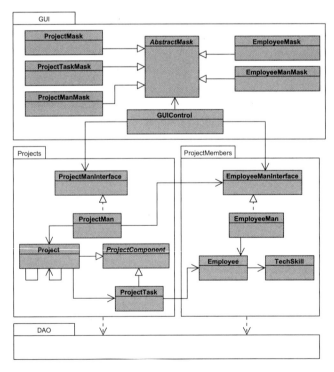

图 4.13　包的调整

最后，对包的宏观结构进行调整，突出整体的层次，如图 4.14 所示。业务包中的 ProjectMan 包和 EmployeeMan 包中主要包含一些负责控制和管理的类，而 ProjectData 包和 EmployeeData 包中包含业务实体类。

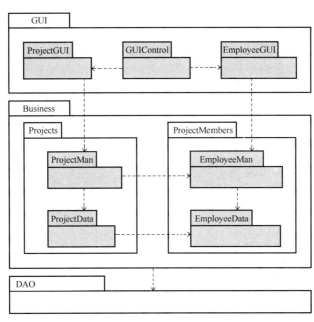

图 4.14　包的宏观结构调整

4.5　习题

某报告生成系统的处理流程为：首先从配置文件中加载必要的参数；然后读取 Word 模板文件，模板文件定义了报告的基本格式，以及相关数据变量的定义及其引用；最后模板中的内容以数据流的方式依次经过模板预处理、数据加载及文档生成三个环节，生成 doc 或 pdf 格式的报告，如图 4.15 所示。该系统的架构设计采用何种架构模式较为合适？为什么？这种模式有什么优点（请列举两个）？

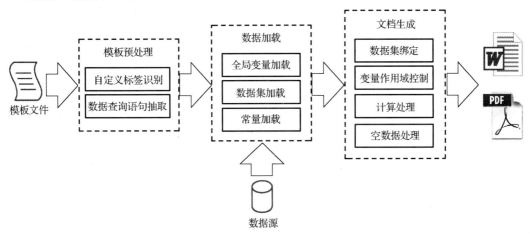

图 4.15　某报告生成系统的处理流程

第 5 章　类的分析与设计

类的分析与设计的目的是将需求阶段得到的信息加以整理和归纳，以开发者的视角抽象出相对稳定的静态结构，并逐渐转换为开发者的语言，即对未来系统的功能进行总体上的概述，并使用 UML 类图进行表达。UML 支持的面向对象的设计方法允许在开始阶段粗略地对模型进行构建，后续再通过迭代，逐级具体化，这是一个逐步求精的设计过程。初期创建的分析类图的目的是覆盖所有需求，并通过优化，尽量保持其业务结构的稳定性，之后通过修订和丰富细节逐渐过渡到详细设计，最终转换为成功的物理实现。

本章首先从文本描述的需求出发，详细介绍使用系统的方法生成 UML 表示的类图的过程，并通过迭代的方式逐步细化，结合分析人员的经验，将需求要点向类图传递，以完善设计。

5.1　基本类的确定

这里只对类、方法、继承、多态及抽象类等概念进行简单介绍，因此需要读者熟悉面向对象软件开发的基本概念和原理，如果读者不太熟悉相关概念，则可以参考一些面向对象的书籍。

面向对象的分析和设计过程主要是将需求阶段捕获到的结果转换为模型，并基于这些模型进行设计的优化。作为后续代码的实现基础，需求规格说明书是进行面向对象建模的前提条件。

在软件系统运行时，类被实例化成对象（Object）。对象对应于某个具体的事物，是类的实例（Instance）。面向对象的分析首先要基于需求规格说明书，寻找系统中参与业务处理的对象和类。这些业务处理过程一般都围绕业务对象展开，下面介绍的内容可用于识别主要的业务对象。

类图（Class Diagram）使用系统中不同的类来描述系统的静态结构，包括业务类及其关系。在类的分析与设计阶段，类通常可以分为实体类（Entity Class）、控制类（Control Class）和边界类（Boundary Class）3 种。

1. 实体类

实体类在系统需求中扮演着至关重要的角色，是对应现实世界中具体事物的抽象表示。实体类可以分为两大类：一类是用于存储和传递数据的类，另一类是用于操作数据的类。其中，存储和传递数据的类主要负责将实体对象的属性值存储到存储介质中，并在需要时将这些数据传递给其他模块或程序进行处理。这类实体类的主要特点是数据稳定、不易变更，通常以结构化形式存储，如数据库中的表记录。

另一类实体类是操作数据的类，其主要特点是操作性强、实时性高，通常应用于业务逻辑处理和数据访问控制等方面。操作数据的类应遵循一定的设计原则，以实现高效、安全和易于维护的程序代码。

实体类的概念来源于需求分析中的名词，如项目、任务等。在进行需求分析时，我们需要将这些现实世界中的实体抽象为具有一定属性和行为的类。这个过程不仅有助于我们更好地理解业务需求，还有助于开展后续的系统设计和开发工作。

2．控制类

控制类在应用程序中起着至关重要的作用，负责诠释业务场景中应用的执行逻辑，并提供相应的业务操作。将控制类从交互层和存储层中抽象出来，可以有效降低这两者之间的耦合度，使应用程序的架构更加灵活和易于维护。

控制类通常是由动宾结构的短语（动词+名词）转化来的名词。例如，当我们需要增加商品用例时，可以创建一个名为"增加商品"的控制类；同样地，用户注册用例可以对应一个名为"注册用户"的控制类。这种命名方式使得控制类与业务场景紧密关联，有助于提高代码的可读性和可维护性。

3．边界类

边界类是软件系统中的重要组成部分，承担着外部用户与系统之间交互的任务。在这个过程中，边界类需要对交互对象进行抽象，以便更好地实现人机交互。边界类主要包括界面类和数据交换类两大类。

其中，界面类一般是指外部用户与系统直接接触的部分，包括各种对话框、窗口、菜单等。界面类的设计需要注重用户体验，以便用户能够轻松地操作软件系统。数据交换类主要负责处理外部系统与业务系统之间的数据传输，如同步、缓存等功能。

在 UML 中实体类、边界类和控制类对应的构造型分别为«entity»、«boundary»和«control»，表示上也分别有便捷的图形符号，分别对应图 5.1 中的 3 个子图。

图 5.1　实体类、边界类和控制类的 UML 表示

在类的分析和设计的初级阶段，通常先识别出实体类，再绘制出初始类图。此时的类图也被称为领域模型，主要含有实体类及实体类之间的相互关系。

5.1.1　类的识别

类的寻找和细化是一个迭代的过程，首先会建立类的雏形，即带有基本的实例变量；然后不断补充新的类和信息并逐渐扩展；最后发展为更多的类和实例变量。

需求规格说明书是寻找实体类的直接来源，通过文字分析确定是否存在某个对象或属性的线索。这是一种快速且实用的分析方法，其实质是按照语法分析将名词标注为对象的候选，将形容词标注为属性（实例变量）的候选。除了需求的功能描述，数据字典（业务术语词汇表）也是类信息的重要来源。这些与业务术语相关的类通常为实体类，代表的都是在系统中需要管理的实际业务对象。下面针对软件项目管理系统的需求描述进行实体类的分析和识别。

（1）针对需求 R1.1 项目创建，首次迭代主要关注的是类及其属性。通过需求 R1.1 项目创建和词汇描述，可以识别出项目类，并含有项目编号、项目名称、项目起止时间及预计工作量等属性。

从具体需求的文本源中得出的类、属性或方法需要在文档中进行记录，这是实现需求跟踪的前提，应尽可能通过 CASE（Computer Aided Software Engineering，计算机辅助软件工程）工具对需求源和类图元素之间的对应关系进行管理。图 5.2 所示为库存系统需求示例，可以使用 CASE 工具在文字性的需求描述和抽象出来的业务元素之间进行映射和管理。

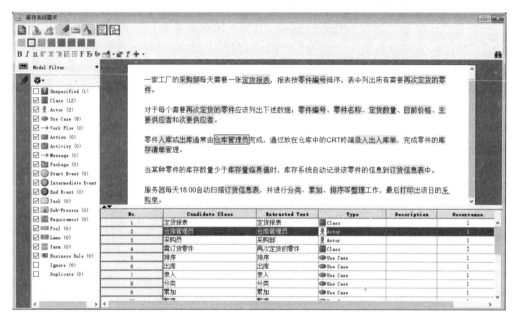

图 5.2　库存系统需求示例

（2）在需求 R1.2 数据存储和 R1.3 项目选择中，虽然提到了用户期望的功能性需求，但是不能直接导出相关的业务类和对象。由于需求 R1.3 项目选择需要对涉及的项目进行统一管理，因此需要一个管理类，可以在二次迭代时对其进行添加。

（3）针对需求 R1.4 子项目创建分析可知，子项目为项目的一个实例变量，并根据数据字典中对子项目的描述"子项目与项目结构相同"，可以暂时将子项目识别为一个备选的类，其属性与项目类的属性相同。

（4）针对需求 R1.5 子项目与项目分析可知，子项目与项目是同义词，所以子项目不需要单独设置一个类。对于同义词，不仅有"异形同义"的情况，还有"同形异义"的情况，应该在需求分析阶段的数据字典中对其进行标识。在建模时，需要再次考虑这些情况，明确它们是否应以相同的处理方式在设计中进行展现。

（5）针对需求 R1.6 项目信息编辑，可识别出项目类的属性，包括实际开始时间、最新计算出的结束时间、预计工作量、项目备注等。

（6）针对需求 R1.7 项目任务添加，可识别出的信息包括项目属性"任务"、项目任务类及其属性，如名称、责任人、计划与实际工作量、计划和实际的开始时间、计划和实际的结束时间、完成进度。

同样，项目类也应具有完成进度及实际工作量等属性，并且它们的值能够通过其他相关信息计算出来，这样的属性被称为依赖属性。另外，项目属性"任务"与其他只能取单一值的属性不同，其取值可以是一个集合，也可以为空。

（7）针对需求 R1.8 项目任务选择和 R1.9 项目任务编辑，没有新的信息被识别出来。

（8）针对需求 R1.10 对其他项目的依赖，可识别出项目类应具有"前驱项目"属性。

5.1.2　初始类图

将到目前为止发现的所有信息融入一个类图中加以表示，形成初始类图，如图 5.3 所示。每个类都使用一个矩形框来表示，其上面的方框内是类名，与中间的实例变量部分有一线之隔，实例变量的描述格式为"变量名:类型"，命名的习惯通常是将类名首字母大写，属性名的首字母小写。属性名前面的短横线表示其可见性为私有的（private）。这是根据类的一个基本原则——封装性设置的，即其他类对私有属性的读取只能通过该类提供的方法进行，不能直接进行操作。类内部的方法对类内的私有属性可以直接操作，而不受任何访问权的限制。其他可见性还包括以下几种。

（1）公有的（public）：将"+"作为前缀，表示该属性对所有类可见。

（2）受保护的（protected）：将"#"作为前缀，表示对该类的子类可见。

（3）包的（package）：将"~"作为前缀，表示只对同一包中声明的其他类可见。

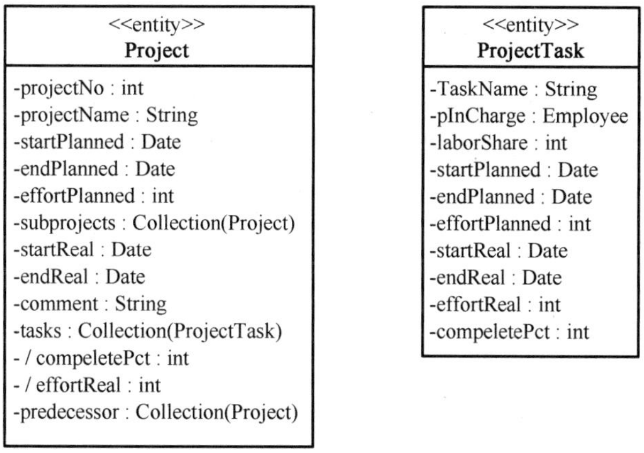

图 5.3　初始类图

在如图 5.3 所示的初始类图中，Project（项目）类的两个实例变量"compeletePct"（完成进度）和"effortReal"（实际工作量）前都有一个斜线"/"，这表示它们是依赖属性，其取值是通过其他相关变量的值计算而来。在后续的开发中，我们可能需要进一步确定它们是否需要真的进行实现。这里有两种选择：由开发者维护数据的一致性，或者在需要时实时计算。

类中实例变量的类型可以按照 UML 规范中预定义的类型进行选择，如果编程语言已经确定，则可以直接使用该语言支持的类型。在分析类图中，通常先省略变量的类型部分，暂时忽略这些实现细节。项目及项目任务两个实体类可以使用实体类的便捷表示，如图 5.4 所示，两者是等价的。

Project	ProjectTask
-projectNo : int	-TaskName : String
-projectName : String	-pInCharge : Employee
-startPlanned : Date	-laborShare : int
-endPlanned : Date	-startPlanned : Date
-effortPlanned : int	-endPlanned : Date
-subprojects : Collection(Project)	-effortPlanned : int
-startReal : Date	-startReal : Date
-endReal : Date	-endReal : Date
-comment : String	-effortReal : int
-tasks : Collection(ProjectTask)	-compeletePct : int
- / compeletePct : int	
- / effortReal : int	
-predecessor : Collection(Project)	

图 5.4　实体类的便捷表示

5.1.3　类的方法

除了实例变量的说明，类中还包含方法，也被称为操作或对象功能，可以为业务计算或实例变量值的读写提供服务。因为一个对象中所有实例变量值的组合构成了该类的状态集合，所以通过这些方法可以对类的状态进行修改。

方法的典型作用是提供对实例变量值的访问和修改，因为它们不涉及具体业务，所以在分析模型中通常不会考虑，而是在后续的实现阶段再确定它们存在的必要性。除此之外，类中可能还会提供一些业务方法。它们需要通过其他的信息（内部或外部）来对某些业务数据进行计算，以完成相应的业务功能。例如，Project 类中的 completePctCompute() 方法用来计算一个项目的实际完成进度。由于该方法只需 Project 类的内部信息即可，因此将其放置于 Project 类中是合适的，否则会破坏该类的独立性。

在初始的迭代中，首要的任务是识别出与业务紧密相关的实体类。由于实体类一般不存在与其他类的交互，是系统处理业务的基础信息和载体，因此彼此之间也较为独立。在后续的迭代中，当对业务进行更加深入的分析后，可能会识别出更多的关于实体类间的交互和作用方式。当业务较为复杂时，有效地提取和安置这些类的方法可能会有困难，此时可以借助 UML 其他动态的模型进行辅助分析。

5.1.4　类的关系

静态的关联（Association）关系是类与类之间非常常见的关系，表达了一类对象与另一类对象之间的一种"持有"联系。例如，一个项目对象与多个任务对象的包含关系就比较合适使用这种关联关系进行表达，其表现方式为类间的一条直线。关联关系的表达可以是双向的，在实现时，一般通过类的实例变量来存储持有的对象。另外，类与类之间还存在一种动态的依赖关系，用于体现对象的瞬时使用关系，即一个类的实现需要另一个类的协助，但不需要保持，因此需要尽量避免双向的互相依赖。依赖关系的描述形式是带箭头的虚线，箭头指向被使用者。在实现时，方法的局部变量、方法的参数，或者对静态方法的调用等瞬时表现都是依赖关系的体现。

在类图中，我们一般只考虑类的关联关系，因此后面的内容将主要围绕关联关系进行介绍。图 5.5 所示为加入关联关系的类图。关联关系本身可以含有一些附加的额外信息，并逐渐地完善这些信息。

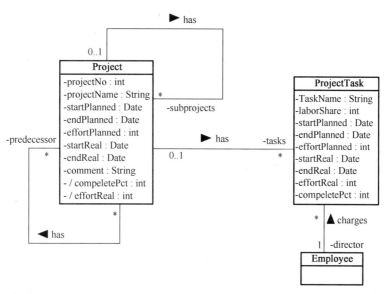

图 5.5　加入关联关系的类图

Project 类的"任务"属性其实无须显式地给出，因为它可以间接地通过与 ProjectTask（项目任务）类之间的关联关系"has"进行体现，其中的黑色三角表示关系的方向。该关系在靠近任务类的端点处标注了"-tasks"的角色，其中"-"表示私有，而另一端则没有标注角色。这意味着关联关系的角色是可选的，默认为类名。另外，关联关系具有多重性，一个星号（*）表示任意多的意思，可以为空值、一个或多个项目任务。在关联的另一个方向，该关联表示每个任务对象只属于一个项目或没有对应的项目。关联关系中基数（多重性）的几种典型的表达方式可总结如下，其中数字 3 和 7 表示泛指，可以为其他数字。

（1）"*"：任意多个（包括 0 个）对象。

（2）"1"：只有 1 个对象。

（3）"3"：正好 3 个对象。

（4）"1..*"：至少 1 个，也可能为多个对象。

（5）"3..*"：至少 3 个，也可能为多个对象。

（6）"0..1"：0 或 1 个对象。

（7）"3..7"：3 到 7 个对象。

在图 5.5 中，我们还看到一个类可以具有指向自己本身的关联关系，即自反关联（Reflexive Association）。例如，Project 类具有两个自反关联，其中一个自反关联表示的含义为一个 Project 对象可以具有多个前驱对象，同样一个 Project 对象可以作为多个 Project 对象的前驱；另一个自反关联请读者自行思考解释。

在 ProjectTask 类中含有一个具有 Employee（员工）类型的实例变量，用以保存对应的负责人信息。这里是通过关联关系进行表述的，因为 Employee 类型本身就是一个类，而不是一个简单类型，如 boolean 类型、int 类型、float 类型或 String 类型。当然，在类模型的构建过程中，开发者需要斟酌 Employee 类型是要为其单独建立一个独立的、具有属性的实体类，还是只需使用一个 String 类型表示其名称即可。一般来说，在类模型中，如果只使用到一些实际编程语言中的标准类型或类库中的标准类作为变量类型，则可以将它们直接视为简单变量类型，而不必设置单独的类。例如，类图中的日期类型。

　　类图的创建和调整是一个高度动态的过程，经常会有新的类和关联关系被识别出来，并反复修改，甚至丢弃。一种实用的方法是，将每个类描绘在卡片上并挂在一面可擦写的磁性白板上，从而可以很容易地将其拿下或贴上。类之间的关联关系也能较方便地进行绘制和擦除，而且可以对不同版本的类图进行拍照，并以照片的形式进行保存。这种在卡片上绘制类的方法也被称为 CRC（Class Responsibility Collaborators），其中卡片上主要记录类的名称、包含的属性、主要职责、有消息交互的其他类等，如图 5.6 所示。

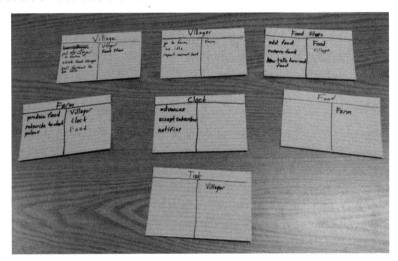

图 5.6　CRC 示例

　　一般来说，根据项目的复杂程度和建模人员的经验，在充分和深入地了解业务的情况下，通过多次迭代才能将类图和关联关系等信息完全、合理地描述出来。

5.1.5　类与对象

　　同类对象之间存在共同结构，我们可以通过它们的类进行描述。类是对象的抽象模板，定义了一类对象的共同属性和行为。所有的实例变量都可以包含在类中，作为类的初始信息。这样一来，类就成了一类对象的一个参考模板，当我们需要创建一个新的对象时，只需按照类中定义的属性与方法进行实例化即可。

　　在如图 5.7 所示的类与对象中显示出一个 Project 类和实例化它的一个对象。图中只是为了对比，在实际开发中，类与其对象同时出现在设计图中的情况并不常见。与关联关系类似，对象间的关系在对象图中一般使用实线进行连接，是类的关联关系的实例化结果。

　　对象在 UML 中通常使用"对象名:类名"的形式进行指代，注意其具有下画线。当在上下文语境清晰的情况下，对象名可以省略，如"<u>:Project</u>"表示一个匿名 Project 类对象。

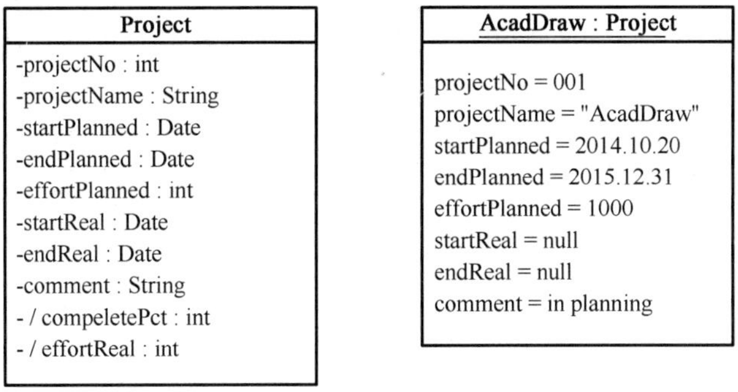

图 5.7 类与对象

5.2 类的细化

在接下来的迭代中，我们将重新审视并分析需求描述和词汇表中提到的功能与对象之间的对应关系。深入业务层次，着重理清业务的管理和控制流程，并将这些信息落实到具体的分析类中。

5.2.1 管理类和控制类

在面向对象的编程中，管理类和控制类虽然有时被认为具有相似的含义，但是为了更好地进行分析和设计，这里将它们进行了明确的区分。管理类的主要职责是对同类对象进行协调和管理，包括负责创建同类对象、代理访问其他对象的信息等。简单来说，管理类就像是一个领导者，能够对其所管辖的所有对象提供统一的处理方式。

为了实现这一目标，管理类通常会借助某种容器技术，将相关对象组织起来，以便统一管理和操作。例如，在现实生活的项目管理中，Project（项目）类可以被视为一个管理类，为所属的所有 Task（任务）提供管理功能。

管理类不仅仅局限于实体类，其他类型的类（如集合类、容器类等）也可以实现管理类的功能。这些类负责管理其他对象，提供统一的操作接口，使得开发者可以更方便地处理相关对象。管理类和控制类在实际应用中可能存在交叉。例如，一个类既可以管理对象，又可以控制流程。然而，在这种情况下，我们仍然可以将它们区分开，以便更好地理解和设计代码。

控制类用于对一个或几个用例所特有的控制行为进行建模。控制类通过控制和协调不同对象的行为来封装用例的特有行为。复杂的用例一般都需要一个或多个控制类来协调系统中对象的行为，借助控制类可以有效地将边界对象与实体对象分开，让系统更能适应其边界内发生的变更。控制类还将用例所特有的行为与实体对象分开，使实体对象在用例和系统中具有更高的复用性。

想要识别控制类，一般采用的方法是：对所有的用例进行分析，让每个用例对应产生一个控制类，用来对该场景中需要的对象进行管理和协调。在对控制类进行设置和细化的过程中，有以下两点建议。

（1）每次只考虑一个任务，只向控制类添加与该任务相关的方法和方法需要的实例变量。

（2）类与类之间尽可能保持较少的联系，这样可以降低接口的数量。

下面重新梳理需求，进一步识别和补充必要的类和类的方法。这里重点通过对句子中的动词和更多对象的寻找来辅助分析可能的类和方法。

（1）R1.1 项目创建：此需求在执行时需要对应创建一个新的项目对象。创建对象时需要以参数的形式传递若干数据给新类。项目对象是通过构造函数进行创建的，这里只给出那些与标准构造函数不同的函数，即具有参数的构造函数。因此，我们可以将以下需要 4 个参数的项目类的构造函数添加到设计中：

```
Project(String, Date, Date, int)
```

（2）R1.2 数据存储：这里在控制上有一个隐含的需求，该需求作为功能应该为相关的实体类提供必要的 set() 函数，其作用是最终向对象写入录入的值。

（3）R1.3 项目选择：这里需要一个新的管理类 ProjectMan（项目管理），其作用是管理所有项目对象及当前被选择的项目。所以，该管理类应具有所有项目的列表和被选择的项目的两个直接的属性，其包含的方法可以加入对"当前被选择的项目"属性的 set() 方法。

（4）R1.4 子项目创建：Project 类需要对包含的子项目进行管理，因此 Project 类既是一个实体类，又是一个管理类。Project 类是子项目的一个容器，其添加（add）和删除（remove）操作是常用的方法。对于本需求，需要在 Project 类中加入一个 addSubproject(Project)：void 函数，并约定若其返回值为空值，则表示创建子项目的过程没有成功完成。

（5）R1.7 项目任务添加：项目应具有 addTask(ProjectTask)：void 方法，进一步为 ProjectTask 类加入 ProjectTask(String, Date, Date, int, int) 构造函数。这里存在一个隐含功能，即对项目实际工作量的计算，还有对完成进度的计算。因此，在类中加入 realEffortCompute()：int 方法和 completePctCompute()：double 方法。

（6）R1.8 项目任务选择：Project 类应具有"当前被选择任务"属性，不过该属性是否应该为 Project 类的一个实例变量还需要进一步讨论。这里主要是为了将需求中的信息在模型中进行体现。当然，若开发者经验比较丰富，则这个变量可能会在初始迭代中被识别和设置。

（7）R1.10 对其他项目的依赖：Project 类应具有 addPredecessor(Project)：void 方法。

（8）R1.11 工作量改动的验证：子项目与项目之间的归属关系在类图中是通过 Project 类与自身的"子项目"关联进行体现的，用于描述项目与子项目之间的对应关系。其中，"parent"端基数的表示为"0..1"，意味着每个项目归属于一个或零个其他的项目。如何将设计中的关联关系通过实际的代码来实现，会在第 6 章中进行详细说明。

Project 类的加入方法 testEffortModification(int)：bool 不仅给出了参数类型，还给出了参数名。进而，还可以在设计中加入 testEffortModification(ProjectTask, int)：bool 方法。

Project 类还应提供一个 effortToAllocate()：int 方法，用来计算剩余的待分配工作量（计划工作量减去已分配的工作量）。

（9）R1.12 工作量检查：这个需求只是对 R1.11 工作量改动的验证给出的方法在业务实现细节上的具体要求。

（10）R1.13 工作量改动失败：ProjectMan 类应能通过 inconsistentUpdateNotify(reason: String)：void 方法来提示出现的问题。由于此功能与用户交互相关，因此应该在这里做个注释，即后续可能会因统一加入了图形界面类和对交互消息的处理而导致对该方法的调整。

通过以上对需求的进一步分析和对方法的识别，可以得到如图 5.8 所示的加入方法后的类图。方法在每个类的描述中，位于属性之下的矩形区域内。方法前的加号（+）表示方法的可见性为 public，其含义是可由外部类进行调用。与属性类似，可选的可见性还有 protected（#）、private（-）和 package（~）。为了简洁起见，图中省略了初始类图中的构造型、关联关系名和方向等细节信息。

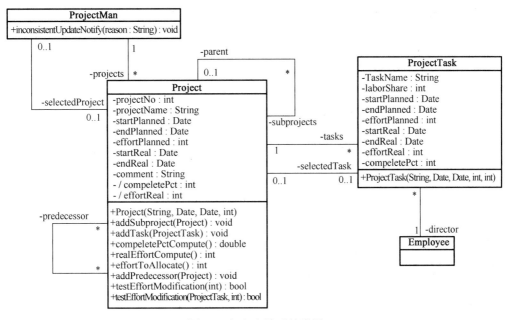

图 5.8　加入方法后的类图

在上下文情境较清晰的情况下，UML 允许省略细节信息。例如，同样的类在 UML 中有不同的表达方式。图 5.9 所示为类的不同表示方式。基本上，任何类都可以将除名称之外的所有信息隐藏起来，只保留名字，这是一种非常简化的表示方法。图 5.9 中表示的都是同一个 Point 类，当人们关注的是类图的概貌及类之间的关系时，对类的细节可能并不留意，这时在不同的上下文中一般只保留类的部分关键信息，因此也就有了不同抽象级别上的不同表示方式。这往往能与面向对象的开发阶段对应起来。随着开发的推进，类的细节信息也会逐渐地丰富起来。

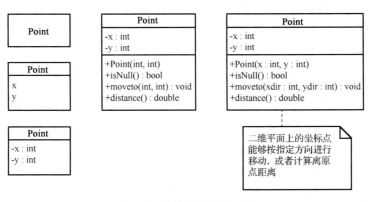

图 5.9　类的不同表示方式

5.2.2 设计优化

在进一步的迭代中，我们可以对现有的分析模型继续进行优化，以求获得更佳的稳定性和可理解性。可理解性对于后续的开发活动至关重要，只有充分传递和理解设计思想，才能在结构上获得更趋于稳定的效果，进而保证编码阶段的质量。在优化时，我们应该删除那些没有方法和实例变量的类；对于比较复杂的类，要对其功能的独立性进行考察，确认是否可以按照功能的不同对其进行拆分，并使得拆分后的类在功能上具有不同的侧重点。

若某些类具有很多的相似之处，则可以使用一个上层类对它们进行泛化。在如图 5.10 所示的带有泛化关系的类图中，项目类 Project 和项目任务类 ProjectTask 具有很多相似之处，将这些相似内容提取出来，构成两者的共同父类，即项目组件类 ProjectComponent。ProjectComponent 类的子类（Project 类和 ProjectTask 类）中会自然具有父类的所有实例变量及其自身特有的实例变量。ProjectComponent 类的实例变量前使用了"#"符号，表示可见性为 protected。这意味着在该类内部及其子类中都可直接访问，对于其他类，则与可见性 private 一样，不能直接访问。

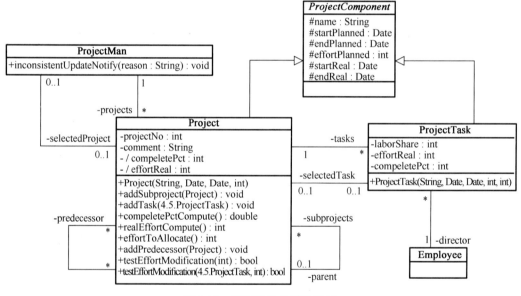

图 5.10   带有泛化关系的类图

另外，ProjectComponent 类的名字使用了斜体字，表示这是一个抽象类，即不能从该类直接产生对应的实例对象。因此，抽象的 ProjectComponent 类可以作为变量的一种类型来使用，并由此借助多态特性，避免对象之间的硬绑定，实现松散耦合的效果，从而使得整体结构更加稳定。

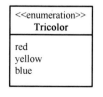

图 5.11   枚举类型的示例

如果一个变量的取值是某个有限集合中的数据，如"红色（red）""黄色（yellow）""蓝色（blue）"三原色，则应该使用枚举类型，而不是直接使用 String 或 int 等类型。枚举类型可以使设计和代码简单易懂，同时提高取值的可控性和安全性。在如图 5.11 所示的枚举类型的示例中，枚举类型具有一个构造型«enumeration»，会使实体类中该类型的实例变量取值应为包含的某个可能的枚举值。

5.3　补充和确认

当将初始版本的分析类图完整地构建出来后，需要确认需求中的所有信息是否在模型中都得到了体现而没有遗漏。为了完成这样的验证，我们可以使用 UML 中的顺序图对需求场景中涉及的不同对象之间的交互过程进行建模。

类图在 UML 中是一种静态图，因为其描述了系统的功能和结构的侧面。基于类图的顺序图，我们可以设计对象之间的动态交互过程，描述特定场景中对象之间的过程调用顺序和关系，并通过顺序图对复杂业务场景进行辅助分析，补充类图中的功能说明，确认是否实现了活动图中描述的功能性需求。

5.3.1　顺序图

顺序图的基本构成如图 5.12 所示。首先在顺序图的上端将场景中所涉及的对象横向罗列出来，从而构成对象的横坐标轴；然后顺序图从上到下表示时间的延续，从而构成时间的纵坐标轴。每个对象垂直向下延伸的虚线被称为生命线。在生命线上可嵌入控制焦点，用来表示对象当前为激活状态，如等待某个结果返回。一个由 object1 指向 object2 的实心三角箭头表示同步消息，即 object1 在调用方法后处于等待状态，直到 object2 将结果返回；通常带有一个结果的返回。另外，还存在异步消息，object1 不用处于等待状态，描述上通过一个简单箭头进行区分。

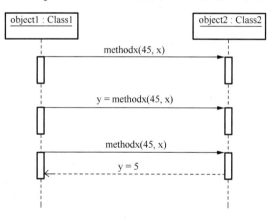

图 5.12　顺序图的基本构成

此外，消息中的参数也可以根据情况进行指定。图 5.12 针对顺序图中对象间的同步消息给出了三种不同的描述方法。如果同步消息具有一个代表控制焦点的矩形框，则表示对应对象处于激活执行状态。在这种描述方法中，更能清晰地表示出 object1 调用并等待 object2 方法执行结束并返回结果。接下来的两种描述方法都明确地表示了计算结果的返回情况。选用哪种描述方法与具体的要求有关。一般的做法是在分析的早期，可能只给出简单的方法名和箭头方向，在随后的细化中根据需要再逐渐优化。

生命线表示对应对象实例的生存周期，如果对象被销毁，则在该对象的销毁处使用"×"进行标记，并且虚线不再向下延伸。图 5.13 中左边描述的是某对象的创建操作，箭头所指是一个新创建的对象（注意：此对象的矩形要低于其他对象），右边是一个对象的删除操作。

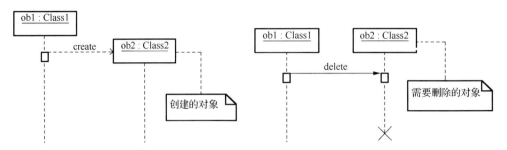

图 5.13　对象在顺序图中的创建和删除

除了顺序图，我们还可以使用通信图（Communication Diagram）对对象间动态的交互进行可视化建模。图 5.14 所示为顺序图与等价的通信图。通信图中的每个对象与顺序图中的描述格式一样，即矩形内带有可选的对象和类名的形式。对象之间通过实线连接，表示它们之间具有的连接关系，这其实是对应类的关联关系的实例。在连接线的一侧描述了消息的交互信息，交互顺序通过消息前面的数字进行标识。如果在消息内部含有嵌套消息，或者又触发了其他事件，那么这种嵌套的层次关系可以使用上层数字后的扩展数位来表示，如消息 2.1 表示消息 2 的内嵌消息，并且可以扩展多层。

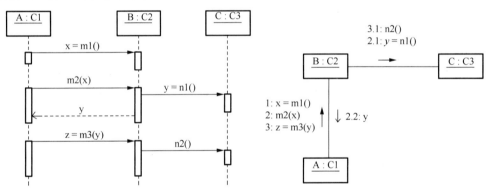

图 5.14　顺序图与等价的通信图

图 5.14 中也给出了顺序图中两种不同的返回值的描述方法对应在通信图中的表达方式。通信图可以很好地用来描述对象的结构和它们之间的依赖关系，更强调交互对象的结构性。当涉及比较复杂的交互时，使用通信图会比较烦琐，因此在本书中使用顺序图。由于两种图具有等价性，因此使用哪种模型只是一种习惯而已。

在 UML 2.0 之后的版本中，顺序图不仅可以用来描述顺序的过程，还可以描述多种带有选择结构的逻辑。这些逻辑结构通常使用一种矩形框进行表示，并在左上角给出逻辑结构的含义。图 5.15 所示为顺序图中的逻辑结构，这里给出了 3 种常用的逻辑结构。其中，"opt" 表示此部分为可选的内容，即在满足方括号内条件的情况下，会执行对应部分，否则会跳过对应部分；"alt" 是对多分支的条件进行选择，在矩形框内各分支之间使用虚线进行分割，每个分支都对应一个条件，而且彼此排斥，若条件都没有满足，则执行 else 部分；"loop（start, end, condition）" 用来定义循环结构，这里可以给出循环执行的参数，如循环的起止和循环条件。

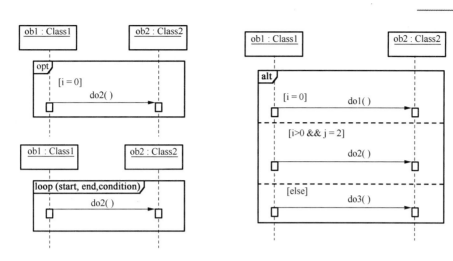

图 5.15　顺序图中的逻辑结构

5.3.2　场景模拟

使用顺序图对活动图（对应着用例规约）进行确认的方法是，对活动图中的每个场景使用一个顺序图进行模拟，即对实际的业务流程进行场景模拟。业务流程的场景模拟如图 5.16 所示。活动图中描述了 3 个业务流程，分别使用长虚线、短虚线和点虚线进行了标识。确认的目标是确保每条活动图中的边都被执行。对于每个可能的执行流程，都需要一个顺序图与之对应，使其具有相同的功能描述。图 5.16 右侧的顺序图分别对这 3 个子过程进行了模拟。当然，单一的子过程不必多次在每个顺序图中重复模拟，可以对一个或多个动作创建子图。

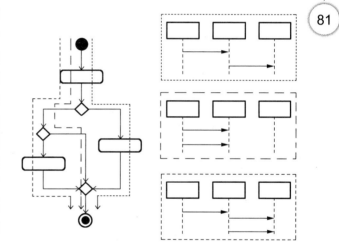

图 5.16　业务流程的场景模拟

使用顺序图可以方便地对业务流程进行场景模拟，包括对象的创建和删除过程，以确保这些功能性需求在分析模型中得到了正确的体现，而需求中的非功能性需求则主要体现在系统架构层面。分析类模型及其衍生模型和顺序模型的创建是一个迭代过程，在不断加深对需求理解的同时，丰富和调整设计，使设计日趋完善。这个过程没有固定的思维和规则可以照搬，需要开发者具备基本的软件素质和创造力，是日积月累的开发经验的沉淀和升华。

下面以"软件项目管理系统"为例，讨论使用顺序图的实际建模过程。在图 3.15 的"项目信息编辑"用例的完整活动图中，要求必须具有对新项目的创建功能，包括对应的子项目和项目任务的创建。这个场景可以模拟为如图 5.17 所示的新项目创建的顺序图。首先项目管理对象 ProjectMan 创建了 pa 和 pb 两个新项目；然后创建 ta 和 tb 两个项目任务，并将 pb 项目作为子项目加入 pa 项目中，将 ta 和 tb 作为项目任务分别加入 pa 项目和 pb 项目中；最后对 pa 项目进行简短备注。

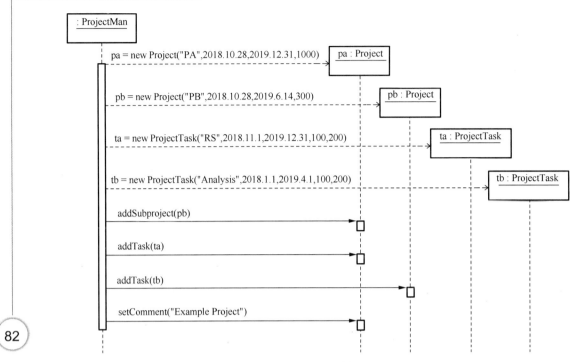

图 5.17　新项目创建的顺序图

这个场景中的项目管理对象 ProjectMan 可以是包含在图形边界中的一个对象。场景内会存在一些外部对象，与场景内的对象有交互作用，可能暂时无法获知其准确信息，但确有存在的必要，因为它们可能是业务流程的驱动者。这时可以在顺序图的最左边使用一个 Extern 对象将其表示为一个附加对象。图形边界中的类似对象一般是在后续实现步骤中逐渐补充进来的，由于所用的编程语言不同，它们的具体类型和方法都不尽相同。

图 5.18 所示为外部驱动的项目创建流程，描述了通过外部类对流程进行的驱动。外部 Extern 类使用了"角色"的图标代替，清晰地表达出这个类不属于该用例场景内的实体类。

接下来考虑"项目修改"的业务需求，这里重点关注对项目工作量属性的修改。根据设计，若项目之间存在从属关系，则通过成员变量 parent 关联，因此该用例可能会涉及多种情况。如果只提高项目对象的工作量值，则对其包含的子项目或项目任务来说是不会有什么问题的，因为此情况只是增加了更多的工作量待分配；但是，如果这是一个子项目，则需要结合其父项目进行严格的验证，以确定修改的合理性；如果减少该项目的工作量，则需要对其子项目和所含任务的工作量进行一致性检查。

以上的业务分析需要在该用例对应的顺序图中进行表现。图 5.19 所示为项目工作量的修改，描述了在项目设置新的工作量值 newvalue 时的检查流程。首先比较新值和原值的关系，其中原值是在项目对象的实例变量 effortPlanned 中存储的。如果新的工作量值较小，则使用 Project 类计算已经分配的工作量，这是通过 realEffortCompute（）方法实现的。计算的过程不会在这个顺序图中进行展开，可以直接在该图中拓展，或者通过另一个顺序图进行详细描述。

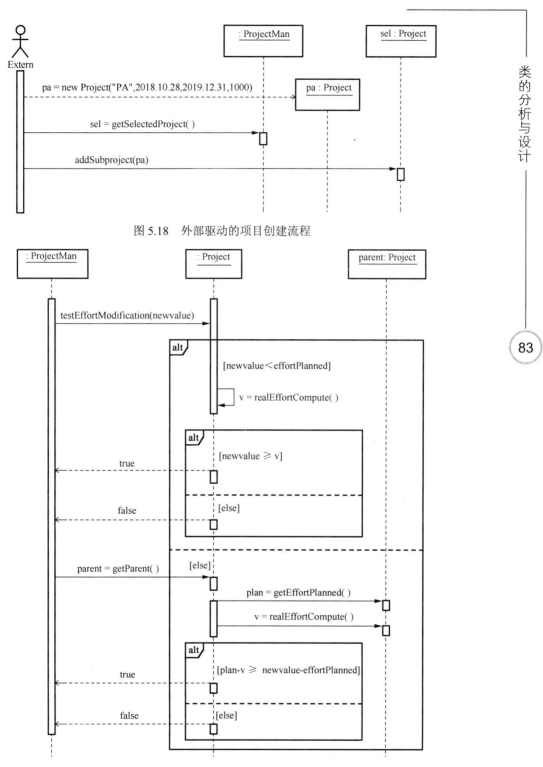

图 5.18　外部驱动的项目创建流程

图 5.19　项目工作量的修改

　　在计算出已分配的工作量后，进一步通过一个选择结构再次判断该新值是否大于或等于
这个已分配的工作量值，若满足判断条件，则意味着符合数据逻辑关系，可以安全地对工作量

进行修改，否则不可以对工作量进行修改。接着，回到第 1 层的判断，即要想新的工作量值大于项目计划的工作量值，就需要先取得其父项目的计划工作量值 plan 与已分配的工作量值 v。若父项目待分配的工作量值（plan−v）大于或等于该项目工作量的增量值（newvalue−effortPlanned），即新增加的工作量不超出父项目尚未分配的工作量，则允许修改（返回 true），否则不允许修改。

类中经常会存在一种方法，主要用作类内部的计算。在顺序图中展示的是从某对象的生命线出发又回到同一生命线的消息，即自调用。因此，我们可以将其可见性设置为私有或受保护的类型，如图 5.19 中项目对象 Project 对自身发送的 realEffortCompute() 消息。

与项目的修改流程类似，对单个任务的工作量值也可以进行修改，但修改逻辑有所不同。由于对任务的修改不涉及下层子任务或子项目，因此在减少任务工作量时，并不需要进行额外的判断。图 5.20 所示为任务工作量的修改对应的顺序图。其中，ProjectMan 类会将某项目任务的修改请求先发给 Project 类，再由 Project 类查询出该任务的计划工作量值 plan，并计算项目中已分配的工作量值 v。若项目中待分配工作量值（effortPlanned−v）大于或等于该任务工作量的增量值（newvalue−plan），则该任务的工作量允许修改。需要注意的是，这个增量值可能为正值，也可能为负值，这里不需要区分，可以统一处理。

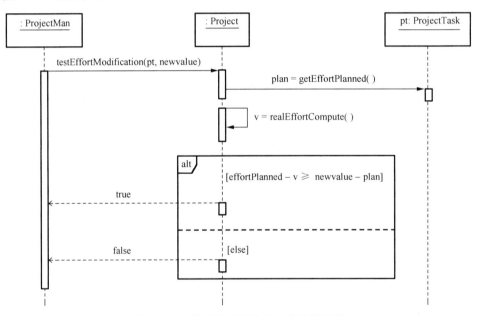

图 5.20　任务工作量的修改对应的顺序图

对于以上两个顺序图中包含的计算，已分配工作量 realEffortCompute() 的计算过程并没有给出详细解释。这个过程类似如图 5.21 所示的计算项目完成进度的流程，因为工作量的计算过程同样涉及了子项目和任务。为了计算整个项目的完成进度，需要逐个确定每个子项目的完成进度。这里使用的是递归的方式，因为在设计上，项目与子项目及任务构成了一个树状的结构，子项目与项目的处理方式是相同的。接下来，确定每个任务的完成进度，并通过这些返回的结果来确定项目总体的完成进度。图 5.21 中的消息返回都没有显式地给出，因为这里的重点是强调业务整体上的处理流程，验证分析模型的完备性和合理性。

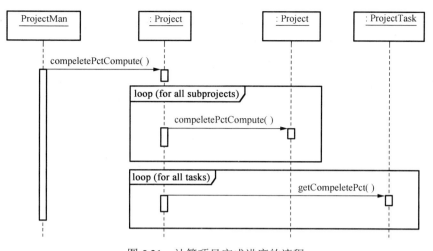

图 5.21　计算项目完成进度的流程

5.4　完善设计

在完成初始类图之后，需要关注的是领域模型之上的控制部分，以及界面部分的设计。这一阶段需要以前期的分析模型为基础，扩展相应的控制模型和界面模型，从而逐渐构建出一个完整的系统设计模型。

在设计控制类时，一是针对业务分析的场景，找出需要实现的控制功能（例如，数据验证、业务流程流转等），同时将复杂的业务逻辑拆分成若干个独立的控制模块，以便后续的开发和维护。我们可以借助顺序图等工具，描述控制模块之间的调用关系和执行顺序。

界面模型的核心职责是将领域模型转化为用户界面或输出格式，使之便于用户理解和操作。在设计界面模型时，需要依据用户需求，梳理展示数据和功能，如报表、图表等；同时规划数据展示形式及界面布局。除此之外，我们可能还需考虑系统与第三方系统交互的边界设计。

将控制模型、界面模型与领域模型整合在一起可以形成一个完整的系统设计模型。这个过程的主要工作包括：明确各个模块之间的接口，确保系统各个部分能够顺畅地交互和协作；设计合适的数据格式和协议，确保数据在系统各个模块之间能够高效地传递；继续对系统设计模型进行优化和调整，以提高系统的性能和用户的满意度。

在上面的例子中，我们直接在界面模型中对每个实体类补充一个对应的界面类。举例来说，对于 Project 类，可为其设置一个 ProjectMask 界面类，用于对外提供项目创建和修改等业务封装。在此基础上，可以使用一个控制类，如 GUIControl 类，其作用是响应用户的功能选择，控制当前处于活动状态的界面类。界面类中含有的方法一部分来源于对应的实体类，因为在实现中，这些界面对象不仅会获得并使用输入的数据，还会调用对应的类方法来驱动业务；另一部分直接来源于需求规格说明书中文本形式的需求，如第 3 章的图 3.17 中类型 2 的需求正是针对用户交互的描述。这样的界面类可以看作边界类的一种，因为它们是系统与用户之间存在的边界。另外的边界类对应类型 3 的需求，是系统与其他外部系统的交互边界。

图 5.22 所示为"项目编辑"用例对应的初始设计方案。需要注意的是，界面类的方法中没有参数，只是一个对功能性需求的抽象说明。这是因为它们需要的参数一般是在外部通过界面元素读取并初始化的，如文本输入框。具体的界面布局类的说明在这里省略了，因为它们通

常与具体的编程语言相关，而设计类图的主要目的是加入对界面或接口规格的说明，以完善模型。在这个过程中，一些必要的新的方法可能被识别和加入进来。例如，在 ProjectMan 类中加入一个用来返回指定位置的项目对象的 getProjectAt(position:int) 方法。

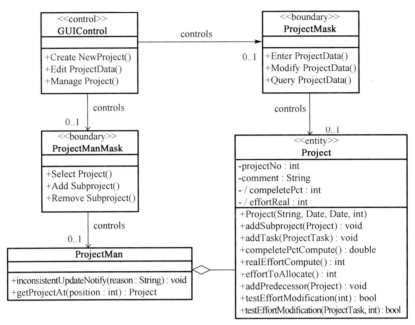

图 5.22　"项目编辑"用例对应的初始设计方案

图 5.23 所示为带有子项目的项目对象创建，通过顺序图描述了创建一个带有子项目的项目对象的过程。因为界面类的方法没有非常具体地给出，所以这里的消息部分使用了简单文本形式进行描述，主要用于设计思想的说明及辅助理解，这在分析和设计早期阶段是很常见的。

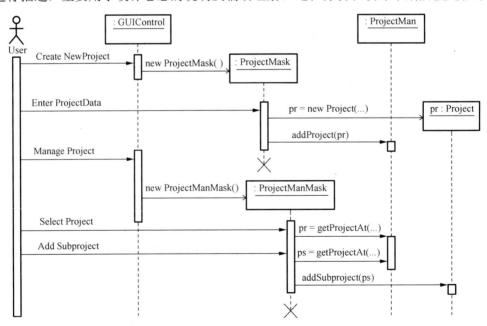

图 5.23　带有子项目的项目对象创建

在该例中，每个领域类都配有一个界面类。对管理类或控制类来说，这是必要的，因为它们都分别需要通过边界来响应对业务实体的创建和访问等请求。在很多实际的业务中，一个界面类可能会涉及多个业务实体。也就是说，如果所有的业务驱动都围绕控制类和管理类展开，则可以通过减少场景中参与的类的数量来简化模型的消息，从而有助于对系统整体的理解和维护，这样也就不需要为每个实体类都设置界面类了。

除了界面类的业务功能分析，界面的布局也属于设计的任务。这里涉及除功能以外其他更多的方面，如系统的易用性及用户体验等。图形设计需要专业的团队，只有在基于对需求深入理解的基础上，才能更有效地展现和实现预期的功能。第 10 章会专门讨论与界面布局设计相关的内容。

5.5 习题

（1）针对下述描述建立类模型，并绘制出该系统的分析类图。

某软件公司下属的部门分为开发部门和管理部门两类，并且每个部门由唯一的部门名字确定。每个开发部门都可以开发多个软件项目，每个管理部门都承担着公司的若干项日常管理工作。公司的员工分为经理、工作人员和开发者三类。开发部门包括经理和开发者，管理部门包括经理和工作人员。在开发项目时，每个项目只能由一个经理主持，但一个经理可主持多个开发项目；每个开发者可以参加多个开发项目，每个开发项目也需要多个开发者参与。

（2）在如图 5.24 和图 5.25 所示的两个类图中，其含义有何不同？

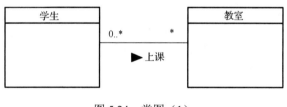

图 5.24　类图（1）

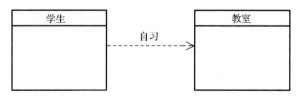

图 5.25　类图（2）

（3）针对第 3 章习题（3）、（4）、（5）的描述，在它们的用例图的基础上分别给出各自的分析类图。

视频课程

第6章 代码生成

前面的章节介绍了从需求文本出发产生初始的分析和概要设计类图的过程，以及通过动态模拟场景来验证类图。在这个验证的过程中，通过使用顺序图来描述场景内参与对象间的交互。验证的过程实际上是一个对现有业务深入理解和对设计方案不断完善的过程。在本章中，我们要考虑这些设计方案向现实中能够实际运行的系统的转变过程，即由概要设计类图产生出对应的程序代码框架的过程。

工程化的开发设计方法会导致程序代码具有更好的可实现性、可维护性、可修改性及可扩展性。具体的优化策略会在后续的章节中介绍，而本章首先对从类图到代码框架的基本转换过程进行概要说明，然后对其进行进一步细化。

6.1 正逆向工程与 CASE 环境

软件开发在实践中都离不开软件开发环境的支持。软件开发环境是指支持软件开发的工具及其集成机制，用以支持软件开发的过程、活动和任务，为软件的开发、维护及管理提供统一的平台，即计算机辅助软件工程（CASE）。不同类型的项目及其软件开发环境的构成不尽相同，在工具的选择上也会有较大的差异。

大型软件开发厂商 IBM 开发的 Rational 和 Together 等工具，提供了从需求获取到可交付代码过程中的所有相关工具和主要过程支持的套件。这里所说的套件，是指涵盖了开发的主要阶段的工具集，这些工具各有所长、相互协调，共同完成开发任务，但彼此之间并非紧密依赖，缺一不可。例如，并非强制要求使用需求跟踪管理的工具。工具的选择可能会对开发过程的选择产生一定的影响，因为不同的工具组合对开发过程的支持能力会有所不同。

另外可选的方法是，在每个单一的开发步骤中引入不同的工具支持。这需要将现有的开发工具与新的工具进行集成，以支持未来的开发步骤。这样做通常会导致工具间的接口问题，因为工具之间的数据格式可能并不兼容。

在软件开发环境中，集成开发环境（IDE）是一种常用的工具框架，有很多开源产品可供使用，如 Eclipse 主要为 Java 项目提供开发支持。Eclipse 的优点是能够通过安装插件来扩展其自身功能，使更多的工具集成到环境中，类似的工具还有 Netbeans 等。

CASE 环境的搭建与开发过程的选择具有很强的依赖关系，其中比较重要的一点是要考虑开发过程中对各种"变更"的管理方式，这里存在两种较为极端的情况。

（1）需求分析、概要设计和详细设计过程只进行一次，或者迭代增量式地进行。当开始编码后，对已经完成产品的修改只在程序代码中体现。需求分析、概要设计及详细设计文档不做更新。

（2）每个改动的意愿都要经过完整的需求分析、概要设计和详细设计过程，所有的改动都需要在所属的文档及代码中对应修改，并保证它们的一致性。

开发过程的管理与实际的项目相关。例如，若项目需要长期维护且不断扩展功能，则第（2）种方式比较适合；若项目结束后不需要长期维护，则第（1）种方式比较合适。当然，它们的折中方式在实践中也会经常使用，具体方式的选择对未来的开发和维护成本有着直接的影响，但合适的 CASE 环境会使开发活动变得事半功倍。关于变更的活动在如图 6.1 所示的正向与逆向工程中进行了描述。

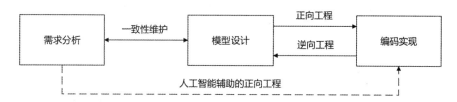

图 6.1　正向与逆向工程

在从类图向代码实现的转化过程中，需要引入正向和逆向工程的技术方法。正向工程是从类图出发生成程序代码的框架，进一步的开发可直接在代码上进行。逆向工程是将代码的修改反向映射回类图的设计中，以便在设计与代码实现之间保持一致性。完全通过代码生成进行设计是逆向工程的一种特殊用途，在原始设计缺失时，可以起到快速理解代码的作用。

逆向工程使得所有的开发可以在 CASE 环境中同时开展，并使设计与实现之间相互对应。但是，这些工具之间可能并不能完全地无缝集成，尤其是当引入了某些高效或独立的开发工具时，可能会阻碍逆向工程的进行，使模型和代码之间的紧密性大打折扣。因此，对于开发工具和方法的选择，需要充分考虑各种开发因素并权衡利弊。

由于传统的软件开发流程相对烦琐，需求分析、模型设计、编码实现、软件测试等各个环节相互独立，缺乏有效的整合，因此导致开发效率低下，软件质量难以保证。然而，随着软件工程 2.0 时代的到来，这一状况得到了显著改善。软件工程 2.0 强调需求分析、模型设计、编码实现等各个阶段的迭代和交互，使得开发过程更加敏捷和高效。

即使在软件工程 2.0 时代，从需求分析直接到编码实现的过程仍然存在一定的困难。这一过程涉及多个环节的衔接和过渡，如需求文档的编写、设计方案的制定、编码实现等。在这个过程中，开发人员需要不断地在各个阶段之间进行切换，容易出现信息丢失、需求变更难以应对等问题。

幸运的是，随着软件工程 3.0 时代的开启，这一过程变得更加顺畅。软件工程 3.0 以人工智能技术为核心，将需求分析、模型设计、编码实现等环节紧密衔接，以实现一体化开发。人工智能技术在软件开发中的应用（如自然语言处理、机器学习等），可以帮助开发人员更快速地完成需求分析，自动生成设计文档，以及实现代码的智能编写。这使得从需求分析直接到编码实现的过程变得更为可能和高效。

事实上，图 6.1 中的所有软件过程，在人工智能的助力下都可以变为现实。人工智能不仅提高了软件开发的效率，还大大降低了开发过程中的风险。人工智能可以帮助开发人员更好地理解用户需求，优化软件设计，提高代码质量，从而确保软件的整体质量。

尽管人工智能目前在软件工程领域具有深远的影响，并且这种影响日益加深，但是人工智能的应用并非没有局限性。为了更好地利用人工智能技术，我们有必要从底层开始，对软件工程的基本原理、模型，以及代码生成机制进行全面而深入的掌握，具体如下。

　　首先，人工智能在软件工程中的应用主要集中在自动化、优化和提升效率等方面。然而，这并不意味着我们可以完全依赖人工智能，忽视软件工程的基本原理。相反，我们应该借助人工智能的力量，更深入地理解和掌握这些原理。

　　其次，人工智能模型作为软件工程的重要组成部分，其构建和优化需要我们充分了解并掌握相关算法和技术。这包括对数据处理、特征提取、模型训练等环节的深入了解。只有这样，我们才能确保人工智能模型在实际应用中的有效性和准确性。

　　最后，代码生成是软件工程中的关键环节，也是人工智能可以发挥重要作用的领域，可以提高开发效率，减少出错率，提高软件质量。然而，这也要求我们熟悉并掌握代码生成的基本原理和技术，这样才能在未来的软件工程实践中做到知其然和知其所以然。

6.2　单个类的实现

　　本节主要介绍从类图到程序代码框架的生成过程，是从模型设计到编码实现必然要经过的环节。我们在不断对业务进行理解的过程中，可以对各种分析模型和设计模型进行完善，最终将它们"翻译"成对应的代码，这在实践中是开发系统原型时常采用的方法。在大型项目的设计过程中，还会不断对已有的初始模型进行细化。例如，在补充描述行为的状态图和更为精细的业务规则时，"项目不能将其本身作为子项目进行添加"，这条规则要在模型中进行体现。

　　首先，针对单个类的实现进行说明。一个类图如果可以成功翻译为代码，则类模型中的内容必须完整。类中需要包含的信息如下。

　　（1）每个实例变量需要指定其类型。

　　（2）每个方法中的参数和返回值需要指定其类型。

　　（3）每个关联关系的关联类型、导航方向必须进行说明。

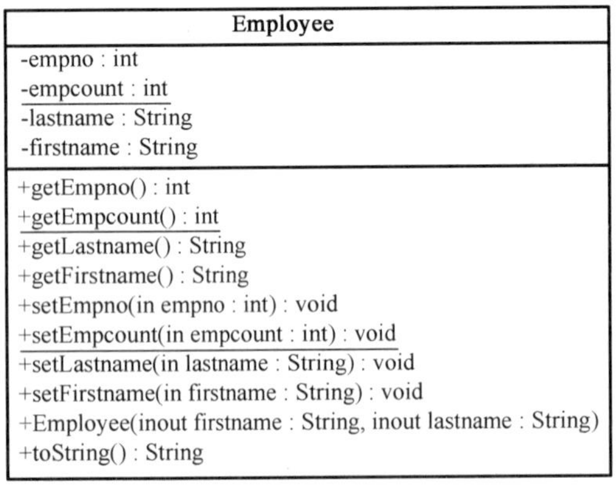

Employee
-empno : int
-empcount : int
-lastname : String
-firstname : String
+getEmpno() : int
+getEmpcount() : int
+getLastname() : String
+getFirstname() : String
+setEmpno(in empno : int) : void
+setEmpcount(in empcount : int) : void
+setLastname(in lastname : String) : void
+setFirstname(in firstname : String) : void
+Employee(inout firstname : String, inout lastname : String)
+toString() : String

图 6.2　具有类变量和类方法的类

　　图 6.2 所示为具有类变量和类方法的类，给出了类图中实体类 Employee 的完整表示，并显式地给出了所有的 get 和 set 方法。其中，有些方法和属性下面带有下画线，代表类变量（静态）和类方法（静态）。类变量用来对类范围的某个属性进行说明，而不是类的每个对象。每个对象可以访问其对应类中的类变量，但对其改动后将作用于该类的所有对象，因为类的类变量在内存中只存储一份，在所有的对象实例中共享。通过类方法可以实现对类变量的访问，但类方法不能访问一般的实例变量。类变量在编译时会预分配存储空间，不需要使用任何方法在运行时进行动态分配。在大多数程序设计语言中，类方法的调用可以直接使用以下形式。

```
<ClassName>.<StaticMethodName>(<Parameters>)
```

对于类变量的使用需要慎重，因为它会破坏面向对象的封装性原则。类变量的实质是一个静态变量，对于该类的所有实例，都可以共享访问，从而增加这些对象之间的耦合性[①]。类变量和类方法通常用在常规任务中，如记录文件的存储路径，或者常规的数值计算、加密等。习惯的做法是将这些常规方法以静态的形式封装在一个工具类中，不含有其他实例变量和方法。所有外部类都可以使用该工具类，因为不需要创建该类的实例。典型的例子就是 Java 中的 Math类，其中包含了绝大多数基本的数值计算功能。另外，利用类变量在实例之间的共享特性，可以记录一些全局信息，如生成唯一的员工编号等。

此外，类中方法的参数前使用了 in 关键字，用来表示参数在方法内部是只读的，不会被修改。同样，inout 关键字也是可以在参数前使用的关键字，表示该参数在方法的处理过程中会被访问，也会被修改，而且在方法结束后可以保持该参数的修改结果，即可以被外部接收到。out 关键字表达的含义是该参数只能作为方法内部计算结果，这意味着在调用方法时，out 参数可被赋予任何值（哑值），对于方法的内部计算不起任何作用；在方法调用结束后，该参数会记录并保持计算结果。在很多类图中，对参数的形式可能不会描述得很细致，一般会省略。Employee 类的代码实现如代码 6.1 所示。

代码 6.1　Employee 类的代码实现

```
public class Employee{
    /**
    * @uml.property name="empno"
    */
    private int empno;
    /**
    * Getter of the property <tt>empno</tt>
    * @return Returns the empno.
    * @uml.property name="empno"
    */
    public int getEmpno(){
        return empno;
    }
    /**
    * Setter of the property <tt>empno</tt>
    * @param empno The empno to set.
    * @uml.property name="empno"
    */
    public void setEmpno(int empno){
        this.empno = empno;
    }
    private String firstname = "";
    public String getFirstname(){
        return firstname;
    }
```

---

① 这里为公共环境耦合，是一种耦合程度比较高的情况。

```
        public void setFirstname(String firstname){
            this.firstname = firstname;
        }
        private String lastname;
        public String getLastname(){
            return lastname;
        }
        public void setLastname(String lastname){
            this.lastname = lastname;
        }
        private static int empcount;
        public static int getEmpcount(){
            return empcount;
        }
        public static void setEmpcount(int empcount){
            Employee.empcount = empcount;
        }
        public Employee(String firstname, String lastname){
            this.firstname = firstname;
            this.lastname = lastname;
            this.empno = Employee.empcount++;
        }
        @Override
        public String toString(){
            return empno + ": " + firstname + " " + lastname;
        }
    }
```

代码 6.1 是在设计类的基础上较为完整的代码，并且可以直接在实际项目中使用。在代码的转换中还补充了一些注释内容。这些注释包含两类：一类是在设计类图时给出的，由 CASE 环境自动生成；另一类是 CASE 环境内部使用的注释，可以在类模型和代码之间起连接的作用，为逆向工程提供支持。为了简洁起见，这里只给出了 empno 属性的注释，其他的实例变量也是类似的。开发者最好不要修改自动生成的注释，否则可能会丢失参照信息，从而失去逆向工程的能力。

在代码转换过程中，还采用了某种编码风格，如首先给出实例或静态变量的定义，然后紧跟着的是该变量的 get 和 set 方法。代码的结构风格在一些 CASE 环境中支持定制，并且可以在不同的代码风格间实现自由切换，方便开发者使用习惯的方式快速组织代码。

当然，通过 CASE 环境生成的代码框架通常较为简单，没有过多的业务代码，需要开发者在此基础上补充具体的业务逻辑，如代码 6.1 中阴影标记的部分就是在生成后的代码框架上补充的代码。对于较复杂的计算业务，只有在设计中给出了详细的业务计算逻辑后，才有可能实现自动的、完整的代码生成。业务越复杂，代码能够自动生成的可能性就越低，对于这部分需求，还需要工具的开发者为此付出大量努力。

6.3 关联关系的实现

通过关联的定义，可以明确类与类之间存在静态关联。这种关联的实现最终体现为类中增加的实例变量，用来保证对关联对象的持有和保持。这些"关联变量"存在的具体形式依赖于关联的具体类型。

在类模型构建的初始阶段，类与类之间的关联关系往往只是简单地通过一条实线来表达。在接下来的迭代中，关联关系的多重性会被添加进来，表明参与关联的对象间在数量上的对应情况。同样，关联关系的导航方向及角色信息等都会逐渐地完善。图 6.3 所示为关联关系的不同表示方法，描述了关联关系的详细内容及其表示方法。

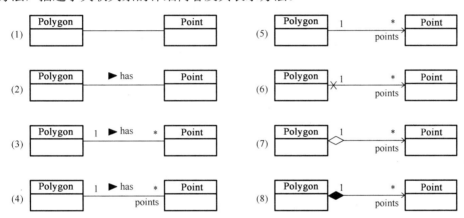

图 6.3　关联关系的不同表示方法

从上至下对图 6.3 中的关联关系的解释如下。

（1）多边形类 Polygon 和点类 Point 存在关联关系。

（2）Polygon 对象是由 Point 对象构成的。在表示关联关系的实线上写明了该关联的名称，对应的那个实心三角的箭头方向表示该关联名的方向。这个关联的名称信息不会出现在转换后的程序代码中。

（3）一个 Polygon 对象是由任意多个 Point 对象构成的，一个 Point 对象只属于一个 Polygon对象。在此情况下，多个 Polygon 对象之间不存在共享的 Point 对象。不同的 Polygon 对象存在交集，即它们具有的某些 Point 对象含有相同坐标值，但实际上是两个具有相同坐标属性值的不同 Point 对象。

（4）每个 Polygon 对象含有任意多个 Point 对象，这些 Point 对象是通过 Polygon 类的一个（集合类型）实例变量 points 进行管理的。每个 Point 对象只属于一个 Polygon 对象。

（5）每个 Polygon 对象含有任意多个 Point 对象，这些 Point 对象是通过 Polygon 类的一个实例变量 points 进行管理的。该关联关系存在由 Polygon 类至 Point 类的一个简单箭头指示的方向，表示只能从 Polygon 对象中获知其包含的 Point 对象信息，而不能从 Point 对象中获知其所属的 Polygon 对象信息。这个获知对方信息的方向被称为导航方向（Navigation）。多重性"1"在这里对代码的生成没有太大作用，因为 Point 对象并不感知其所关联的类的存在。但是，这个数字"1"是必要的，因为它描述了一种约束条件。开发者需要在代码中采取措施，确保每个 Point 对象只属于一个 Polygon 对象。导航方向对代码的未来实现是有影响的，需要在代码中进行体现。

（6）为了使前述关联关系的导航方向更加清晰，我们可以在关联关系中没有导航能力的一端使用"×"符号，显式地表示无此导航方向。

（7）一个空心的菱形符号表示 Polygon 对象与 Point 对象的另外一种关联，即部分与整体之间的弱包含关系——聚合（Aggregation），表示它们相互之间没有存在层面的依赖性。这意味着，删除一个 Polygon 对象，其所属的 Point 对象会继续存在，并且可以由其他 Polygon 对象利用。

（8）一个实心的菱形符号表示对象之间的一种特殊的关联关系，表示部分与整体之间的强包含关系——组合（Composition）。Point 对象的存在依赖于所属的 Polygon 对象，如果删除一个 Polygon 对象，则会同时删除其所属的所有 Point 对象，即整体与部分之间的一种"同生共死"的关系。

详细设计的目的是要对每个关联关系进行具体的描述和细化。这里尤其要注意导航方向的确定。一般来说，单向导航方向的代码要比双向导航方向的简单一些。

图 6.4 所示为 Employee 类与 ProjectTask 类间的关联表示，描述的业务含义为：一个 ProjectTask 类最多由一个 Employee 类承担，通过多重性"0..1"可知，ProjectTask 类也可以不分配 Employee 类。也就是说，在代码实现中，对应类的实例变量可以不赋予任何值。在类构造的代码中，不必对该变量进行初始化，或者对该变量赋予空值（null），表示不分配任何存储空间。Employee 类与 ProjectTask 类的关联关系实现如代码 6.2 所示。

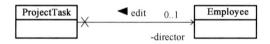

图 6.4　Employee 类与 ProjectTask 类间的关联表示

代码 6.2　Employee 类与 ProjectTask 类的关联关系实现

```
public class ProjectTask {
    private Employee director;
    public Employee getDirector(){
        return director;
    }
    public void setDirector(Employee director){
        this.director = director;
    }
}
```

这段代码在实现上符合图 6.4 的设计。需要注意的是，对应的实例变量并不需要在声明时赋值，可以通过 set 方法在后期需要时再赋值。另外，实例变量 director 在声明后可以一直为 null，但不能通过任何方法显式地对其赋予 null 值，这是隐含的业务规则。

图 6.5 所示为唯一的关联关系表示，描述了一个 ProjectTask 对象必须要有一个 Employee 类与其对应，这样就不存在是否可以对该变量赋予 null 值的问题。为确保实现以上约定，需要在声明该实例变量的同时赋予初值，可以按照以下方式实现。

```
private Employee director = new Employee();
```

图 6.5　唯一的关联关系表示

同样，在该类的每个构造函数中都要为实例变量 director 指定一个有意义的值。在这种情况下，可以将实例变量在声明时的初始化去掉。

图 6.6 所示为任意多的关联关系表示，描述了一个 ProjectTask 类可以安排任意多个 Employee 类与之对应。同样，这些 Employee 类也是通过实例变量 director 进行保持的，只是此时该变量的类型应为某种集合类型（集合类型在 C++中被称为 Container）。具体集合类型的选择要根据是否排序，或者是否含有重复元素而定。4 种基本的集合类型如表 6.1 所示。

图 6.6　任意多的关联关系表示

表 6.1　4 种基本的集合类型

集 合 类 型	元素顺序要求	元素唯一性要求
Set	不要求	无重复{unique}
Bag 或 Multiset	不要求	允许重复
OrderedSet	要求{ordered}	无重复{unique}
List 或 Sequence	要求{ordered}	允许重复

若在多重性上对元素的最小参与数量有要求，如 "2..*"，则在构造该类时需要在实现上注意，至少要在对应的集合变量中加入 2 个元素。若要求多重性，如 "2..7"，则在实现上选择具有 7 个存储单元的结构（如 Array 数组）比较合适。在实现代码时，要注意所选的编程语言是否提供了尽可能多的集合类型，这样才会有更多的选择。若想通过一种更简单直接的对象引用方式（如通过对象的某种标识）来实现对对象的访问，则可以使用另外一种数据结构——映射（Map）。其中的一种映射方式是将元素的标识值与该元素通过 Hash 方式进行对应，从而达到快速访问元素的目的。

表 6.1 中的花括号是一种对约束条件的说明方式，可以放在类图中关联关系的一侧进行说明。在基于 Java 语言的开发中，开发者可以使用集合 List 接口类型对应允许元素重复的集合类型，并使用 ArrayList 类型进行实现。使用 Java 的 ArrayList 类型实现集合类型如代码 6.3 所示。

代码 6.3　使用 Java 的 ArrayList 类型实现集合类型

```java
import java.util.List;
import java.util.ArrayList;
public class ProjectTask {
    private List<Employee> director = new ArrayList<Employee>();
}
```

因为 ArrayList 类型非常实用，所以对集合的实现，它基本上成了一种标准的选择。但是，在选用具体的集合类型时还要考虑运行时间和存储空间等实际要求。若已经选用了 ArrayList 类型，同时不希望重复元素的出现，则需要在加入元素时进行重复值的检查。

在代码 6.3 中，实例变量 director 实际具有的类型应为 List<Employee>。这是泛型，在原始的类图中并没有体现。若要将这些模板类型也描述出来，则可以采用如图 6.7 所示的形式。泛型的描述形式是类的右上角带有虚线的小矩形，表示模板参数。模板参数的绑定通过构造型 «bind» 进行体现。

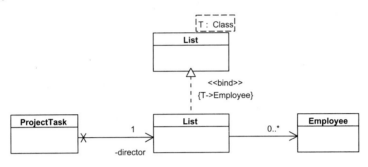

图 6.7　使用 List 模板类型的类图

6.4　对象归属关系的实现

前面的章节已经对多重性"0..1"的实现方式进行了解释，这里还涉及对象销毁后内存释放的问题。虽然 Java 具有自动的垃圾回收机制，但是对 C++ 开发者和 UML 建模者来说，还要进一步深入了解对象归属的概念。在 UML 语义中，对象归属关系实际上是语义更强的关联关系。图 6.3 中的（7）和（8）两种情况都使用了菱形来表达不同的对象归属关系，下面分别进行说明。

6.4.1　聚合关系

图 6.8 所示为聚合关系的表示，其描述的基本含义与图 6.4 相同，但它还包含了一个深层的含义，即一个 Employee 对象可以同时参与多个 ProjectTask 对象，也就是该 Employee 对象可以在这些 ProjectTask 对象中共享。这种表示对象之间归属情况的关联关系被称为聚合关系（Aggregation）。聚合关系的 Java 实现如代码 6.4 所示。

图 6.8　聚合关系的表示

代码 6.4　聚合关系的 Java 实现

```
public class ProjectTask{
    private Employee director = null;
    public Employee getDirector(){
```

```
        return director;
    }
    public void setDirector(Employee director){
        this.director = director;
    }
}
```

这段代码与代码 6.2 中两者关联关系的实现基本一样，但确实符合图 6.8 的语义描述。假设一个 ProjectTask 对象 ta 有一个对 Employee 对象的引用，则另外一个任务对象 tb 可以通过 ta.getDirector() 方法获取并持有对这个 Employee 对象的引用。

```
tb.setDirector(ta.getDirector());
```

若使用 C++实现相同的语义，则对应有两种可能的形式。一种形式是通过常用的指针来实现的，其对应的实现如代码 6.5 所示。

代码 6.5 聚合关系的 C++实现 1

```cpp
//ProjectTask.h
class ProjectTask{
private:
    Employee* director;
}
//ProjectTask.cpp
Employee* ProjectTask::getDirector(){
    return director;
}
void ProjectTask::setDirector(Employee* director){
    this->director = director;
}
```

另外一种形式是使用 C++中的地址操作符 "&" 获取对象的地址，用于函数参数中，其对应的实现如代码 6.6 所示。

代码 6.6 聚合关系的 C++实现 2

```cpp
//ProjectTask.h
class ProjectTask{
private:
    Employee director;
}
//ProjectTask.cpp
Employee& ProjectTask::getDirector(){
    return director;
}
void ProjectTask::setDirector(Employee& director){
    this->director = director;
}
```

从面向对象的角度思考这些关联关系的代码实现会发现一些问题，面向对象对实例变量的封装性在实现上被破坏了，并没有设计得那么美好。例如，某个外部类如果获得了一个 ProjectTask 对象的引用，则可以通过公共方法 getDirector()获得私有的 Employee 对象，并调用 Employee 类的所有公共方法对其进行任意的修改。

```
ta.getDirector().setLastname("Whatever")
```

避免上述问题的一种可能做法为：使 ProjectTask 类不返回对实际对象的引用，而是只返回一个中间设置的接口类型。接口是一种特殊的抽象类，要求其中没有具体实现的方法。图 6.9 所示为使用接口优化设计，描述了采用接口的设计方案。

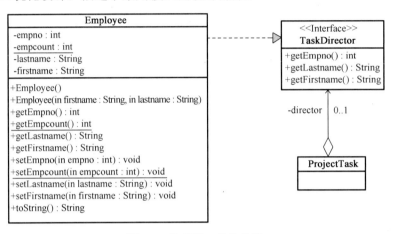

图 6.9　使用接口优化设计

图 6.9 对 Employee 类进行了内容上的丰富，加入了部分需要的方法和实例变量。这里假设 ProjectTask 类只使用 Employee 类中的一些读取信息的方法，通过加入一个新的 TaskDirector 接口并加入用于读取方法的声明。它们的具体实现存在于 Employee 类中。这样一来，ProjectTask 类不再直接使用具体的员工对象，而是间接地使用一个实现 TaskDirector 接口的对象。因为该接口只把需要的方法暴露给外部，所以可以保证信息的安全性。当然，这种安全性是相对的，因为这样并不能阻止通过强制类型转换把该接口转换为 Employee 类的对象。

另外一种不破坏封装性的设计做法为：ProjectTask 类的方法不返回任何 Employee 类的对象，这也意味着只有 ProjectTask 类允许对 Employee 对象进行操作。若要对外提供修改 Employee 对象的服务，则需要在 ProjectTask 类中提供一个具有修改能力的公共方法。例如：

```
public void updateLastNameDirector(in lastname: String)
```

这种做法在聚合关系中很常用，主要通过调用 Employee 类中的 setLastname()方法，并通过参数的传递来完成实际的修改。

图 6.10 所示为棒棒糖形式的接口描述，描述的是 Employee 类对 TaskDirector 接口进行实现的一种简单形式，UML 提供了构造型《interface》和用于便捷表示的"棒棒糖"图形进行接口的描述。

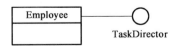

图 6.10　棒棒糖形式的接口描述

6.4.2 组合关系

除了以上介绍的聚合关系，还有一种归属关系——组合关系（Composition）。图 6.11 所示的实心菱形就是组合关系的表示。组合关系的语义描述了 Employee 类和 ProjectTask 类之间存在一种依赖性，即如果删除 ProjectTask 类的对象，则会同时删除其所属的所有 Employee 类的对象（工作人员），实际的含义是工作关系的解除。

图 6.11 组合关系的表示

根据实际业务的情况，这种语义可能会有不同的实现方式。一种较为直接的实现方式为：仍然使用上面的对简单聚合关系的处理方法。不过，这样做需要考虑当删除所属的某个对象后，其他对象可能仍然持有对它的引用，因此每个使用者在访问这个对象前都需要判断它是否仍然存在。

更为周全的实现方式为：使 ProjectTask 对象持有对所有 Employee 对象的完全代理权，即只有 ProjectTask 对象能够直接使用 Employee 对象并对其进行操作，如对一个 Employee 对象的修改只能借助 updateLastNameDirector()方法来实现。必要时，ProjectTask 类可以另外提供 getDirector()方法返回 Employee 对象的复制，而不是引用。这样一来，该方法的调用者可以在其本地对 Employee 对象进行任意形式的使用，而不会影响原始的 Employee 对象。代码 6.7 所示为组合关系的 C++实现。

代码 6.7 组合关系的 C++实现

```cpp
//ProjectTask.h
class ProjectTask{
private:
    Employee director;
}
//ProjectTask.cpp
Employee ProjectTask::getDirector(){
    return director;
}
void ProjectTask::setDirector(Employee director){
    this->director = director;
}
```

在 get 方法的返回值和 set 方法的赋值中，每次都要确保对象副本的创建。在 Java 中，这种实现方式还没有得到直接的支持，但返回对象副本可以借助 Java 提供的克隆（Clone）机制来实现。代码 6.8 所示为组合关系的 Java 实现。

代码 6.8 组合关系的 Java 实现

```java
public class ProjectTask{
    Employee director = null;
```

```
    public Employee getDirector(){
        return director.clone();
    }
    public void setDirector(Employee director){
        this.director = director.clone();
    }
}
```

需要注意的是，在使用 clone() 方法时，其默认的实现是对对象的浅层复制，即复制内部含有的对其他对象的引用地址，若要真正的副本（深层复制），则需要对 clone() 方法进行重写（Override）。

6.4.3 依赖关系

到目前为止，我们讨论的都是类与类之间存在的静态联系，表现为关联关系存续期间的保持性。对应地，类间还存在一种语义强度较弱的依赖关系，表现为对象之间瞬时的联系，如将某些类向其他类进行传递。与关联关系不同的是，这种瞬时的联系并不在相关的对象间保持。

从语义上看，依赖关系可以用来笼统地描述两个对象之间可能的任意联系。图 6.12 所示为依赖关系的表示，是 UML 对这种依赖关系的描述，这里也可以使用构造型«include»代替构造型«uses»。一般来说，在不影响类图的清晰性和阅读性的前提下，关联关系和依赖关系都可以在设计类图中说明，这种动态的瞬时关系的实现形式，如代码 6.9 所示。其中，ProjectTask 对象 ta 在加入当前选定的项目对象后，并不在该 ProjectMan 对象中保持。

图 6.12　依赖关系的表示

代码 6.9　依赖关系的一种实现形式

```
//项目管理类
public class ProjectMan {
    private Project selectedProject;
    public void addProjectTask(String name){
        ProjectTask ta = new ProjectTask(name);
        selectedProject.addTask(ta);
    }
}
```

6.5　软件架构的实现

软件架构描述了软件系统基本的结构组织或纲要，通常会提供一组事先定义好的子系统，并指定其责任，将其组织在一起。对于软件架构的实现，重要的是要体现出其设计的思想。本节主要讨论 MVC 架构的实现过程，并通过该过程对设计的灵活性进行解释。

MVC 架构的核心思想是将数据本身与其修改的方式及数据的展现形式进行分离。MVC 架构提供的模式可以使数据能够以各种不同的修改方式进行处理，却不影响对数据的管理和对外展现的形式。

图 6.13 所示为 MVC 架构示意图，是对 MVC 架构的示意性描述。图 6.14 所示为 MVC 架构实现示例，给出了一个 MVC 架构的简单实现界面。为了说明上的方便，这里的模型其实只是一个简单类型的变量。为了能够对该变量的值进行显示，将图 6.14 左边的窗口作为一个视图，并以滑块的形式显示该变量的值。图 6.14 右边的窗口代表一个控制器，通过两个按钮实现对模型中变量值的修改。

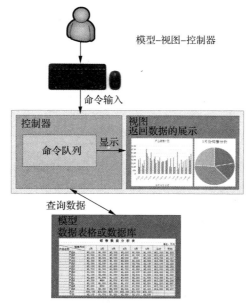

图 6.13　MVC 架构示意图

图 6.14　MVC 架构实现示例

MVC 架构的构建通过两个阶段进行。第一阶段，与 MVC 架构模式相关的对象被创建并对其进行关联；第二阶段，实现对 MVC 架构的实际使用。MVC 架构的构建过程在如图 6.15 所示的顺序图中进行了说明，第一阶段要创建模型对象（可以创建任意多的控制器对象和视图对象），并在此过程中建立它们与模型对象的联系，以便模型对象对它们进行注册和通知。在图 6.15 中，首先创建了一个控制器对象，然后创建了一个视图对象，最后在模型类处进行了注册。

修改的来源可能多种多样，这里从控制器开始对模型进行修改，首先控制器对象将修改发送给模型对象，然后模型对象将修改通知给所有事先注册的视图对象。这里有两种通知视图对象的方式：一种是模型对象本身将修改的值在消息中直接进行传递，这种方式适用于较小数据量的修改；另一种是只通知相关视图对象修改的状态，由各个视图对象在合适的时机通过调用模型对象的访问方法来获取实际模型的值，这种方式适合大数据量的修改，而视图对象可能只关心其中一小部分修改结果的情况。

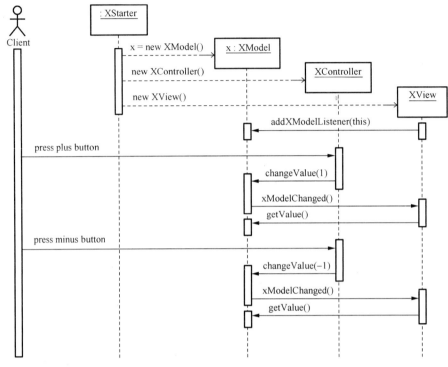

图 6.15　MVC 架构的构建过程

图 6.16 所示为 MVC 架构的类图。为了使不同的视图对象能够在模型类中进行注册，以便进行通知，所有的视图对象都需要实现一个统一的接口，使此接口能够统一管理所有注册的视图对象。模型类的实现如代码 6.10 所示。

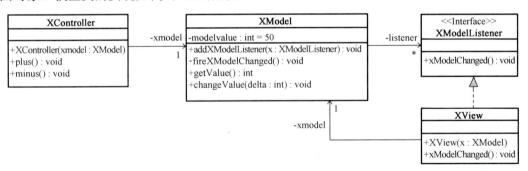

图 6.16　MVC 架构的类图

代码 6.10　模型类的实现

```
import java.util.*;
public class XModel{
    private ArrayList<XModelListener>listener =
            new ArrayList<XModelListener> ();
```

```
    private int modelvalue = 50;
    //Management of Model Listeners.
    public void addXModelListener(XModelListener x){
        listener.add(x);
    }
    //Notification to Listener
    private void fireXModelChanged(){
        for(XModelListener x: listener)
            x.xModelChanged();
    }
    //Read from Model
    public int getValue(){
        return modelvalue;
    }
    //Modification of Model
    public void changeValue(int delta){
        modelvalue += delta;
        fireXModelChanged();
    }
}
```

模型类含有的实例变量由两部分构成：第一部分是实现对已注册视图的管理，这里是通过一个 listener 类型的数组链表进行的；第二部分是实际的模型值，这里只使用了一个数值类型的变量进行示意性的说明。对模型中含有的值来说，至少要提供访问它的方法（get 方法），以及一个在模型中进行注册的 addXModelListener()方法。如果要对模型值进行修改，则可以在模型类中为控制器实现不同的修改方法，此例中仅提供了一个修改方法 changeValue()。如果模型值被修改了，则需要通知所有的注册视图，这是通过调用本地方法 fireXModelChanged()实现的。为了使模型和视图顺利配合，每个视图类必须实现 XModelListener 接口，如代码 6.11 所示。视图类的实现如代码 6.12 所示。

代码 6.11　模型接口的实现

```
public interface XModelListener {
    public void xModelChanged();
}
```

代码 6.12　视图类的实现

```
import javax.swing.*;
public class XView extends JFrame implements XModelListener{
    private XModel xmodel;
    private JLabel jlabel = new JLabel ("模型值：");
    private JSlider jslider = new JSlider(JSlider.HORIZONTAL,0,100,50);
    public XView(XModel x){
        super("我是视图");
        xmodel = x;
        xmodel.addXModelListener(this);
        //Rest for display
```

```
        getContentPane().add(jlabel);
        getContentPane().add(jslider);
        setDefaultCloseOperation(EXIT_ON_CLOSE);
        setSize(250,60);
        setLocation(0,0);
        setVisible(true);
    }
    public void xModelChanged() {
        jslider.setValue(xmodel.getValue());
    }
}
```

　　视图的实现主要借助的是代码 6.12 中阴影标记的部分，其余代码是 Java 图形包 swing 中的一些辅助代码。每个视图对象需要知道模型对象的存在，并建立与之对应的联系。在代码 6.12 中，这些信息是通过实例变量 xmodel 保存的，并在视图类的构造函数中初始化。为了实现对修改的通知，接下来的步骤是将视图在模型类中进行注册。视图类必须实现 XModelListener 接口。如果视图对象接到模型类修改的通知，则可以通过模型类提供的访问方法 getValue() 来获取修改后的模型值。

　　控制器类的实现如代码 6.13 所示。每个控制器对象都能够关联到相关的模型类上。在代码 6.13 中，这些信息是通过实例变量 xmodel 保存的，并在控制器类的构造函数中初始化。若控制器对象需要修改模型值，则可以通过模型类提供的修改方法进行。

代码 6.13　控制器类的实现

```
import java.awt.FlowLayout;
import java.awt.event.*;
import javax.swing.*;
public class XController extends JFrame{
    private XModel xmodel;
    public XController(XModel x){
        super("我是控制器");
        xmodel = x;
        getContentPane().setLayout(new FlowLayout());
        JButton plus = new JButton("+ Plus +");
        getContentPane().add(plus);
        plus.addActionListener(new ActionListener(){
            public void actionPerformed(ActionEvent e){
                xmodel.changeValue(1);
        }});
        JButton minus = new JButton ("- Minus -");
        getContentPane().add(minus);
        minus.addActionListener(new ActionListener(){
            public void actionPerformed(ActionEvent e){
                xmodel.changeValue(-1);
        }});
        setDefaultCloseOperation(EXIT_ON_CLOSE);
        setSize(250.60);
```

```
        setLocation(0,90);
        setVisible(true);
    }
}
```

　　MVC 架构本身提供了一般性的解决方案，但本质上并不强求和实际的解决方案是完全一样的。在应用中，我们可以根据需要进行调整，并加入一些必要的设计变化，从而使方案更加适合业务场景的需要。例如，如果能确定只有一个视图对象在模型类中注册，则可以不引入 XModelListener 接口；如果仅存在一个视图，则可以使用 MVC 架构的架构思想来组织。在这种情况下，模型中的 listener 变量不再是一个集合，而是一个简单的对视图对象的引用。MVC 架构对各部分的划分，有助于厘清各部分的职责，从而为系统带来一个清晰的设计结构。另外，对视图类的管理可以不在模型类中进行，而是使用控制器类来负责所有对视图类的管理和模型值的修改通知。

6.6　其他物理实现

　　在实际的代码实现中，必须考虑到非功能性需求所带来的影响，因为非功能性需求在某种程度上会对实现方式的选择起决定性的作用。UML 类图主要用来对功能性需求进行建模，对非功能性需求的描述能力往往力不从心。

　　另外，将所有的项目信息都并入同一模型中进行展示是不明智的，因为这会导致模型本身变得烦琐且难以阅读。软件系统的各种信息应通过不同的视图进行重点展示，这样才更有意义。视图是用来表示对未来的软件进行观察和理解的角度，每种角度都专注于系统某方面的特征，最终的目的是使未来的软件能够满足每个视角的要求，并通过对它们的集成，保证最终实现的系统是全面且成功的。软件架构的"4+1"视图模型是对上述思想的归纳。其中，逻辑视图应主要包括系统的功能性需求和类模型；开发视图应包括对子系统和接口的描述；进程视图应包括处理流程、并行性和同步等策略描述；物理视图包括对目标硬件和网络的描述。UML 中的有些图形可以应用于多个不同的视图中，但在每个视图中强调的是模型不同的侧面。作为补充，这里着重说明 UML 在进程视图和物理视图中提供的表示模型和实现形式。

　　图 6.17 所示为活动类及其对象，描述了一个可能的、独立运行的进程或线程及其关联的活动对象。在 Java 中，它们是一些从 Thread 类继承或在 Runnable 接口中实现的类，具有 run() 方法。它们在 UML 中另外的描述形式是使用构造型，即用一个标有«thread»或«process»的活动类进行表示。

图 6.17　活动类及其对象

　　在完成类及其对应包的开发后，需要将完成的系统划分成可以运行的单元，并进行安装。一般来说，这些单元可以打包成一个或多个软件包，即构件。在 Java 中，一般将其打包成*.jar 的形式。

图 6.18 所示为对构件进行描述的构件图，具有两种描述方式。构件图能够描述多个构件的构成，以及它们之间的联系。在这两种描述方式中，除了构件的名称，还提供了构件的规格说明和需要的接口等信息。构件提供的服务常使用"棒棒糖"图形进行描述，并在其圆形处给出接口名。构件需要的接口通过一个在端点处的半圆形的符号表示，可以形象地理解为一个可以与其他构件的接口进行连接的插座，并与这些构件一同工作。

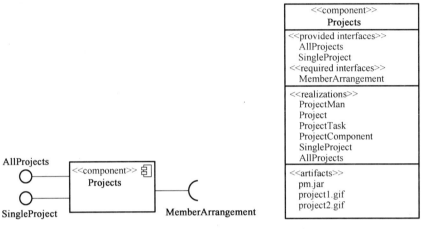

图 6.18　构件图

在每个构件的详细描述中，可以通过«realizations»进一步说明该构件中包含的类。此外，还可通过«artifacts»描述与该构件相关的其他制品。构件中除了程序包，还包括其他数据和图片等内容。

图 6.19 给出了 UML 中部署图的一个例子，描述了软件构件最终在物理机器上部署运行的情况。除计算机信息以外，还可以具体指定它们之间连接的类型及多重性。计算机作为硬件节点，这里使用长方体进行描述，并在其内部安装部署相关的制品（«artifact»），如可执行程序、库文件、源程序、配置文件等物理文件。对于网络连接，还可以具体指定网络的类型和带宽。

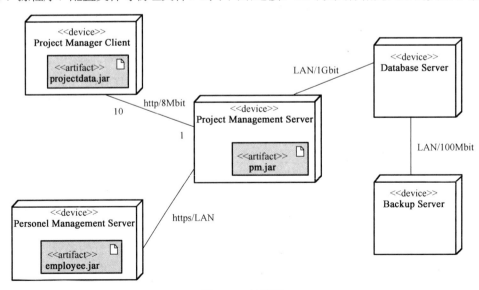

图 6.19　部署图

6.7　习题

（1）请详细说明在如图 6.20 所示的类图中，两个关联关系表示的含义。

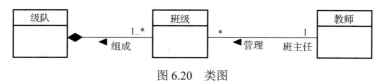

图 6.20　类图

（2）下面给出的代码 6.14 是使用 Java 对 4 个类的实现。为了简短起见，一些类定义的细节没有给出，还省略了相应的 set 和 get 方法。对这些代码使用逆向工程，要求使用 UML 给出它们的设计类图。

代码 6.14　类的实现

```java
class TestQuestion {
    public static void main(String [] args){
        CardList myCardList = new CardList();
        Card newCard;
        for (int i = 1; i<= 2; i++){
            int j = i + 5;
            newCard = new Card(i, j);
            myCardList.insertCard(newCard);
        }
    }
}
class Card {
    public Card(int s, int r) { suit = s; rank = r; }
    protected int suit;
    protected int rank;
    //...
}
class ListElement {
    protected ListElement prev;
    protected ListElement next;
    protected Card card;
    //...
}
class CardList {
    // This method creates a new list element on the heap associated with
    // the input card and inserts into the beginning of this list.
    public void insertCard(Card card) { ... }
    // This method removes the input card from this list.
    public Card removeCard(Card card) { ... }
    // This method returns the first card of this list.
    public Card getFirst() { ... }
```

```
    //...
    protected int noOfElements;
    protected ListElement first;
    protected ListElement last;
}
```

（3）某位系统分析人员针对高校学生选课系统的需求设计了分析类图的草图，如图 6.21 所示。

① 教务人员通过职工号和密码登录系统，录入课程信息（包括课程编号、课程名称、授课时间、授课地点），并录入排课信息。其中，一名教师可以教授 0 门或多门课程，1 门课程也可以由 1 名或多名教师教授。

② 学生通过学号和密码登录系统，选择课程。系统要求 1 门课程至少要有 10 名学生选课才能开课，1 名学生至少要选择 1 门课程。

③ 教师通过职工号和密码登录系统，获取课程的学生名单。

④ 课程结束后，教师通过该系统录入学生成绩。

⑤ 学生可以通过该系统查询自己的课程成绩。

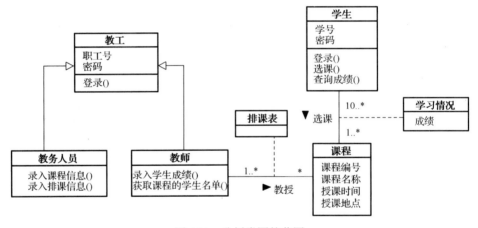

图 6.21　分析类图的草图

请基于图 6.21 进行细化和完善，尽可能补充需要的信息，完成该系统的设计类图，并尝试使用 Java 或 C++编写该系统的代码框架。

第7章　类的详细设计

视频课程

类的详细设计以概要设计说明书为基础，完成各模块的算法设计、用户界面设计及数据结构设计的细化等。在系统的需求分析和概要设计中，通过对业务类图的构建给出了进行初始实现的类结构的蓝图。第6章从设计类图到可运行程序的代码框架进行了说明。对开发者来说，详细设计的主要工作是在每个类的方法中补充对应的业务实现。这是非常具有挑战性的任务，真正将设计中非形式化的描述准确无误地转换成期待的、能够运行的程序功能，是对开发者创新和专业能力的考验。

本章首先对类方法的详细设计进行说明，这适用于类中方法的设计；然后对描述类行为的状态图进行介绍，用于提供对对象生命周期的描述，即状态图能够说明每个对象在什么环境中、在何种事件的作用下如何响应，并提供具体类的行为描述；最后对对象约束语言进行介绍，这种机制可以用来在模型中形式化地约束具体的业务或边界条件。

7.1　详细设计的主要活动

详细设计应忠于概要设计的结果，不得破坏概要设计方案；每个模块都应给出详细设计的方案说明，并最终形成详细设计说明书。详细设计方案的说明应包括详细的模块实现方式、实现模块功能的类及具体方法的流程等。详细设计活动一般包括以下内容。

（1）为每个模块进行详细的算法设计。使用图形、表格、语言等工具将每个模块处理过程的详细算法描述出来。

（2）对模块内的数据结构进行设计。对需求分析、概要设计确定的概念性的数据类型进行确切的定义。

（3）对数据结构进行物理设计，确定数据库的物理结构。物理结构主要指数据库的存储记录格式、存储记录安排和存储方法，这些都依赖于具体使用的数据库系统。

（4）其他设计。根据软件系统的类型，还可以进行输入/输出格式设计、人机交互设计。对于一个实时系统，用户与计算机频繁交互，因此还要进行交互方式、内容、格式的具体设计等。

（5）编写详细设计说明书。

（6）评审。对处理过程的算法和数据库的物理结构进行评审。

在传统的开发模式中，常用于描述详细设计的工具包括图形、表格和语言等，这些描述的工具在面向对象领域也适用，尤其适用于类中方法实现流程的描述。

为了使非形式化描述的类图和代码实现之间的差距不会过大，并且不会引入过多的假设和错误，UML 提供了在类图中对实现细节进行准确定义的机制。利用这种机制可以在图形中对具体的业务约束或边界条件进行说明。使用独立的对象约束语言不仅可以表达类与类之间更复杂的业务关系和约束，还可以准确定义出某方法调用的预期结果，不需要给出具体的实现内容。

7.2 类方法的详细设计

传统的函数、过程、子过程等模块并不像面向对象那样封装数据，而是面向功能的行为实现。20 世纪 70 年代，人们提出了"结构化程序设计"的理念，仅使用几种不同类型的程序块就可以构造任何程序结构，并且每种类型的程序块都对应不同的逻辑结构，分别为顺序结构、选择结构和循环结构。顺序结构是任何程序逻辑的基础，表示动作按照指定的顺序依次执行。选择结构指定两个或若干个条件，构成不同的逻辑分支，实际执行的流程只能是满足某个条件的分支。当循环条件得到满足时，循环结构能够使得某段程序反复运行。这 3 种逻辑结构是结构化程序设计的基础。除此之外，结构化程序设计还要求每个逻辑程序块都只有一个入口和一个出口。图 7.1 所示为非结构化程序设计的示例。

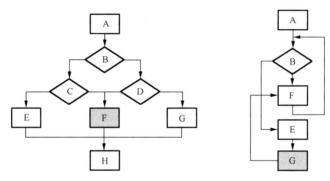

图 7.1 非结构化程序设计的示例

引入结构化程序设计的目的是简化软件设计的过程，仅使用有限的可预测的操作，就能完成相应的算法流程。结构化程序设计通过复杂程度的度量，可以提高程序的可读性、可测试性和可维护性。这几个基本的逻辑结构是人们理解业务逻辑最简单的模式[①]，并通过模式，为开发者提供统一的理解和感悟，从而提高可读性、可理解性。

7.2.1 图形工具

1. 程序流程图

程序流程图（Flowchart）是常用的一种描述详细设计的工具。它的广泛使用源于其简单、直观、易于学习的特点。矩形代表一个处理步骤，菱形表示逻辑选择，箭头所指表示控制流的方向。图 7.2 所示为三种基本结构的程序流程图。顺序结构中的两个处理步骤通过一条有向控制直线连接。选择结构中有两个分支，描述了 if-then-else 逻辑，当条件为真或假时，对应的右分支或左分支被执行。如果遇到多分支选择的情况，则可以由多个二分支选择结构扩展构成，并且很多程序设计语言中也提供了简单、特有的 switch-case 结构。循环结构有两种不同的描述方式：一种是 While 循环，另一种是 Until 循环。它们的主要区别是循环条件结构和逻辑响应方式不同。

---

① 这里的模式即知识，是经验的总结，模式的概念在后续章节中还会专门介绍。

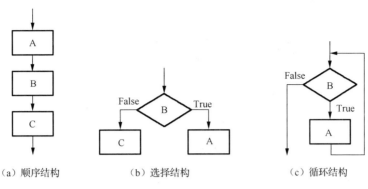

（a）顺序结构　　　　　　（b）选择结构　　　　　　（c）循环结构

图 7.2　三种基本结构的程序流程图

在一般情况下，采用结构化程序设计会使设计更易读、更直观，但程序流程图的最大问题是表示控制流程的箭头可以比较随意地绘制，使得设计人员可能在不经意间违背了结构化程序设计风格，造成设计出的程序流程混乱、难懂。因此，在使用程序流程图进行详细设计时，应尽量保持结构化的特点，限制控制流的随意跳转。但是，在一些追求高效率、实时性、代码精简度的情况下，会适当使用 goto、break、continue 等容易违背结构化程序设计风格的语句。

2．盒图

盒图也被称为 N-S 图，由 Nassi 和 Schneiderman 提出，是一种符合结构化程序设计原则的图形描述工具。盒图中没有表示控制流程的箭头，因此不允许随意转移控制。盒图由基本逻辑块构成，如图 7.3 所示。在每个逻辑块中，语句被限制在一个封闭的"盒子"中，只需将各种逻辑盒子组合嵌套，即可构成更大的盒子。程序流程的结构在盒子中隐式体现。

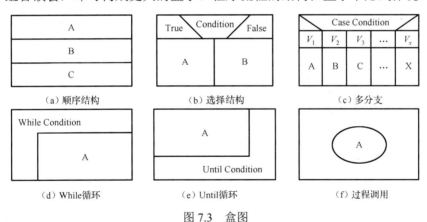

（a）顺序结构　　　　　　（b）选择结构　　　　　　（c）多分支

（d）While循环　　　　　　（e）Until循环　　　　　　（f）过程调用

图 7.3　盒图

如果将盒图作为详细设计的工具，则可以使开发者逐步养成用结构化的方式思考问题和解决问题的习惯。盒图的主要问题是绘制起来不是很方便，尤其是当问题逻辑比较复杂时，绘制盒图可能会很烦琐。满足结构化设计的程序流程图都能转换为对应的盒图，因此可以使用盒图来验证设计是否符合结构化的要求。

3．PAD

PAD（Problem Analysis Diagram，问题分析图）自 1973 年由日本日立公司发明以后，已得到一定程度的推广并受到国际标准化组织的认可。PAD 从程序流程图演化而来，使用结构化程序设计的思想表示程序设计的逻辑结构，绘制起来比较方便。PAD 使用二维树形结构表示程序的控制流，因此将这种图翻译成程序代码比较容易，如图 7.4 所示。

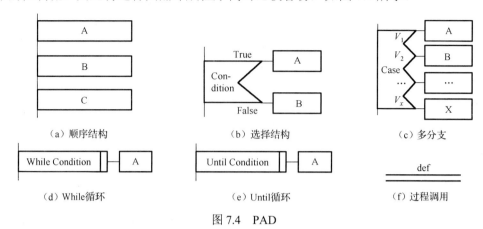

图 7.4　PAD

PAD 描述的程序的层次关系表现在纵线上，每条纵线表示一个层次。PAD 层次关系从左至右逐层展开，向右延展。控制流程首先从最左主线的上端开始，自上而下依次执行，每遇到判断或循环，就进入下一层；然后从表示下一层的上端开始执行，直到下端；最后返回上一层的转入处。如此继续，直到主线的所有内容都执行完成。

7.2.2　表格工具

判定表[①]是一种进行详细设计的表格工具，也被称为决策表。判定表适用于描述判断条件较多、各条件又相互组合、有多种决策方案的情况。判定表有着准确而简洁的描述方式，能够将复杂的条件组合与对应的执行动作相对应，其示例如表 7.1 所示。

表 7.1　判定表的示例

规则#	1	2	3	4	5	6	7	8	9	10	11	12
机器功率 w（马力）	A	A	A	A	B	B	B	B	C	C	C	C
运行时长是否大于 10 年	Y	Y	N	N	Y	Y	N	N	Y	Y	N	N
是否有维修记录	Y	N	N	Y	Y	N	N	Y	Y	N	N	Y
送外维修	※	※	※	※	※	※	—	—	※	※	—	—
本厂维修	—	—	—	—	—	—	※	—	—	—	※	※
本车间维修	—	—	—	—	—	—	—	※	—	—	—	—

注：A：$w > 50$，B：$w < 20$，C：$20 \leqslant w \leqslant 50$

该示例描述的是某工厂机器维修的方式：对于功率大于 50 马力（1 马力=735.49875W）的机器或已运行 10 年以上的机器，应送到专业的维修公司处理；若功率小于 20 马力，并且有维修记录，则在本车间维修；否则送到本厂的维修中心维修。

判定表由 4 个部分构成，分别为条件列表、条件组合、动作列表和动作入口。每个条件对应一个变量、关系或预测，如表 7.1 中的机器功率、运行时长、维修记录。条件组合是各种条

---

① 判定表除了可以用来进行详细设计，在软件测试中也有应用。

件可能取值的所有组合，若每个条件都有真、假两种取值，则 n 个条件的取值组合数量为 2^n 个。在表 7.1 中，由于功率有 3 种取值，因此理论上的条件组合数为 $3 \times 2 \times 2 = 12$。动作是指要执行的过程或操作列表，如表 7.1 中的送外维修、本厂维修、本车间维修；动作入口是指某个条件组合下与动作的对应，与条件组合一起构成判定表的一列，即规则。

判定表初步生成后，我们可以尝试将具有相同动作入口的条件组合进行合并化简，即找出对动作结果没有影响的条件（真假都包含），并使用"—"来表示对此条件的不关心或不适用。比如，表 7.1 中规则 11 和规则 12 只有一个条件不相同，并且一个取真值，另一个取假值，这表明两条规则对应的结果与是否有维修记录是不相关的，因此两者可以合并为表 7.2 中的规则 4。

表 7.2　判定表的化简

规则#	1	2	3	4	5
机器功率 w（马力）	A	—	B	C	B
运行时长是否大于 10 年	N	Y	N	N	N
是否有维修记录	—	—	N	—	Y
送外维修	※	※	—	—	—
本厂维修	—	—	※	※	—
本车间维修	—	—	—	—	※

注：A：$w > 50$，B：$w < 20$，C：$20 \leqslant w \leqslant 50$

需要注意的是，在化简的过程中，任意两个条件组合之间不能有交集。也就是说，任意给定一个实例（某一台机器），在表中只能有唯一一列规则与之匹配。在表 7.1 的示例中，还有其他的化简可能，请读者自行给出。

判定表虽然能清晰地表示复杂的条件组合与应做的动作之间的对应关系，但其含义却不是一目了然的，理解它也需要有一个学习过程。而且，当数据元素的值多于两个时（如表 7.1 中的机器功率），判定表的简洁程度也会下降。判定树是判定表的变种，能清晰地表示复杂的条件组合与应做的动作之间的对应关系。

判定树也被称为决策树，是一种应用于数据分类的树状结构。树中的每个内部节点（Internal Node）都代表对某个属性的一次测试，每条边都代表一个测试结果，叶子节点（Leaf Node）代表某个类别或类别的分布（Class Distribution），最上面的节点是根节点。判定树提供了一种展示在什么条件下会得到什么值（这类规则）的方法。图 7.5 所示为判定树的示例，是对应表 7.2 的一棵判定树，从中可以看到其基本的组成部分。

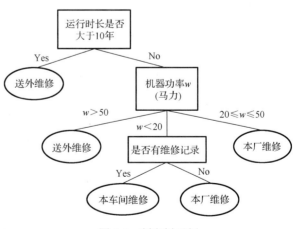

图 7.5　判定树示例

给定问题域及数据，寻找最佳判定树是 NP（Nondeterministic Polynominal）困难问题，这类问题在工程上常采用一些启发式的算法来解决（比如，经典的算法有 ID3 算法等），即决策树归纳（Induction of Decision Tree）。早期的 ID 3 算法只能就两类（如正类和反类）数据进行挖掘，经过改进后的 ID3 算法可以挖掘多类数据。

7.2.3　语言工具

程序设计语言（Program Design Language，以下简称 PDL）是一种用来进行详细设计的语言工具，也被称为结构化语言或伪代码。与自然语言相比，PDL 借用某种编程语言的语法来构筑其逻辑流程；与编程语言相比，PDL 使用了自然语言的词汇（如英语）。PDL 不能被编译或解释运行，主要供开发者使用。除此之外，PDL 还具有以下特点。

（1）PDL 采用关键字的固定语法，具有结构化控制结构、数据说明和模块化的特点。

（2）PDL 中会有一些能够表示程序结构的关键字。

（3）PDL 仅有少量的简单语法规则，大量使用人们习惯的自然语言。

（4）在使用 PDL 时，经常按逐步细化的方式编写程序。

（5）PDL 的注释行会对语句进行解释，起到提高可读性的作用。

代码 7.1 所示为使用 PDL 设计的示例。

代码 7.1　使用 PDL 设计的示例

```
procedure: sort
    do while records remain
        read record;
        if record field 1 = 0 then
            process record;
            store in buffer;
            increment counter;
        else if record field 2 = 0 then
                reset counter;
            else process record;
                store in file;
            end if
        end if
    end do
end
```

PDL 最大的优势是容易被翻译成某种编程语言（如 C、Java 等）描述的代码。由于 PDL 不是编程语言，因此不必过多担心存在语法错误，只需将精力集中在设计上。PDL 作为设计工具，没有图形工具形象、直观，但其表现形式是最接近代码实现的。

7.3　类的行为设计

类是面向对象分析和设计的基本单元。尤其是业务相关的类，其构成与需求密不可分。本节主要介绍通过类的行为和状态变化，对类内部的构成进行详细设计。

第一种类型的类：类中存在某些部分，其主要功能是对业务信息进行管理。这些业务信息包括实例变量的存储、实例变量的访问方法，可以进行简单的业务逻辑处理并返回具体值。这些方法的返回值一般对现有的实例变量在取值上没有任何影响，通常将这些类的实例对象称为无记忆对象（Memoryless）或无状态对象（Stateless）。

第二种类型的类：其行为大多依赖于对象当前的状态。例如，一个进行远程连接的对象在需要连接时，通常只需对该对象进行一次通知。只有在已经建立了连接的情况下，该对象才可以通过调用数据传输方法进行数据交换，并关闭已有的连接。在这样的情况下，要确定何时应该调用哪些方法，这依赖于该对象的内部状态。在通常情况下，将这类对象称为有记忆对象或有状态对象。

对象的状态及状态变化可以借助状态图（State Diagram）或有穷状态机（Finite State Machine）进行描述。对于具有依赖类状态的行为，使用状态图能够对其进行清晰描述；相反，对于只含有对实例变量的简单操作，而且不依赖于实例变量的行为，使用状态图对其进行描述则没有太大的意义，因为这样的类实际上只具有一个中心的状态，在这个状态下可对所有方法进行调用，却对其本身的状态不产生任何影响。

7.3.1 状态图的结构

图 7.6 所示为状态图的基本结构，图中左侧描述的是状态的一般构成模板，右侧是一个具体的状态。每个状态图都应含有一个唯一的开始状态，用实心圆表示，但是可以有多个结束状态，用半实心圆表示，并将开始状态和结束状态统称为伪状态。一般来说，状态图中的状态变化都是针对确定性行为的描述。也就是说，在状态一定、事件相同的情况下，该对象的下一个状态也是相同的。另外，如果在较复杂的状态图中只有一个结束状态，则会有多条边交织指向同一个结束节点。为了避免这种显示上的混乱，可以使用多个结束状态，以保持图形的整洁。

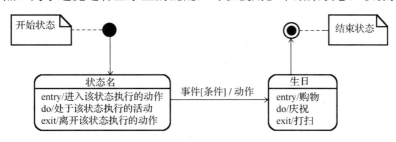

图 7.6 状态图的基本结构

状态通过状态转换进行过渡（Transition），而状态转换使用一条带有简单箭头的实线来连接源状态和目标状态。在每个状态描述中，除了状态名，还可以包含以下 3 个预定义事件的描述。

（1）entry：给出刚进入该状态时应该执行的动作（Action），可以是一个简单的赋值操作，也可以是对一个或多个方法的调用。

（2）do：给出在保持该状态的过程中，对象应执行的活动，比较适用于受时间控制行为的对象，因为它们通常要求能够持续地读取信息。

（3）exit：给出当离开该状态时应执行的动作。

事件、条件、动作这 3 部分描述的内容是可选的，可根据需要进行取舍。对状态转换的描述也由这 3 部分构成，如图 7.6 中的状态转换。同样地，它们也可根据需要进行取舍。这 3 部分的详细解释如下。

（1）事件：转换说明的主要内容。因为状态图主要是对被动系统的描述，即对外界的激励事件进行相应的响应。一个事件可以对对象的一个方法进行调用，也可以是一个内部状态的改变，如更改变量的最终值。重要的是，要在状态图的说明或文档中清晰地描述出那些事件。

（2）条件：状态间的转换只有在事件被触发且满足某个特定条件时才会进行。这个条件通常会返回一个 boolean 类型的结果，并且在状态图中用方括号表示。当然，这个附加的条件是可选的内容，当没有条件存在时，表示返回的一直是真值，意味着只要事件发生，状态间的转换就会进行。另外，布尔条件的指定通常与对象中的实例变量相关。

（3）动作：表示当转换发生时执行的一个动作。该动作执行的时机是在转换对应的目标状态的 entry 部分被执行之前，即还未进入目标状态前。

图 7.7 所示为项目类的状态图。它的具体解释为：当一个项目对象被创建时，会进入"项目创建"状态并执行 entry 部分的项目初始化，如执行一些项目基本信息的 set 方法，在状态发生自动转换后，将状态过渡到"项目计划"状态。自动转换发生在没有任何触发事件和转换条件说明的情况下。在此状态下，存在 3 个具体的事件可能被触发，进行不同的转换。具体来说，如果"新建子项目"事件被触发，那么该对象将会进入"子项目添加"状态，并加入其所包含的子项目。接下来的状态要根据方括号中指定的条件（判断该子项目是否具有前置项目）来决定哪个转换会被执行。在活动图中使用一个小菱形来描述可选的分支，状态图对于分支条件也可以使用同样的描述方法，并且多个分支最后在菱形处汇集。但是，这里将菱形进行了省略，只是通过条件进行分支的表示，是一种简化的表示方法。通过该状态图的其他描述，还可以了解到，当该项目计划结束后，项目将由"项目计划"状态转换到"项目执行"状态，并且在"项目执行"状态下只能进行项目工作量和完成度的更新。

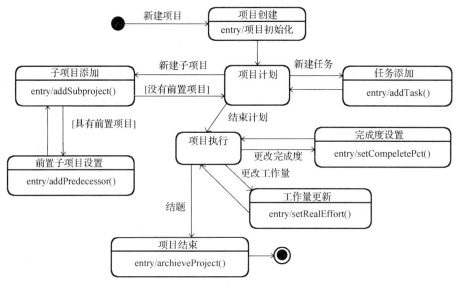

图 7.7　项目类的状态图

通过文档的方式明确具体事件被触发的时机，这对实现状态图对应的代码是很必要的。通过正式描述的状态图，可以直接翻译成运行的程序。一种直接的翻译方法是将状态图中的状态定义为若干个枚举类型值，并在类中使用一个实例变量来记录当前对象所处的状态。如果对象的状态可以较容易地用某个实例变量的取值进行标识，则可以将表示状态的枚举类型和状态变量省略。

7.3.2 状态图的扩展

状态图的可视化和直观性，使其非常适用于开发小组的讨论。但是，如果状态图本身过于庞大，则容易让人陷入局部，从而丢失整体上的可理解性。因此，UML 的状态图在基本状态图的表示方法上进行了扩展，加入了诸如复合状态或并行状态的描述机制，但 UML 能够保证每个扩展只使用了现有的描述机制，并对简单状态图进行了重新整理。下面简单介绍常用的状态图扩展方式。

一种常见的状态图扩展方式是，状态图中若干状态在同一事件的作用下具有相同的行为（如对于异常的处理或运行的停止），并对这样的行为进行提取。状态图可以以一种层次化的方式进行组织，每个状态通过多个子状态进行细化，因此将该状态称为复合状态。图 7.8 所示为具有复合状态的状态图，是在图 7.7 的基础上进行的改进。其中，"活动项目"状态是一个复合状态，是通过一个独立的带有起始状态的子状态图进行的细化，并且通过"结题"事件结束"活动项目"状态。外层的"活动项目"状态有一个新的转换，其始于该状态边界，指向其结束状态。转换事件为"项目取消"，表示该复合状态中的每个子状态都可以在该事件的作用下转换到最终的结束状态。这样设计的好处是，对于复合状态中的所有子状态，只需一个转换来描述它们共同的行为，节省了转换的个数，同时使图形的绘制保持整洁，不会过于杂乱无章。

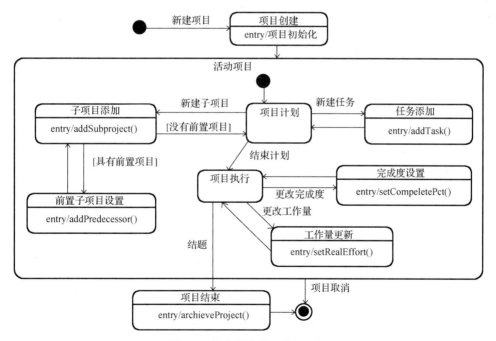

图 7.8 具有复合状态的状态图

另一种状态图扩展方式是，对象的状态也可能是由多个互不依赖的子状态构成的。以电子表对象为例，其对时间（小时和分）的显示有 12 小时制和 24 小时制两种方式，同时可以实现日期和秒的显示切换。这两个行为变化序列其实是互不相关的，因为每种可能的行为变化都可以使用一个单独的状态图分别进行描述。一个状态图在 12 小时制和 24 小时制之间进行切换，通过一个"up"按钮触发；另一个状态图在显示日期和秒之间进行切换，通过一个"down"按钮触发。

若要将两个独立行为描述的状态变化放在同一个状态图中，则组合起来需要使用 4 个状态对（"12 小时制/日期""24 小时制/日期""12 小时制/秒""24 小时制/秒"）来描述该对象的行为。也就是说，如果每个状态图中有 m 个状态，并且共有 n 个状态图，则在将其放到一个状态图中进行描述时，总共需要 m^n 个状态表示。

图 7.9 所示为状态图中的并行结构，在左图的表示方法中没有并行的组合描述，而右图则是对左图的简化，其中对组合状态使用了多个并行的子状态图来分别描述两个行为变化序列。每个子状态图相互独立，组合在一起又构成一个全局的状态。

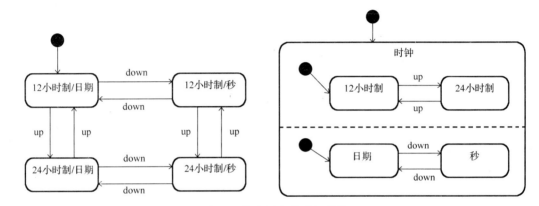

图 7.9　状态图中的并行结构

尽管复合状态和并行子图的引入减轻了状态图的描述负担，但在对业务行为进行设计时，还要针对具体需求考虑，以下几条规则可以作为参考。

（1）如果一个事件在两个子状态图中都需要进行处理，则为两个子状态分别建立一个到各自结束状态的转换。

（2）从含有并行子状态图的复合状态出发的转换表示，只有当其含有的所有子状态图都位于结束状态时，该转换才会被触发。

（3）若因某个复合状态中的一个子状态图的分支而导致其离开了此复合状态，则会结束所有的子状态图。

UML 动态图是一种重要的可视化工具，用于展示系统的动态行为，主要包括活动图、顺序图和状态图 3 种。它们各自具有独特的特点和应用场景，下面结合之前的内容对这 3 种动态图进行比较。

活动图主要用于描述跨场景的动作序列。活动图结合了顺序图和状态图的特点，既展示了对象之间的交互顺序，又展示了对象的状态变化。在活动图中，多个对象和跨场景的动作描述共同构成了一个完整的业务流程。活动图能够清晰地展示系统中各对象协同工作的过程，有助于分析和设计系统的业务流程。

顺序图是一种交互图，主要用于描述对象之间的交互顺序。在顺序图中，参与者沿着时间轴按照一定的顺序发出消息，从而完成某个功能。顺序图的特点是只有一个场景，且涉及多个对象。顺序图能够清晰地展示系统中各对象之间的交互顺序和时序关系，有助于分析和理解系统的行为。

状态图主要用于描述对象在其生命周期内的状态变化。在状态图中，对象会根据不同的触发事件从一个状态转换到另一个状态。状态图的特点是仅涉及一个对象，但可以包含多个场景。状态图能够展示对象在不同状态之间的转换关系，有助于分析和优化系统的性能。

表 7.3 所示为 UML 动态图的特点与应用场景，概括了活动图、顺序图和状态图在 UML 中具有不同的特点与应用场景。这 3 种动态图相互补充，共同帮助我们更好地理解和分析系统的动态行为。在实际应用中，应根据不同的需求和场景，选择合适的动态图进行分析。

表 7.3　UML 动态图的特点与应用场景

动 态 图	场 景 数	对 象 数	应 用 场 景
活动图	多	多	描述系统中的活动流程、控制逻辑和并发流，对于业务流程建模、系统设计和工作流程描述非常有用
顺序图	单	多	描述系统中的交互过程，用于描述系统的交互流程、消息传递和方法调用序列
状态图	多	单	描述对象的状态变化和行为，对于具有复杂状态逻辑的系统非常有用

7.3.3　状态图的应用

在软件开发的过程中，状态图根据不同的开发系统类型会有不同的作用。对于经济领域中的软件系统［如企业资源计划（ERP）系统和作为演示例子的"软件项目管理系统"］，状态图并不是很重要。因为相对来说，这些系统中具有较少的复杂对象，而状态图比较适用于对复杂对象的行为描述。

在前面的示例系统中，一个对象包含的方法几乎可以在任何时刻进行调用。例如，对于实体类 Employee，其修改员工名称或地址的方法一般可以不依赖参数值进行独立调用。但是，若系统中存在单独的业务中心类，则对这些类使用状态图进行规格说明会十分有用，如图 7.8 中的状态变化就是这样的情况。状态图可以较清晰地描述出它们的行为，如对什么时间、哪些方法的调用情况一目了然，其他类似的还有订单、商品购物清单或图书的借阅状态等。若在一个状态中某个不允许的方法被调用，则需要有一个错误处理的过程与其对应，可以是简单的忽略或详细的异常处理。例如，项目若没有结束其"项目计划"状态，则只能转换事件为"项目取消"。

基于事件驱动的状态图非常适合硬件或嵌入式系统的行为建模，因为它们通常是通过信号（Signal）进行通信的，并在动作部分或状态描述中确定需要产生哪些新的事件。其中，信号可以理解为输入的事件。这样的系统是典型的被动式（Reactive）系统。图 7.10 所示为电机自动启停控制系统的构成图，主要包括启动器、离合器、自动控制器、启停控制器和电机控制器。

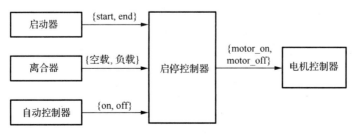

图 7.10　电机自动启停控制系统的构成图

各装置之间的箭头上标明了相关事件的名称，箭头方向表示信号传递的方向。其中，启动器能够发出 start 和 end 信号，用于对系统加电或断电；离合器能够发出空载和负载信号；自动控制器能够发出 on 和 off 信号，用于设置当前电机工作模式；启停控制器能够发出 motor_on 和 motor_off 信号，驱动电机控制器运转。电机外部的温度通过传感器连续地进行测量，并将测量值保存在本地寄存器中。

图 7.11 所示为电机自动启停控制系统的状态图。首先，由启动器发出 start 信号对系统进行加电，此时自动控制器处于关闭状态。在没有自动控制的情况下，离合器发出负载信号，启停控制器发出 motor_on 信号，使电机控制器处于行进状态。如果自动控制器从关闭状态转换为开启状态，则会使行进状态中的电机控制器继续运转，但处于自动启停模式。此时，电机控制器有可能连续多次收到 motor_on 信号，而中间没有收到 motor_off 信号，这在设计和开发控制器时需要在行为上相符合。当电机在自动启停模式下时，若空载并且电机外部温度为 3～30℃时，则会进入待机节能状态。在工作的任何状态，如果启动器发出 end 信号断电，则会使电机控制器停止运转。

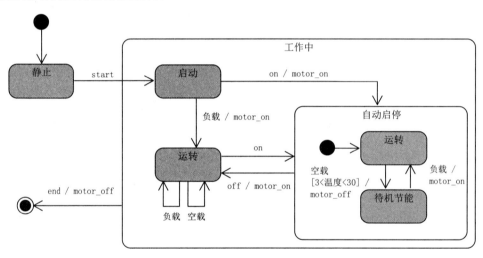

图 7.11　电机自动启停控制系统的状态图

除了类似的硬件系统，使用状态图来描述用户界面的控制也较为常见。这里的状态用来表示每个独立的图形界面，事件为用户的输入。例如，某个按键被按下，会切换到另外一个界面，即转换到一个新的状态。图 7.12 所示为描述 GUI 界面的状态图，开始对应的是一个初始界面，当用户输入了用户名和密码并单击"登录"按钮时，会导致另外一个事件发生，但具体发生的事件依赖程序内部的验证结果：若登录失败，则显示登录失败界面，通过单击"回到开始"按钮，返回初始界面；若登录成功，则会进入一个复合状态"应用运行"中。这里含有若干与业务相关的其他状态，图中只给出了简单的示意性描述，层次结构也是用来帮助理解的。该状态还提供了一个带有向外的"退出"事件的转换，表示任何在"应用运行"状态中的子状态都能够响应该事件并退出系统，回到登录的初始界面。这种描述方式使得这些子状态能够保持统一的行为。

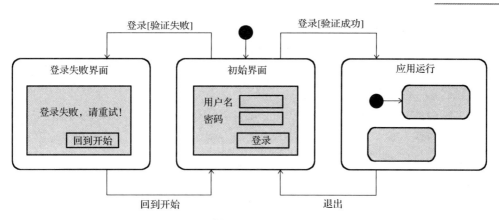

图 7.12　描述 GUI 界面的状态图

7.4　对象约束语言

以类图为主的建模过程经常会遇到很多需求和规则无法利用现有的模型进行描述的情况。项目类不能将自身作为其子项目的要求是一个典型的例子，这是图形本身的局限性造成的。UML 提供了一种对每个 UML 对象进行条件约束的机制，并通过将约束条件放置在花括号中进行表达。例如，不允许项目编号这个属性的取值为负值，可以在类图中对该实例变量进行约束，具体如下。

```
- projectnumber: int {projectnumber >= 0}
```

但是，这些补充的内容会使类图的可阅读性变差，并且会使其与其他对象间的复杂关系不能通过一种尽量简洁的形式表述出来。基于这个原因，UML 使用一种标准的对象约束语言（Object Constraint Language，以下简称 OCL）来对类和对象所依附的条件进行正式定义。

本节借助一个新的 OCL 示例类图进行说明，如图 7.13 所示。这里有一个"学生"（Student）类，其对象含有一些简单的属性，如"姓名"、"学号"、"专业"及"是否休学期"等。通过"所选课程"属性，能够查询出该学生当前学习的课程或已经学过的课程。关联关系"选课"是一个双向导航的关系，所以在"课程"类中也具有一个实例变量，记录着每门课程至少有 3 名选课学生。每门课程除了"课程名"属性，还有一个"状态"属性，通过一个枚举类型进行定义。

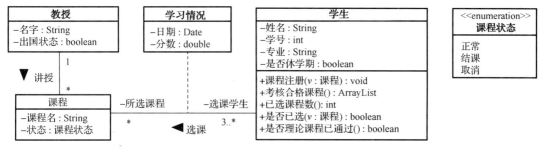

图 7.13　OCL 示例类图

在这个类图中还可以看到一个新加入的表示方法，即对关联关系的属性进行更详细的描述。这里有一个单独的关联类"学习情况"，与所属的关联关系通过一条虚线相接。这些关联类在形式上是普通的类，可以像使用普通类一样进行使用。但是，需要注意的是，每个关联对象只与其对应的一个"学生"对象和一个"课程"对象具有联系。对一个关联关系来说，是否具有关联类是可选的内容。当然在图 7.13 中，这个关联类的存在还是有必要的，因为它对所属关联关系的特征进行了较好的描述。

另外，图 7.13 中还存在一个"教授"（Prof）类，其与"课程"类之间存在一对多的关联关系"讲授"。也就是说，一名教授可以讲授多门课程。该类中的"出国状态"属性，用来记录本学期该教授的出国状态。

假设要求学号长度至少为 5 位数字，并且构成的学号要大于或等于 10000，若使用 OCL 进行约束，则可以写成如下形式。

```
context Student inv regStudentId:
    self.stuId >= 10000
```

通过 context 关键字表明这段 OCL 的描述与哪些 UML 对象或类相关。inv 关键字表示这是不变的（invariant），即所有的 Student 对象都要遵守这个约束。inv 关键字后面的内容是可选的，表示 OCL 约束的名字。在大多数情况下，此内容可以省略，但最后的冒号必须存在。

context 关键字描述的内容确定了约束对象的范围，这里的 self 关键字指的是对这些对象的引用，正如 Java 中的 this 或 C++中的*this 一样。在规则的描述中，可以直接访问所有的实例变量和方法。如果对 self 关键字的使用存在某些理解上的障碍，则可以为目标对象赋予一个名字。下面的示例给出了类似的实现，其语义与前面的示例相同。

```
context s:Student inv:
    s.stuId >= 10000
```

由于精确的规格描述经常会需要很多 OCL 共同进行约束，这些约束往往以包中的类为单位进行分配，因此可以将 OCL 以包的形式进行组织，其结构可以按照对应包的包结构有层次地组织起来。OCL 的语法如下。

```
package com::myCompany::mySW
    context Student inv:
    context Student inv:
endpackage
```

OCL 除了可以对实例变量进行约束，还可以对实例的方法进行约束。这里并不是要去描述其具体的实现内容，而是针对这些方法的前置条件或后置条件进行约束。例如，在对"未在休学期的学生必须注册一门课程"条件进行约束时，OCL 可描述为如下形式。

```
context Student::selectedLectures(): Integer
    pre stustatus: self.freesemester = false
    post selectedLectures: result > 0
```

从 context 关键字中可以看出，此约束是针对 Student 类的 selectedLectures()方法的。这种标记方式类似 C++中的方法实现，并给出此方法的返回值类型。pre 关键字后面的内容表示前置条件，其名称为 stustatus，是可选内容。前置条件明确了只有当该条件为真时，此约束才会产生作用。post 关键字后面紧跟的是后置条件的说明，其名称为 selectedLectures，是可以省略的。在 OCL 中，result 关键字是指此方法的结果，即要求返回值大于零。

只在约束中对实例变量或返回值进行访问，有时是满足不了要求的。在对"当该学生选择了一门之前没有学过的课程时，该学生选课总数就加一"条件进行约束时，OCL 可描述为如下形式。

```
context Student::registerLecture(v: Lecture)
    pre: not isSelected(v)
    post: self.selectedLectures()@pre = self.selectedLectures() - 1
```

registerLecture() 方法中含有的参数也一并在 context 关键字中接收过来，而且在前置和后置条件中可以对目标对象中的其他方法进行引用。需要注意的是，这些方法是在 context 关键字中给定的 registerLecture() 方法执行之前还是之后使用。如果没有特殊说明，则默认指与在该方法执行之后的状况相关联。若要执行之前的状态值，则需要像上述例子一样，在方法的后面加上 @pre。

表 7.3 所示为 OCL 中常用的基本类型及其相关方法。除此之外，OCL 能够支持的其他类型包括一些扩展类型，如集合类型 Collection 等。

表 7.4 OCL 中常用的基本类型及其相关方法

类 型 名	取 值 示 例	相 关 方 法
Boolean	true, false	and, or, xor, not implies, if then else endif
Integer	1, -2, 50, 464646	*, +, −, /, abs()
Real	3.14, 42.42, -99.99	*, +, −, /, floor()
String	'Hello', 'Dalian', ''	concat(), size(), substring()

对于实例变量的访问，一般通过引用变量名来实现。当类图中不存在某些角色名时，对这些变量的引用可以通过其关联类进行，类名在这里要写成小写形式。这个约定在单向导航的关联关系中非常有用。例如，用在关联关系的相反方向需要进行约束的要求上，实际上是很常见的情况。举例来说，一个项目任务不需要知道其所属的项目，但对项目任务来说，其计算出的工作量一定要小于或等于所属项目总的工作量，这样的约束描述是很有现实意义的。又如，某门课程的授课教授在上课时，其出国状态不能为真。

```
context Lecture inv:
    self.status = Lecturestatus::running
    implies not self.prof.inForeign
```

implies 关键字表示 "if-then" 的条件说明。另外，对"教授"对象的访问通过 self.prof 的形式，而且在 OCL 中通过句点的形式对实例变量的直接访问是永远有效的，如同对某个枚举类型值的引用。

通过类名的访问方式也适用于关联类，而且它们可以通过连接对象的角色名进行引用例如，对于一门结课课程的成绩要求为 1.0～5.0，可以进行如下描述。

```
context Examination inv:
    self.selectedLecture.status = Lecturestatus::closed
    implies (self.note >= 1.0 and self.note <= 5.0)
```

到目前为止，我们只关注了实例变量的各种约束方法，因为它们通常只对一个简单值进行存储。使用 OCL 还可以对集合类型进行约束。OCL 目前只支持一些标准的集合类型，如 Collection、Set、OrderedSet、Sequence 及 Bag。集合类型的实例变量可以使用 OCL 中预定义的方法，如查找单一元素、查找多个元素、是否存在元素、是否具有某个特定的属性，或者对集合类型的遍历等，与编程语言的类库中针对集合类型提供的方法类似。如果要使用某个集合（如 collection）的方法，则可以通过如下的 OCL 表达。

```
collection -> method(parameter)
```

例如，一名学生在一个学期内最多可以选择 12 门课程，其约束可以通过以下形式进行描述。

```
context Student inv:
    Student.selectedLecture
        -> select (s | s.status = Lecturestatus::running)
        -> size() <= 12
```

通过 Student.selectedLecture 返回该学生所选的所有课程的集合，执行该集合的 select() 函数返回的也是集合类型。具体地，select() 函数会根据输入的过滤条件对该集合中的数据进行筛选，将正常开课状态的课程作为结果返回。在该方法参数中，我们可以将竖线前的 s 变量理解为一个循环变量，用于循环遍历 Student.selectedLecture 集合中的每个元素，也可以将 s 变量理解为 Java 或 C++标准类库中的迭代器。返回的集合又进一步使用了 size() 方法，其提供集合所含元素数量的 int 类型值，这里的约束需求为小于或等于 12。

若在已考试的课程中存在"理论"课程，则 hasTheoryLect() 方法返回真值。此约束可按照以下的形式进行描述。

```
context Student::hasTheoryLect():Boolean
    post: result = self.examination
        -> exists( p | p.note >= 60 and p.selectedLecture.title='Theory')
```

通过 self.examination 可以得到所有与该学生相关的考试对象。通过学生对象可以访问其所属的所有关联对象。通过 exists() 方法遍历集合中的每个元素，并且当其中至少一个元素满足 exists() 方法中的指定条件时，返回真值。

使用 OCL 对方法的返回集合类型进行约束。如果要求 passedLectures() 方法返回的所有课程必须是已经学过的课程，则此约束对应的 OCL 可以按照以下方式进行描述。

```
context Student::passedLectures():Collection
    post: result = self.examination
        -> select( p | p.note>=60) -> iterate(p:Examination; res: Collection
= Collection{} | res->including(p.selectedLecture))
```

首先通过 self.examination 返回 Student 类所属的所有考试对象，并留下那些考试及格的对象；然后从这些对象出发与该学生所修课程进行对比。这里使用了集合对象具有的 iterate() 方法，其中有两个必要的参数：一个是枚举变量，用来遍历集合中的每个元素，其后面可以是该变量的具体类型；另一个是对集合的遍历结果，在指定其类型的同时必须给定一个初始值，因为不同的集合类型在迭代中可能会存在多种不同的计算方式。这个例子中的结果变量名为 res，集合类型为 Collection 且初始值为空。该条件指定了 res 在迭代后会含有与每个通过的考试对象对应的所有课程。including() 方法仅当给定的参数对象在该集合中出现时才会返回真值。

OCL 是一种条件约束语言，因此并不能直接从 OCL 翻译到具体的代码实现；OCL 是一种描述性语言，因此在建模过程中可根据情况进行指定，并不需要强制给出。

7.5 习题

（1）请绘制出下面代码段的程序盒图，并使用状态转换图对该代码段中 n 变量的状态变化进行描述。

```
n=0;
for (i=0; 0<10; i++)
    for (j=0; j<i; j++){
        n=n*j;
        switch(n){
            case 0: n=2; break;
            case 1:
            case 2: n=n%8; break;
            case 3:
            case 5: n=n+3; break;
            default: break;
        }
    }
```

（2）IP 长途卡的使用过程：未使用前，卡密封在塑料卡袋中，密码被遮挡住；一旦开始使用，使用者必须打开塑料卡袋、刮开密码，通过绑定座机来使用 IP 长途卡；一旦卡上余额不足，或者超出卡的使用日期，就无法使用 IP 长途卡。根据以上描述，分析 IP 长途卡的状态，绘制其状态图。

（3）请绘制该伪码对应的程序流程图。

```
Input n; //输入数组大小
Input List; //从小到大输入 n 元有序数组
Input Item; //输入待查找项
Start = 0;
Finish = n-1;
Flag = -1;
while (Finish - Start > 1 && Flag == -1){
    i = (Start + Finish)/2;
    if(List(i) == Item) Flag = 1;
    else if(List(i) < Item) Start = i + 1;
    else Finish = i - 1;
}
if (Flag == -1){
    if(List(Start) == Item) Flag = 1;
```

```
        else if(List(Finish) == Item) Flag = 1;
        else Flag = 0;
    }
    Output(Flag);
```

（4）某公司承担空中和地面运输业务。计算货物托运费的规定如下。

[空运]若货物质量小于或等于2kg，则一律收费6元；若货物质量大于2kg且小于或等于20kg，则按3元/kg收费；若货物质量大于20kg，则按4元/kg收费。

[地运]若为慢件，则收费为1元/kg。若为快件，当货物质量小于或等于20kg时，则按2元/kg收费；当货物质量大于20kg时，则按3元/kg收费。

请绘制出以上规则的判定树。

（5）请绘制一个描述鼠标单击事件的状态图，将间隔时间或发生的次数作为条件和动作执行的依据。当一个对象被单击选中且存储在一个变量中时，若在0.5s内此对象又被单击，则认为是一次双击操作；若单击的是另外的对象，或者该对象在至少0.5s后才被再次单击，则认为是一次对该对象的单击操作。

（6）请绘制出下面使用PDL写出的程序的PAD。

```
while P do
    if A>0
        then A1
        else A2
    end if;
    S1;
    if B>0
        then B1;
            while C do
                S2; S3;
            end while;
        else B2;
    end if;
    B3;
end while;
```

（7）基于图5.10的带有泛化关系的类图，使用OCL完善以下约束。

① 每个项目的计划开始时间不得晚于2018年9月5日。

② 每个项目不能作为其本身的前驱项目添加到前驱项目列表中。

③ 在每个项目的任务集合中不能同时有超过3个完成进度不足50%的任务。

第8章 设计优化

视频课程

前面的内容主要围绕类图模型的构建展开，并通过状态图对类的具体行为进行设计，使用 OCL 约束机制在类图中补充较复杂的业务规则，这些内容都是代码实现的重要依据，并保证物理层面能够高质量地体现和忠于设计思想。

这里说的高质量，一方面要求忠于设计，另一方面要尽可能地适应未来的变化，并在设计中留有余地，做到以不变应万变。当然，绝对应万变的设计是不存在的，我们可以做的是尽可能提升设计方案对变化的适应能力，这也是本章主要讨论的内容。

本章从设计原则的角度出发，是面向对象设计优化的基础。细节决定成败，但注重细节并不等于只见树木不见森林，而是要在细节中体现出设计的质感和层次感。高质量的建模要以简单和小为基本观点，从方法级开始，逐渐过渡到组件、架构及更高级别的组织策略，以体现设计原则。

设计模式是随着面向对象技术的经验积累与逐渐成熟，使人们在开发实践中认识到一些经常发生的问题具有相同或相似的解决方案，并在此基础上达成的共识。本章将结合具体的例子对一些常用的设计模式进行介绍，如抽象工厂等设计模式。

8.1　小即是美

在软件设计领域中，小的设计强调的是一种恰如其分的设计哲学。这里的"小"是指在开发过程中，每一次迭代的目标不宜设立过大，需小步前行，避免过度设计。在设计时，整个系统最好由松散耦合的细小模块组成。这些细小模块由于功能相对独立、单一，因此更易于理解。

"小即是美"体现出设计思想的灵活性、完整性与轻量性。灵活性在于它能快速地响应变化，这种变化可能是局部的，也可能是整个设计方向的改变。一旦需求对设计做出改变，就可以将修改控制在足够小的范围内，从而保证对整个系统不会带来巨大的影响。完整性在于它不是残缺的，但也并不意味着大而全，而在于它足够精简，没有冗余。轻量性体现在它的功能并不臃肿，对外部的依赖较少，既容易在系统中快速引入，又不会使原有系统变得笨重，还能很方便地部署或启动。

小规模设计是设计优化的基础。这里存在两个一般性的原则可以作为参考。

KISS（Keep It Simple Stupid）：应该选择那些尽可能简单的实现方案，因为它们能全面解决问题，并且具有较好的可理解性。这并不意味着"Quick and Dirty"方式，而是对简单的开发方式的一种认可。

YAGNI（You Ain't Gonna Need It）：这条原则的含义是"你不会需要它"，是指开发者自以为有用的功能，实际上并不需要它。也就是说，我们不应该过多地从理论上考虑未来可能的扩展而对设计进行一厢情愿的泛化改进。例如，并不是每个集合类型的实例变量都需要 add 和 remove 方法。

追求简单和小的设计会使目标系统在开发过程中逐渐趋于清晰和简洁。好的设计规则会带来简化的系统设计和可维护性高的系统，反之会带来冗杂的系统设计和可维护性低的系统。对业务缺乏洞察、设计的随意性和不好的习惯会使设计和实现变得很差。这些缺陷在软件工程领域也被称为设计的"味道（smell）"，通常具有以下特点。

（1）僵化性：隐藏的设计关联性在对文档或代码进行小的修正时会埋下不可预期的隐患，从而导致系统的修改困难重重。

（2）脆弱性：在进行一个修改时会导致程序许多没有概念关联的地方出现问题。

（3）顽固性：分离设计中包含的有价值的部分并进行重用，其付出和风险是巨大的。

（4）黏滞性：开发者在添加新功能时只会在现有代码的基础上进行拼凑，不愿意触碰现有代码，不对代码进行重构，从而导致原有设计的毁坏和退化。

（5）不必要的复杂性：设计人员在预测需求的变化时会为过多的可能性做准备，致使设计中含有绝不会用到的内容，无法带来回报。

（6）不必要的重复性：设计中含有重复的内容，而这些重复的内容本可以使用单一的抽象进行统一，这将导致修改其中一处时另外一处无法保持一致。复制和粘贴的编码习惯是导致大量重复代码的主要根源。

（7）晦涩性：模块难以阅读和理解，因为代码会随着时间而演化，从而变得越来越晦涩，逐渐丧失清晰性和表达力。

下面将从实际例子出发，再次说明设计优化的必要性及其作用，进而为一些重要设计和优化原则进行铺垫。

8.2　设计优化思想

在需求分析和类的概要设计中，主要以业务逻辑为主线，给出分析和设计类图。类图描述了将来要实现的业务目标，而面向对象设计阶段的主要工作是实现从分析类图到程序的过渡，主要考虑的是如何丰富类图的内容，以提供更贴近的实现策略。在这个过程中要注重类图结构的稳定性，以便灵活应对未来需求的变更。

8.2.1　运行时的多态

多态的基本思想为：对类中的每个变量，在保证业务成功实现的前提下，尽量保持类型泛化的定义。多态在结构上其实就是形成类的继承层次。例如，B 类从 A 类继承，C 类从 B 类继承，在对具体变量进行使用时，只需根据需要将某个变量定义为根类型（A 类）即可。这时，此变量对应的实际类型可能为 C 类，如果按照 A 类使用，则只有 A 类中的方法是可用的。当然，A 类中方法的具体行为是可以在 C 类中重写的，重写的具体要求如下。

（1）重写的方法本质上与父类方法具有相似的行为，但在细节上进行了有针对性的调整。

（2）重写的方法与原方法在相同的条件作用下工作，子类方法不应具有比其父类更严格的条件限制。

（3）重写的方法不能超出父类方法的状态。

根据以上要求，若一个方法的输入范围为 1～10，返回结果的范围为 40～60，则对其进行重写的方法的输入范围需要包含原输入区间（如−10～10），而结果输出区间应为原输出区间的子集（如 43～55）。

图 8.1 所示为通过接口实现的多态，其中的 GeoObject 接口可以衍生出 3 个具体类的实现，并且每个类对于接口中的方法具有不同实现方式。Point 类和 Rectangle 类中构造方法的参数使用了默认值的描述。这使得在它们的构造过程中，可以不具体指定相关参数的内容，因为该类会自动按照其默认值进行构造。在 C++中，方法的声明部分可以直接指定构造函数的默认值，但在 Java 中不允许使用这种方式。因此，在 Java 中，要么把 3 种构造情况都写出来（对应 3 个构造函数），要么使用 Java 5 版本之后提供的可变长列表的类型。代码 8.1 所示为 Point 类对应的 Java 实现。

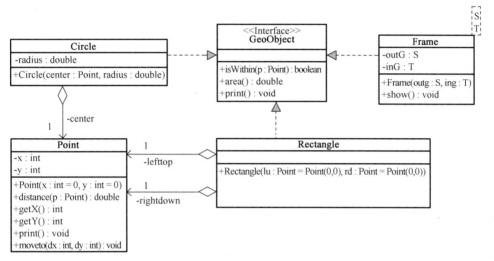

图 8.1　通过接口实现的多态

代码 8.1　Point 类对应的 Java 实现

```java
public class Point {
    private int x = 0; //default value
    private int y = 0; //default value
    public Point(int... x){
        if(x.length > 0)
            this.x = x[0];
        if(x.length > 1)
            this.y = x[1];
    }
    public static void main(String[] s){ //for testing
        Point pl=new Point();
        Point p2=new Point(4);
        Point p3=new Point(5,42);
    }
}
```

代码 8.2 所示为 GeoObject 接口多态的实现，是针对图 8.1 中与 GeoObject 接口相关的类创建了对应的对象，主要关注它们的初始化及访问方式。

代码 8.2　GeoObject 接口多态的实现

```
public class Main {
    public static void main(String[] args) {
        Rectangle r1=new Rectangle(new Point(6,16),new Point(27,3));
        Rectangle r2=new Rectangle(new Point(12,13),new Point(19.5));
        Circle k1=new Circle(new Point(15,9),8);
        Circle k2=new Circle(new Point(15,9),4);
        GeoObject[] g={r1,k1,r2,k2,
                new Frame<Rectangle,Rectangle>(r1,r2),
                new Frame<Rectangle,Circle>(r1,k2),
                new Frame<Circle,Rectangle>(k1,r2),
                new Frame<Circle,Circle>(k1,k2)};
        for(GeoObject obj:g)
            System.out.println(obj.getClass() + "\t: " + obj.area());
    }
}
```

运行时的多态机制，使得对对象变量的某种方法的调用是动态的，并与该对象实际类型中对应的方法进行绑定。也就是说，运行时实际执行的方法是该对象实际类型中的方法。利用好运行时的多态性，可以减少 switch（或 case）语句的使用。switch 语句的问题在于，它很容易带来分散、重复，但又相同的计算逻辑，而多态则提供了一种优雅的解决办法。

8.2.2　耦合的消息链

在分析和设计阶段，一个首要的问题就是确定功能方法的实现位置。例如，在概要设计类图中，我们可以通过管理类来实现对实体类的管理和访问。因此，如果要对 ProjectTask 类的完成进度进行修改，则需要管理类 ProjectMan 先委托相关的项目对象查询目标任务，再进一步修改该任务的完成进度，这个过程可由如图 8.2 所示的交互集中的设计进行表示，假设图 8.2 中第 i 个项目任务为 pa，那么对应的代码是一个耦合消息链（Message Chain）。

this.getSelectedProject().getTask(i).setCompeletePct(50)

这种设计方式的缺点是 ProjectMan 类不仅要了解其自身的实例变量属性，还要熟悉其他已知类的实例变量，即需要了解所有以各种形式参与到场景中的对象。这增加了对象间交互的复杂程度，不利于设计的模块化组织。

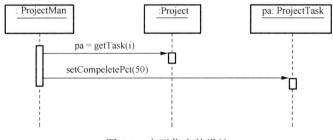

图 8.2　交互集中的设计

改进方法的思想为减轻管理类的负担，将不适合 ProjectMan 对象本身直接处理的信息通过一个实例变量委托给另外一个更合适的 Project 对象进行处理。这时几个对象的交互分散的设计如图 8.3 所示。这种方法的好处是每个类只需了解与其本身相关的子任务，避免了不得不去了解其他所有类的情况，而且分散的交互方式会使模块的组织简单化。

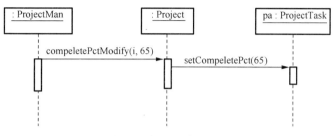

图 8.3　交互分散的设计

8.2.3　狎昵关系

上述例子中的主要要求为类的功能应尽量在一个类中进行实现，使得类不需要了解更多的信息，就能完成该项工作，从而降低类与类之间的耦合程度。下面介绍一种狎昵关系（Inappropriate Intimacy）的设计。这是一个多米诺骨牌的游戏：每张多米诺骨牌有左右两个数字，在出牌时要求前一张牌与后一张牌首尾数字相同。设计上可设置一个 Domino 类，并通过两个实例变量（左牌值和右牌值）分别表示两个牌面。另外，游戏控制类 Game 负责控制游戏的进行，其中含有一个 Domino 类的实例变量 middle，用来记录当前可以连接的左、右牌值。简单的多米诺骨牌游戏类图，如图 8.4 所示。

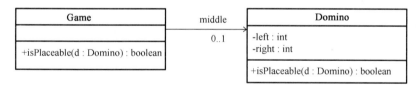

图 8.4　多米诺骨牌游戏类图

对于游戏规则的实现，一种方式是出牌时向 Game 对象传递出牌对象，并判断此牌是否可以在首或尾衔接。对应的 Java 实现如代码 8.3 所示。

代码 8.3　Java 实现 1

```
//in Game
public boolean isPlaceable(Domino d){
    return d.getLeft() == middle.getRight()
                      || d.getRight() == middle.getLeft();
}
```

这种设计的主要问题为 Game 对象需要深入 Domino 对象的内部，以获得需要的牌面信息。无论是传递进来的 d 参数还是 middle 对象，这个方法高度关注 Domino 类的私有成分，从而导致两个类之间过分亲密的关系（狎昵关系），即高耦合。由此可见，面向对象提供的封装机制并不能完全保证模块的独立性，必须在设计中充分考虑业务结构的特点，并做出利于稳定的设计决策。因此，这里优化的目标为阻止两个类间的狎昵关系，采用如代码 8.4 所示的 Java 实现方式，由 Domino 对象本身来判断衔接位置的合规性，同时可以避免在 Game 类或其他类中对出牌规则的判断多次重复实现。

代码 8.4　Java 实现 2

```java
//in Game Class
public boolean isPlaceable(Domino d){
    return middle.isPlaceable(d);
}
//in Domino Class
public boolean isPlaceable(Domino d){
    return left == d.getRight() || right == d.getLeft();
}
```

8.2.4　被拒绝的遗赠

如果已经存在某个可用的类，但该类不具有满足所有需求的功能，那么为了满足需求，我们需要在该类的基础上进行功能和结构的扩展。这涉及对现有类的重构，有两种方法可以作为调整类设计结构的参考。

第一种方法是借助继承的方式，从已有的类中继承新的类，在新类中扩展原有的功能，并与父类提供的方法一起完成所有需要的功能。这种方法适合已有的类是自己开发完成的，或者是基于一个框架系统（参考第 9.4.2 节）开发的。但是，在使用这种方法调整类设计结构时需要注意一些特殊情况。例如，子类只是使用了父类的一部分属性和方法，而父类的其余部分子类是不需要的。尤其是当子类只需重用父类的某些功能，但对于父类的行为并不想保持一致时，会产生被拒绝的遗赠现象（Refused Bequest），预示着继承层次的误用，这时应考虑使用第二种方法进行扩展。

第二种方法是通过委托（Delegation）进行的，其基本形式是新类与原有类构成关联关系，即新类具有一个原有类的实例变量。新类可以对所有已有类中的公开方法进行调用（消息发送），由于这是一种转发方式，因此在性能上可能会存在影响，但是新的功能会非常容易地在新类中进行重用，而且与上层类之间的依赖也不再强烈。

8.2.5　循环依赖

两个类分别处于不同的包中，并且具有双向导航的关联关系，这样的循环依赖是不可避免的。循环依赖的消除如图 8.5 所示。如果找不出更简单的设计，那么为了消除类似的循环依赖，建议按照图 8.5 的方式进行设计结构的优化，从而消除循环依赖。图 8.5 的左侧部分是 A1 类和 B1 类具有的双向关联的设计图，A1 类需要 B1 类，同时 B1 类也需要 A1 类，从而导致了两个包之间的相互依赖。图 8.5 的右侧部分是在左侧的基础上，通过引入一个接口，从而巧妙消除循环依赖的存在。

具体方法为：在 A 包中添加了对 B1 类的 IB1 接口，因为该接口中含有所有 A1 类需要的 B1 方法的定义。这样设置后，A1 类不会直接依赖 B1 类，而是使用了其 IB1 接口，由于 IB1 接口位于 A 包中，因此可以打破两个包之间的循环依赖状态，整体上只保留了 B 包对 A 包的依赖。

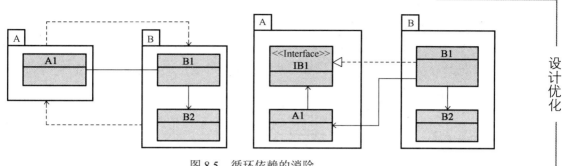

图 8.5　循环依赖的消除

8.3　设计原则

类图是实现的参考，而软件设计是一门艺术，是对"变化"的辩证处理，即发现变化，隔离变化，以不变应万变。本节在 8.2 节的基础上，将常用的设计思想进行提炼和归纳，产生最基本的几个设计原则。它们是对面向对象思想的深化和具体体现，其综合应用是产生高质量软件设计的基石。

8.3.1　接口隔离原则

接口隔离原则（The Interface Segregation Principle，ISP）有两层含义，具体如下。

（1）应尽量使用"接口继承"[①]，而非"实现继承"。接口关注对象的概貌，将对象中"不变"的信息抽象出来，不涉及细节，因此是"稳定"的。

（2）通过接口，只将需要的操作"暴露"给需要的类，而将不需要的操作隐藏起来。接口在这里充当类的视图。

图 8.6 所示为 ISP 实例。其中，IManeuverable 是具体交通工具（如 Car、Boat、Submarine 等）的抽象，用于提供驾驶的接口，如加速、减速、转弯等；Client 类在驾驶（drive）交通工具时，使用的不是具体类，而是其接口类。这样做的好处是，当业务需求变化时，更容易发生改变的是具体类，而这些变更可以通过稳定的抽象类进行隔离，使得 Client 类不受变化的影响，从而提高系统的可维护性。

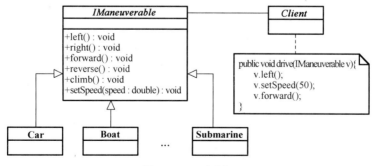

图 8.6　ISP 实例 1

[①] 这里的接口指的是广义上的抽象类，可以是面向对象编程语言中的 interface 或 abstract class。C++通过继承纯虚类来实现接口继承；Java 对接口继承具有单独的语言构造方式。

上例中的 Client 类专注于驾驶，对交通工具运转的机理是不关心的，因此通过
IManeuverable 接口暴露给它的只是与驾驶相关的操作。如果系统中还存在另一类使用者，如
维修者（Repairer），则其专注的应该是这些交通工具的运转工况，而与驾驶相关的操作不应该
暴露给这些维修者，如图 8.7 所示。

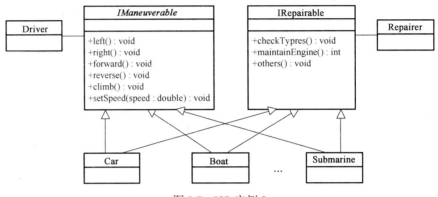

图 8.7　ISP 实例 2

面向接口的设计能够使 Client 类只需关注如何进行业务活动（如驾驶），而不必关心其使
用对象的具体实现。一个对象可以很容易地被（实现了相同接口的）另一个对象所替换，这样
对象间的连接不必硬绑定（Hard Wire）到一个具体类的对象上，从而增加了灵活性。这是一种
松散的耦合，同时增加了重用的可能性。

8.3.2　依赖倒置原则

依赖倒置原则（Dependency Inversion Principle，DIP）的宗旨是应依赖于抽象，而不要依
赖于具体。我们在 ISP 中已经提到，抽象（接口）描述的是对象的概貌，而这种概貌是我们从
现实世界的普遍规律中提炼出来的，因此能够做到最大限度的稳定也很容易从抽象中对对象
进行扩展。我们可以这样认为：扩展的基础越具体，扩展的难度就越大，并且具体类的变化无
常势必会造成扩展类的不稳定。

DIP 使细节和具体实现都依赖于抽象，抽象的稳定性决定了系统的稳定性，如图 8.8 所示。
从物理上也可以这样解释，一个基础稳定的系统要比一个基础不稳定的系统在整体上更"稳
定"一些。

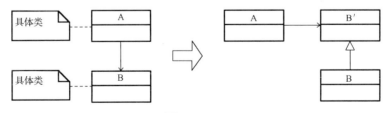

图 8.8　DIP

8.3.3　开放封闭原则

开放封闭原则（The Open Closed Principle，OCP）是指一个模块对于扩展应该是开放的，

而对于修改则应该是封闭的。这条原则是面向对象思想的最高境界。简单来说，开发者应给出对需求变化进行扩展的模块，而永远不需要改写已经实现的内部代码或逻辑。OCP 有两个基本的特点。

（1）模块的行为可以被扩展，以满足新的需求。

（2）模块的源代码不需要进行修改。

从上面的分析中可知，OCP 是相对的，没有绝对符合 OCP 的设计，而且一个软件系统的所有模块不可能都满足 OCP，我们需要做的是要尽量最小化这些不满足 OCP 的模块数量。例如，图 8.9 所示为 OCP 示例，其中 Client 类可以很容易地计算所有 Part（零件）的价格之和，并且当有新的零件加入时，只需继承 Part 抽象类，不需要对现有的代码做任何修改。但是，如果需求发生了变化，如在计算零件价格之和时，考虑市场价格的波动情况，则需要修改代码，如图 8.9 中的注释部分，从而导致该设计不再符合 OCP。

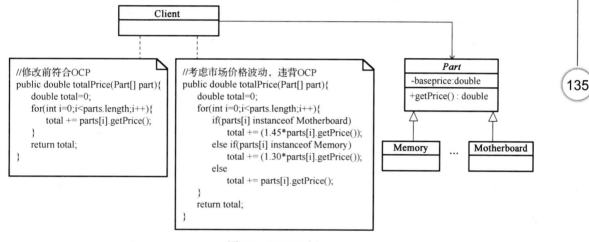

图 8.9　OCP 示例

作为对以上设计的一种改进，我们需要将市场价格波动的处理融入业务逻辑中，并引入折扣（discount）属性。但这一属性应放在什么地方呢？显然，它不是 Part 类的自然属性，因为这一属性是与价格策略相关的，为此我们引入了 PricePolicy 类，与 Part 类具有关联关系。这样做的好处是，Part 对象与 PricePolicy 对象的关系是动态的，可以在运行程序时（Runtime）动态改变。改进后的 OCP 示例如图 8.10 所示。

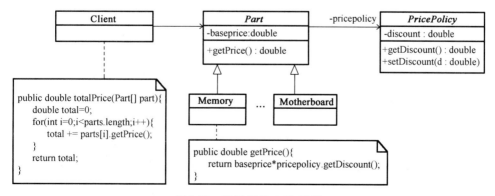

图 8.10　改进后的 OCP 示例

OCP 是面向对象设计的真正核心，符合该原则意味着最高等级的复用性和可维护性。

8.3.4 Liskov 替换原则

Liskov 替换原则（Liskov Substitution Principle，LSP）是指任何出现父类的地方都应该能使用子类对其进行无条件的替换，即当使用子类对其父类进行替换时，该组件仍像替换前一样正常工作。LSP 要求对象间的继承关系既与静态属性相关，又与动态行为相关。

对于行为的限制，通常要求父类在使用前和使用后都要具备必要的条件——前置条件和后置条件。当子类替换父类后，要求不能违反父类中的前置条件和后置条件，即一个子类不得具有比父类更多的限制。这是因为对于父类，某些使用是合法的，但是会违背子类的其中一个额外限制，从而违背 LSP。

一个简单且安全的做法是，不要将父类中子类不需要的函数暴露给子类，以减少违反 LSP 的可能性。代码 8.5 所示为违反 LSP 的实现。

代码 8.5　违反 LSP 的实现

```java
//一个长方形类
public class Rectangle {
    private double width;
    private double height;
    public Rectangle (double w, double h) {
        width = w;
        height = h;
    }
    //这里省略了getter和setter方法
    public double area() { return width*height;}
}
//一个正方形类
public class Square extends Rectangle {
    public Square(double s) {super(s,s);}
    public void setWidth(double w) {
        super.setWidth(w);
        super.setHeight(w);
    }
    public void setHeight(double h) {
        super.setHeight(h);
        super.setWidth(h);
    }
}
public class TestRectangle {
    //定义一个使用Rectangle基类的方法
    public static void testLSP(Rectangle r) {
        r.setWidth(4.0);
        r.setHeight(5.0);
        System.out.println("宽度为4.0，高度为5.0，面积：" + r.area());
        if (r.area()==20.0)
            System.out.println("计算没问题！\n");
```

```
    else
        System.out.println("计算错误! \n");
    }
    public static void main(String args[]) {
        Rectangle r = new Rectangle(1.0,1.0);
        Square s = new Square(1.0);
        //以下函数应该对长方形和正方形是等效的
        testLSP(r);
        testLSP(s);
    }
}
```

8.3.5 单一职责原则

单一职责原则（Single Responsibility Principle，SRP）中的职责可理解为功能，即设计的类功能应该只有一个，而不应该为两个或多个。这里的职责是引起"变化"的原因：一个类中有两个以上的变化方向（维度）会产生过多的变化点，不同维度上的变化点组合会导致设计上的臃肿和不合理，如图 8.11 所示。

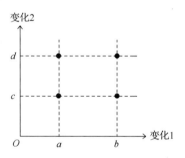

图 8.11 变化维度与变化点

图 8.12 所示为 SRP 的示例。Modem 设备的设计功能存在两个变化方向：数据线路（DataChannel）和连接方式（Connection）。在数据线路上要支持不同协议（如 Px、Py），而在连接方式上有两种，分别为有线（Line）和无线（Wave）。为了应对可能的需求变化，需要在子类中产生 4 个不同的类型，分别为 PxWaveModem、PxLineModem、PyWaveModem 和 PyLineModem。从设计的角度分析，这样的设计结果是我们不愿看到的。原因很简单，假如有 n 个变化方向，每个变化方向上有 m 个变化点呢？

如何应对这样的状况？答案就是拆分变化！将 Modem 拆分成两个抽象类：Connection 类和 DataChannel 类。需要说明的是，拆分后设计并未结束，两个拆分的抽象类肯定不能也不应该独立存在，读者可以思考一下如何进行下一步的设计[①]。

SRP 要求的条件比较苛刻，一个类真的要做到 SRP，只能有一个功能而其他功能一点儿也不能有？答案同样是否定的。多个功能在一个类中可以同时存在，但有一个前提：是否能够成为变化的维度。若具有单独的变化维度和变化点，则应按照 SRP 进行类职责的拆分，否则可以实现功能共存[②]。

---

① 可以参照设计模式之"桥模式"。

② 具体请参照设计模式之"装饰模式"。

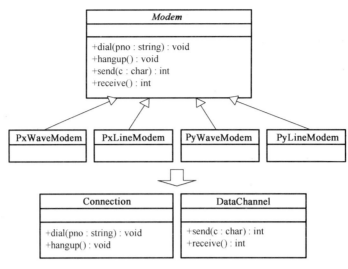

图 8.12　SRP 的示例

8.3.6　合成/聚合复用原则

合成/聚合复用原则（Composite/Aggregate Reuse Principle，CARP）中的合成与聚合是两种特殊的关联关系，以委托方式实现对象之间功能的复用（重用）。除此之外，还有一种面向对象特有的重用方式——继承。委托重用与继承重用是两种本质上不同的重用方式。其中，委托重用追求的是对象间的独立性，即低耦合，而继承重用追求的是继承对象间的高耦合。

CARP 是指应尽量使用合成/聚合形式的委托重用，尽量不使用继承重用。具体地，在一个新的对象里面使用一些已有的对象，使之成为新对象功能的一部分（关联），即新的对象通过向这些对象进行委托，从而达到重用已有对象的目的。

图 8.13 所示为违反 CARP 的示例。在这个示例中，乘客 Passenger 和代理 Agent 分别为 Person 的子类，而且利用多重继承，我们可以得到具有多重身份的特殊人——Agent Passenger。这一切看上去似乎没什么问题，但仔细分析一下，就会发现其中存在诸多问题。

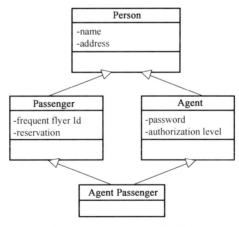

图 8.13　违反 CARP 的示例

（1）多重继承中类型的确定是静态的，即人的身份一经确认，无法在运行时动态更改，而

Passenger 的身份本身就是动态的。

（2）多重继承需要生成大量的底层类，以适应具有不同身份组合的人群，如同时具有学生、代理、乘客、实习者等身份的人。

这些问题产生的原因就是 Person 类和 PersonRole 类其实是两个耦合性很低的实体，把它们放在一起，违反了事物的本质特性。图 8.14 所示为遵守 CARP 的改进设计，即利用 CARP 降低两者之间的耦合度，从而将两者的真实特性表现出来。因此，优先使用关联的聚合或组合可获得重用性与简单性更佳的设计。另外，配合使用继承，可以扩展可用的组合类集，加大重用的范围。

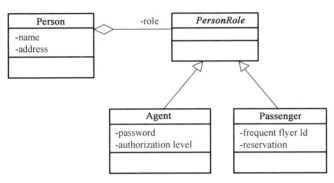

图 8.14　遵守 CARP 的改进设计

当然，在满足条件时，也推荐使用继承。例如：

（1）子类表达了"是一个父类的特殊类型"，而非"是一个由父类所扮演的角色"。

（2）子类的一个实例永远不需要转换为其他类的一个对象。

（3）子类对其父类的职责进行扩展，而非重写或废除，因为这会增加违反 LSP 的可能性。

除了前面提到的几个基本的设计原则，还有其他一些原则同样能够实现好的设计，如 GRASP 模式（General Responsibility Assignment Software Patterns）。读者可自行查阅相关资料进行理解，这里不再赘述。

8.4　设计模式

设计模式提供了相似的程序设计任务中经常出现的相同问题的解决方案。基于工程化的方法能够保证这些相似任务被识别出来，并通过对设计模式进行较小的调整，从而快速得到问题的有效解决方案。设计模式提供了一种在设计层次上的重用机制，其特点是对解决方案的进一步抽象：一方面，模式针对的是抽象的设计思想的重用，而非代码的物理重用；另一方面，模式并不对具体问题提供完整的解决方案，而是提供方案的一种结构。

四人组（Gang of Four，GoF）的一本书 *Design Patterns: Elements of Reusable Object-Oriented Software* 将 23 种设计模式总结为 3 类，分别为创建模式、结构模式和行为模式，如表 8.1 所示。下面分别对 3 类模式中具有代表性的若干模式进行具体介绍，分别为创建模式中的抽象工厂（Abstract Factory）模式和单例（Singleton）模式，结构模式中的适配器（Adapter）模式、桥（Bridge）模式、装饰（Decorator）模式、门面（Facade）模式和代理（Proxy）模式，以及行为模式中的观察者（Observer）模式、策略（Strategy）模式和状态（State）模式。它们都是工程实践中经常使用的模式，对设计优化具有重要的指导性。

表 8.1　设计模式一览

		目　　的		
		创 建 模 式	结 构 模 式	行 为 模 式
范围	类	Factory Method	Adapter	Interpreter
		—	—	Template Method
	对象	Abstract Factory	Adapter	Command
		Builder	Bridge	Observer
		Prototype	Composite	Visitor
		Singleton	Decorator	Memento
		—	Facade	Strategy
		—	Proxy	Mediator
		—	Flyweight	State
		—	—	Iterator
		—	—	Chain of Responsibility

8.4.1　抽象工厂模式

图 8.15 所示为抽象工厂模式的结构。抽象工厂模式的主要作用是解耦客户类（Client）在创建产品类（Product）时引入的耦合，如在创建具体对象时使用的 new 操作，需要指定 Product 类的名称，这样就可以在 Client 类和 Product 类之间引入依赖关系，而这种依赖关系按照面向接口编程等原则应该进行优化处理。但是，产品的创建必须使用具体类的名称，如果想要让 Client 类中不直接出现 Product 类的信息，则需要将产品的创建过程从 Client 类中分离出来，并使用一个类似系统服务的工厂类来解决这个问题。工厂类提供了一个创建一系列相关或相互依赖对象的接口，Client 类无须指定它们需要的具体产品类。

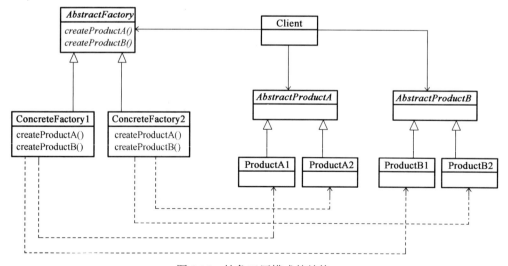

图 8.15　抽象工厂模式的结构

在类图中，通过抽象工厂类 AbstractFactory 进行的分离会让 Client 类对 Product 类没有直接的依赖关系。另外，每个 AbstractFactory 类提供了对不同系列产品的创建。图 8.16 所示为抽象工厂模式的示例，其中主要关注棋类游戏的包装类 PackBox，因为该包装类中含有棋盘和棋子两种产品。对于不同的棋类游戏（如中国象棋、跳棋或围棋等），包装应具有不同的大小和体积。为了减少 PackBox 对象与这些棋类对象间的耦合程度，在设计中使用了棋盘接口 ChessBoard 和棋子接口 ChessPiece，同时利用一个抽象的棋类——工厂类 ChessFactory 来消除对这些棋类对象创建的耦合。PackBox 类的实现如代码 8.6 所示。

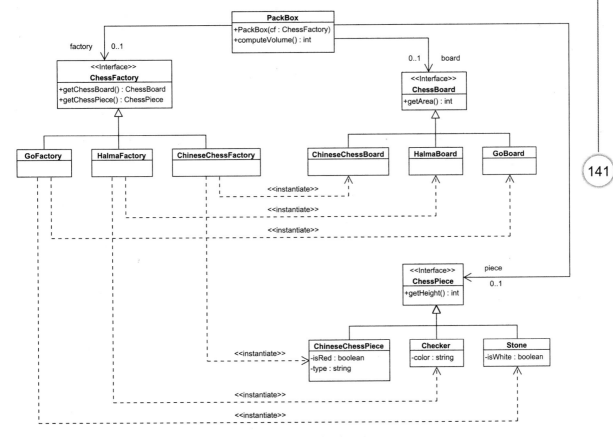

图 8.16　抽象工厂模式的示例

代码 8.6　PackBox 类的实现

```
public class PackBox{
    private ChessFactory factory=null;
    private ChessBoard board=null;
    private ChessPiece piece=null;
    public PackBox(ChessFactory cf){
        factory=cf;
        board=factory.getChessBoard();
        piece=factory.getChessPiece();
    }
    //......
```

```
    public int computeVolume(){
        return board.getArea()*piece.getHeight();
    }
    //......
    public static void main(String[] s){
        PackBox pb = new PackBox(new ChineseChessFactory());
        System.out.println("体积: " + pb.computeVolume());
    }
}
```

PackBox 类会对不同的棋类游戏返回不同的体积，这是根据传入的棋类工厂类决定的。ChessFactory 是抽象工厂类，传入的应为一个具体工厂类，如 GoFactory 类、HalmaFactory 类、ChineseChessFactory 类。ChineseChessFactory 类的实现如代码 8.7 所示，而对 PackBox 类的使用则可以参照代码 8.6 中的 main()函数。

代码 8.7　ChineseChessFactory 类的实现

```
public class ChineseChessFactory implements ChessFactory{
    ChineseChessBoard board;
    ChineseChessPiece piece;
    public ChineseChessFactory(){
        board=new ChineseChessBoard();
        piece=new ChineseChessPiece();
    }
    @Override
    public ChessBoard getChessBoard(){
        return board;
    }
    @Override
    public ChessPiece getChessPiece(){
        return piece;
    }
}
```

使用抽象工厂模式可以让添加新的棋类游戏变得更加容易，只需从棋盘类和棋子类中继承并实现即可。但是，对于新种类的游戏，则需要完全重建一套工厂类和产品体系。

8.4.2　单例模式

前文中已介绍了管理类或控制类的概念，使用它们的主要目的是方便对相关的实体类进行管理和维护，因此它们在系统中通常只存在一个实例。根据业务的需要，在系统中可能还存在一些这样的对象实例，它们只存在单一的实例，并且不允许生成其他副本，如银行系统中每个账户类的实例。

单例模式保证了一个类仅有一个实例，并提供了一个访问它的全局访问点。单例模式的要求如下。

（1）类的所有构造方法都为私有的，防止被外部创建。

（2）通过提供一个公有的方法来获取该类的实例。

（3）类中的实例变量为私有或受保护的。

代码8.8所示为单例模式的类。代码8.9所示为单例模式的使用和测试。

代码8.8 单例模式的类

```java
package Singleton;
public class Singleton{
    private int x=0;
    private int y=0;
    private static Singleton pt = null;
    private Singleton(int x, int y){
        this.x=x;
        this.y=y;
    }
    public static Singleton getPoint(){
        if (pt == null)
            pt = new Singleton(5,39);
        return pt;
    }
    @Qverride
    public Singleton clone(){ //不允许自我复制
        return this;
    }
    public void output(){
        System.out.print("["+x+", "+y+"]");
    }
    public void move(int dx, int dy){
        x+=dx;
        y+=dy;
    }
}
```

代码8.9 单例模式的使用和测试

```java
package Singleton;
public class Main {
    public static void main(String[] s){
        Singleton p1=Singleton.getPoint();
        Singleton p2=Singleton.getPoint();
        //Singleton sing=new Singleton(); 被禁用
        p1.output(); p2.output();
        if(p1 == p2)
            System.out.println("\n same");
        p1.move(3,5);
        p1.output(); p2.output();
        Singleton p3 = p1.clone();
        if(p2 == p3)
```

```
            System.out.println("\n same");
        }
    }
```

请读者验证以上代码的输出结果，并体会单例模式的作用。

8.4.3 适配器模式

适配器模式将一个类的接口变换成该类期待的另一种接口，从而使原本因接口不匹配而无法一起工作的两个类能够一起工作。适配器模式一般有两种工作方式：一种是委托方式，另一种是继承（接口实现）方式。无论选择哪种方式，适配器都可以充当被适配对象参与类的交互，并且可以对基本的适配功能进行进一步的扩展。当然，这个功能扩展的设计要符合单一职责原则，或者可以应用"装饰模式"。

适配器模式的结构如图 8.17 所示。其中，上图是继承方式的适配器模式的结构，而下图是委托方式的适配器模式的结构。委托方式的适配器实现如代码 8.10 所示。

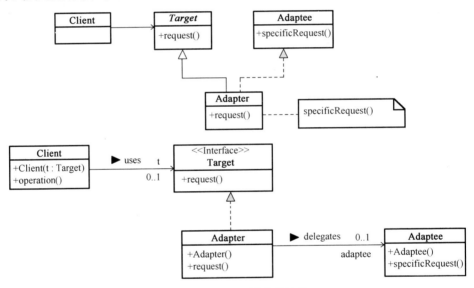

图 8.17　适配器模式的结构

代码 8.10　委托方式的适配器实现

```java
//Client.java
public class Client{
    private Target t=null;
    public Client(Target t){
        this.t=t;
    }
    public void operation(){
        t.request();
    }
    //...
    public static void main(String[ ] s){
```

```
        Client c = new Client(new Adapter());
        c.operation();
    }
}
//Adapter.java
public class Adapter implements Target{
    private Adaptee adaptee=null;
    public Adapter(){
        adaptee = new Adaptee();
    }
    //...
    @Override
    public void request(){
        return adaptee.specificRequest();
    }
}
```

8.4.4 桥模式

桥模式的主要思想是将抽象部分与实现部分（行为）进行分离，使它们都可以独立地变化。本质上，桥模式主要用来解决抽象与实现（行为）两方面的变化问题，即一个类中多个方向的变化问题。设计原则中的单一职责原则已经表明，类要保持单个维度的变化。如果软件系统中某个类存在两个独立变化的维度，则通过桥模式可以将这两个维度分离出来，并使用关联的方式进行组织，使两者独立扩展。

桥模式用抽象关联取代了传统的多层继承，将类之间的静态继承关系转换为动态的对象组合关系，这样不仅可以使系统变得更加灵活且易于扩展，还可以有效控制系统中类的个数。桥模式的结构如图 8.18 所示。

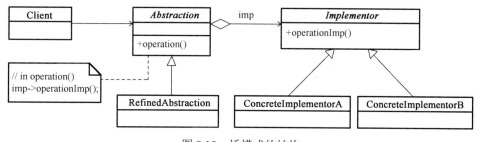

图 8.18　桥模式的结构

桥模式中体现了很多面向对象设计原则的思想，包括单一职责原则、开放封闭原则、合成/聚合复用原则、依赖倒置原则等。熟悉桥模式有助于深入理解这些设计原则，也有助于形成正确的设计思想和培养良好的设计习惯。

在使用桥模式时，首先应该识别出一个类所具有的两个独立变化的维度，将它们设计为两个独立的继承等级结构，为两个维度都提供抽象层，并建立抽象耦合。一般将业务方法和与之关系最密切的维度设计为"抽象类"层次结构（抽象部分），而将另一个维度设计为"实现类"层次结构（实现部分）。例如，对于咖啡饮料，由于口味是其固有的维度，因此可以设计一个抽象的咖啡类，即在该类中声明并部分实现咖啡的业务方法，其中将各种口味的咖啡作为其子类，而咖啡饮料的容量则是其另外的维度。桥模式的实现如代码 8.11 所示。

代码 8.11　桥模式的实现

```
interface Implementor{
    public void operationImp();
}
abstract class Abstraction{
    protected Implementor imp;              //与实现类的关联（桥）
    public void setImp(Implementor imp){
        this.imp=imp;
    }
    public abstract void operation();       //抽象业务
}
class RefinedAbstraction extends Abstraction{
    public void operation(){
        //业务代码
        imp.operationImp();                 //具体实现
        //业务代码
    }
}
```

8.4.5　装饰模式

一个类除了主体业务操作，还有些额外的操作，如加密、缓存、压缩等。这些只是辅助主体业务的附着功能，并不严格按照维度变化。装饰模式以对客户端透明的方式扩展对象的功能，是继承关系的一个替代方案，提供比继承更多的灵活性。它可以动态地给一个对象增加功能，并且这些功能可以动态撤销，因此可以增加由一些基本功能排列组合而产生的大量的功能。装饰模式中既存在继承，又存在组合，实际上是将桥模式中的"抽象"和"实现"合二为一了，是桥模式的一种特殊形式。装饰模式的结构如图 8.19 所示。

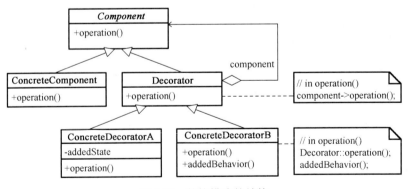

图 8.19　装饰模式的结构

装饰模式的核心在于抽象装饰类 Decorator 的设计，其实现如代码 8.12 所示。

代码 8.12　装饰模式的实现

```java
class Decorator implements Component{
    private Component component; //关联原抽象业务
    public Decorator(Component component){
        this.component=component;
    }
}
class ConcreteDecorator extends Decorator{
    public ConcreteDecorator(Component component){
        super(component);
    }
    public void operation(){
        super.operation(); //调用原业务
        addedBehavior();   //扩展业务
    }
    public void addedBehavior(){
    //具体扩展业务的实现
    }
}
```

8.4.6　门面模式

门面模式要求外部与一个子系统的通信必须通过一个统一的门面对象进行。门面模式提供了一个高层次的接口，使子系统更易于使用。另外，每个子系统一般只要求具有一个门面类，而且此门面类只有一个实例。也就是说，在这种情况下，门面模式是一个单例类。这时门面类的作用相当于前文介绍的适配器，负责转发外部请求，并且可以在此基础上进行功能的扩充，如对传递进来的参数进行验证等。门面模式的结构如图 8.20 所示，一个系统可以有多个门面类。

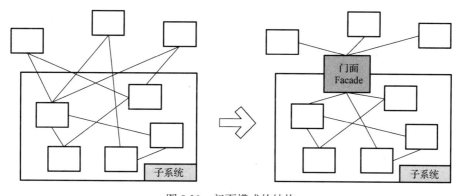

图 8.20　门面模式的结构

更常见的做法是，系统并不提供门面类，而是提供一个或多个门面接口。这对系统内部的开发者来说是非常实用的，可以较为自由地实现内部功能，只要保证其行为具有门面接口中约定的行为。在大型的软件开发中，我们可以先将各个子系统的外部行为确定下来，即门面接口；再按照上述方法逐渐完善其内部设计和开发。这种方法被称为基于契约的设计（Design by Contract）。

同时，门面类中集成了子系统中不同的内部功能，这是否违反了单一职责原则？门面类虽然具有多种功能，但是在每次为外部提供服务时一般只涉及其中一类功能，几乎不会进行各种功能的联合使用。也就是说，这些功能大多是独立变化的，不会组合在一起形成多个变化点，因此本质上并不违反单一职责原则。由此可见，面向对象的设计不能生搬硬套，应视具体情况做具体分析。

8.4.7　代理模式

代理模式一般用于管理有价值（稀缺）的资源（如数据库的连接等），目的是提高这些资源的利用率或系统性能。它为这些资源对象提供了一个代理对象，并由代理对象控制对资源对象的使用，从而起到中介的作用。代理对象的存在使实体类分辨不出代理对象与真实的资源对象。

代理模式的结构如图 8.21 所示，其的实现如代码 8.13 所示。

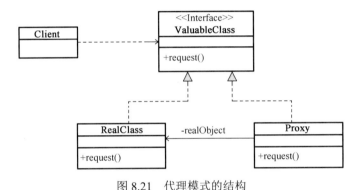

图 8.21　代理模式的结构

代码 8.13　代理模式的实现

```java
public interface ValuableClass{
    public int request(String details);
}
public class RealClass implements ValuableClass{
    private Connection conn;
    public RealClass(String conndata){
        conn = new Connection(conndata);
    }
    public int request(String details){
        return conn.execute(details);
    }
}
public class Proxy implements ValuableClass{
    private static RealClass realObject;
    public Proxy(){
        if(realObject == null)
            realObject = new RealClass("ConnectionString");
    }
    public int request(String details){
        return realObject.request(details); //这里可以加入对资源使用的控制
```

```
    }
}
public class Client{
    public int proxyUse(String s){
        ValuableClass v = new Proxy();
        return v.request(s);
    }
    public static void main(String[] s){
        Client n = new Client();
        System.out.println(n.proxyUse("whatever"));
    }
}
```

对于 RealClass 类，这里只是一个简单的示意，假设它可以连接某个外部系统，从而实现某些资源的请求。代理类 Proxy 中持有对资源类 ValuableClass 的引用，而 Proxy 类控制着对资源的具体使用方式和策略。代码中虽然没有复杂的资源控制，但是能够说明如何实现对 ValuableClass 类的请求进行控制和转发。客户类 Client 的代码可以实现对 Proxy 类的使用。

代理模式可以不知道真正的被代理对象，而是仅持有一个被代理对象的接口。这时代理对象不能够创建被代理对象，而被代理对象必须由系统的其他角色代为创建并传入，如"动态代理"机制。

8.4.8 观察者模式

观察者模式定义了一种一对多的依赖关系，让多个观察者对象同时监听某一个主题对象；当这个主题对象在状态上发生变化时，会通知所有观察者对象，使它们能够自动更新自己。MVC 架构在实现上就使用了观察者模式，其中的主题对象相当于 MVC 架构中的模型，观察者对象相当于 MVC 架构中的视图。

图 8.22 所示为观察者模式的结构。每个观察者对象 Observer 为了得到主题对象 Subject 的及时通知，需要事先在 Subject 对象中进行订阅，并且在不需要时进行退订。每个具体的 Observer 对象需要实现自己的更新方法 update()。

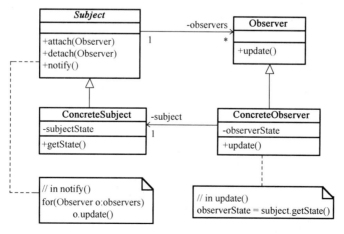

图 8.22　观察者模式的结构

8.4.9　策略模式

工程实践中经常会求解针对复杂问题的解决方案，而这些方案经常使用某种算法进行描述，并且同一问题在不同的情况下可能会采用不同的算法，如排序问题就有冒泡排序、快速排序、合并排序等算法。它们有着各自不同的特点，应用于不同的需求中。策略模式针对一组算法，将每一种算法都封装到具有共同接口的独立的类中，从而使它们可以相互替换。

策略模式的好处是能够使算法可以在不影响客户端的情况下进行切换，而且会将算法的行为和环境分开。其中，环境负责维持和查询行为，而各种算法则在具体的策略类中提供。由于算法和环境是相互独立的，算法的增减、修改都不会影响到环境和客户端。图 8.23 所示为策略模式的结构，其实现如代码 8.14 所示。

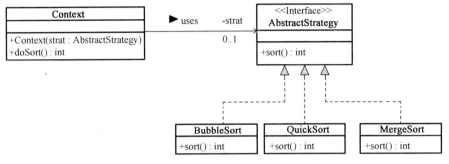

图 8.23　策略模式的结构

代码 8.14　策略模式的实现

```java
//Context.java
public class Context{
    private AbstractStrategy strat = null;
    public Context(AbstractStrategy a){
        this.strat=a;
    }
    //...
    public int doSort(){
        return strat.sort();
    }
}
//Strategy.java
public class Strategy {
    public static void main(String[] args){
        Context c = new Context(new BubbleSort());
        c.doSort();
    }
}
```

8.4.10　状态模式

状态模式可以被视为策略模式的一种应用，允许一个对象在改变其内部状态时改变行为。

状态模式把所研究对象的行为包装在不同的状态对象中，每个状态对象都属于抽象状态类的子类。当系统的状态发生变化时，系统会改变所选的子类，以便对类在不同状态下的行为进行管理。

图 8.24 所示为状态模式的示例，描述的是一个测量工作站的工作状态。图 8.24 上面的子图是该工作站的状态图，其中 x 为某测量值（如温度）。当 x 的值小于 42 时，为正常状态，否则会过渡到临界状态；在临界状态下，如果 x 回到 22 及以下，则该工作站会返回正常状态。图 8.24 下面的子图为对应的状态模式的应用结构，这里存在一个抽象类 State，其中 setX() 方法的主要作用是对状态变量 x 进行修改，另外两个具体状态 StateOK 类和 StateCritical 类分别对应正常状态和临界状态的实现。状态模式的实现如代码 8.15 所示。

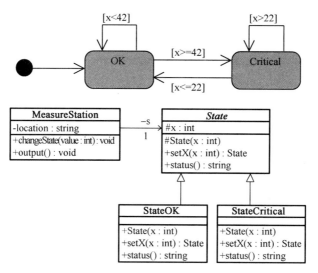

图 8.24 状态模式的示例

代码 8.15 状态模式的实现

```
//State.java
package State;
public abstract class State{
    protected int x;
    public abstract State setX(int x);
    public abstract String status();
    protected State(int x){
        this.x=x;
    }
}
//StateOK.java
package State;
public class StateOK extends State{
    public StateOK(int x){
        super(x);
    }
    @Override
```

```
        public State setX(int x){
            this.x=x;
            if(x>=42) return new StateCritical(x);
            return this;
        }
        @Override
        public String status(){
            return "ok";
        }
    }
//StateCritical.java
package State;
public class StateCritical extends State{
    public StateCritical(int x){
        super(x);
    }
    @Override
    public State setX(int x){
        this.x=x;
        if(x<=22) return new StateOK(x);
    return this;
    }
    @Override
    public String status(){
        return "critical";
    }
}
//MeasureStation.java
package State;
public class MeasureStation{
    private String location = "DL";
    private State s = new StateOK(0);
    public void changeState (int value){
        s = s.setX(value);
    }
    public void output (){
        System.out.println(location + " State: " + s.status());
    }
}
//Main.java
package State;
public class Main {
    public static void main(String[] args) {
        MeasureStation m = new MeasureStation();
        int[] values={18,42,38,20,45};
        for(int i:values){
            m.changeState(i);
```

```
                m.output();
            }
        }
    }
```

在学习本章内容的过程中，建议读者要从理论上理解每个模式的原理，为了加深印象，对应每个模式编写一个小的示例性的代码是很有必要的。

8.5 习题

（1）在如图 8.25 所示的类图的设计中使用了观察者设计模式。每个券商（Broker）关注的是股票（Stock）的价格，可以将感兴趣的股票设定为自选股，并通过 newStock() 方法购买指定的股票。

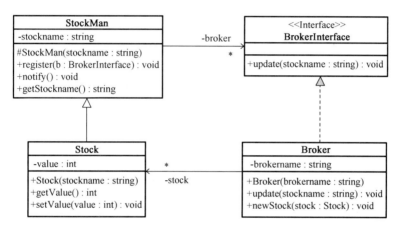

图 8.25 类图

如果股票的价格发生了变化，则所有选定该股票为自选股的券商会得到通知，包括该股票的名称，这里假设每股股票都有唯一的名称。使用 Java 语言实现该类图，要求券商在得到股价改变的通知后，输出该券商的名称、股票的名称及股票的最新价格，并将该系统的界面设计为如图 8.26 所示的形式。

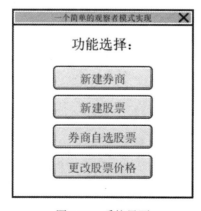

图 8.26 系统界面

（2）图 8.27 所示为合成（Composite）模式的结构。合成模式把部分与整体的关系用树状结构进行表示，使用户对单对象和组合对象的使用具有一致性。

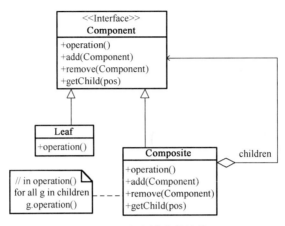

图 8.27　合成模式的结构

请给出一个合成模式的具体应用，并使用 Java 语言（或其他面向对象语言）进行实现。

（3）任选表 8.1 中给出的其他设计模式中的 2 个，给出其应用场景并解释如何发挥其作用。

第9章 实现技术

从类图到代码的过渡在第 6 章中已经进行了说明，并重点介绍了从类图到代码框架的产生过程。实现阶段的一个首要任务是面向业务构造合适的代码架构，以便所有的用户需求都能够在未来的系统中得到满足和实现。从设计到代码的转换过程不仅需要有算法过程的实现，还要考虑具体业务的约束条件。

本章不涉及具体业务的实现细节，而是重点关注那些与实现相关的关键技术及衍生内容。实现技术虽然与业务是独立的，但它们是业务实现的载体。选择合适的技术对业务的实现起到有效的辅助和促进作用，反之则会拖累项目整体的进展，有时可能会导致整个项目的失败。

软件工程的发展日新月异，无论是技术还是工具，都存在着不同的流派，百花齐放，各有所长。本章不能涵盖所有当今流行的技术，也不去探讨孰优孰劣，而是着重讨论软件开发项目中常见的一些工程和技术问题，这是因为它们对软件工程的发展有不同程度的影响。这些内容包括非功能性需求的实现、数据表示与交换格式、程序轮子、数据的持久化等。本章还将介绍领域特定语言、模型驱动架构、重构等技术内容。

9.1 非功能性需求的实现

非功能性需求对项目的成功具有重要的作用。如果项目中存在非功能性需求的遗漏，则会使客户无法接受，项目也有可能就此夭折，因为这样的系统最终可能根本无法在合同约定的环境中运行。由于非功能性需求涉及的范围广且类型不尽相同，因此需要在设计和实现中根据不同的要求区别对待。下面举例说明几种非功能性需求及其对实现的影响。

1. 硬件方面的需求

项目在开始阶段一般通过原型系统的开发实现系统的模拟，以便获取用户需求，消除沟通上的壁垒，释放开发风险。原型系统一般不太注重性能上的表现，但性能表现一般是用户最看重的非功能性需求，而提高系统性能最直接的因素就是硬件资源。对于硬件资源的需求，要根据项目的实际情况进行选择，若系统经常处理单一的数据记录，并通过图形界面对输入或输出进行简单的格式或合法性校验，则硬件的计算能力和基础构架会显得不太重要；但是在复杂计算的需求下（如对海量数据的分析，或者对数据的实时处理），就需要在开发中更加重视性能上的表现。我们可以采用多种提升系统整体性能的措施，如使用多台 Web 服务器或应用服务器进行负载分担、热点数据缓存、分离数据库的读写请求以减轻单台服务器的 I/O 负担等。这些措施会影响系统的架构设计。很多企业会采用类似如图 9.1 所示的企业级集群架构来提升系统整体性能。

另外，在开发的过程中要关注系统运行时间和数据访问优化的重要性，尽量降低程序中资源浪费的可能性，否则开发的成本会显著提高。在实现方面，我们可以引入一些性能度量的工具，以便对系统运行剖面（Profile）进行分析。例如，利用工具对语句的执行频率进行测量，并确定系统的瓶颈。

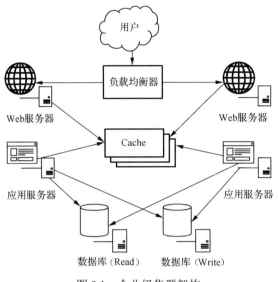

图 9.1　企业级集群架构

2．质量方面的需求

某些应用可能关乎人员的财产和生命安全，因此需要非常注意软件的质量，即系统的正确性，包括系统的性能、兼容性等诸多方面。质量涉及整个软件开发过程，包括一系列质量保证相关活动的应用和组织，这将在第 11 章中具体介绍。

质量的需求在不同的应用领域对系统的实现具有不同的影响。除了可测试性的需求，还可能对程序的结构或内部实现提出限制。例如，在一些要求比较严格的应用中不允许动态地对内存区域进行分配，从而限制了动态数据结构的使用，如链表或递归在实现上需要在开始阶段估算出每项功能需要的存储空间大小，从而估算出最大的内存要求，以避免存储空间的溢出。

3．安全方面的需求

系统的安全性是质量的一部分，存在两种不同的解释：一种特指授权安全性，另一种是数据存储安全性。如果需要处理个人隐私数据等安全方面的敏感信息，则需要特别关注授权安全性。当信息通过不安全的外部通道（如 Internet）进行传输时，尤其要注意数据的传输保护，如采用 HTTPS 访问协议。对于授权安全性的要求，在实现上可以借助软件或硬件加密机制，但这些手段会不同程度地降低程序的运行效率，或者增加系统结构的复杂程度，如引入数字签名或证书认证（CA）等机制。数据存储安全性则主要考虑系统从故障中恢复的能力，同样在实现上需要进行额外的考虑，包括各种备份技术的应用，如数据备份、双机热备、RAID 等。

随着分布式计算的流行，区块链（Blockchain）技术发展迅速，在分布式环境中通过构建超级账本来实现一种去中心化的安全保证，支持内容不可更改、共识信任和隐私保护等原则，是一种建立新型的分布式商业网络的新技术。另外，还存在其他一些分布式系统（如 Zookeeper 等），可以借助一致性协议[①]很好地解决安全方面的问题。

---

① 如 Paxos、Raft 等分布式一致性协议。

9.2　数据表示与交换格式

在现代软件工程中，数据的表示和交换扮演着至关重要的角色，为推动不同系统间实现无缝通信奠定了基础。本节主要介绍 3 种主流的数据格式：XML、JSON 和 YAML。这些格式在数据交换、配置管理，以及各种应用程序之间发挥着至关重要的桥梁作用，为实现互操作性提供了有力支持。

首先，XML（可扩展标记语言）作为一种成熟、稳定的数据格式，已经被广泛应用于各种场景，如配置文件、网络服务、文档转换等。其结构化的特性使得 XML 数据具有很好的可读性和可解析性，同时支持自定义标签，使得数据的表示更加灵活。XML 文件采用嵌套的元素来表示数据，这些元素可以包含属性、文本和子元素。这使得 XML 非常适用于在不同系统之间传输和交换数据。然而，XML 的语法相对复杂，文件体积较大，对于轻量级的数据交换和传输可能会带来一些不便。

相比之下，JSON（JavaScript 对象表示法）则更加轻量级和简洁。在基于 JavaScript 对象的结构下，JSON 数据可以直接被 JavaScript 解析和处理，这在 Web 开发和移动应用开发中非常有用。同时，JSON 的语法简单易懂，易于编写和阅读，支持嵌套和数组等复杂数据结构，因此 JSON 成了现代 Web 服务中较为流行的数据格式之一。

YAML（另一种标记语言）则是一种介于 XML 和 JSON 之间的数据格式，其可读性和简洁性介于二者之间。YAML 强调的是数据的可读性，通过缩进来体现数据的层次结构，使得配置文件和数据交换文件更加易读易懂。同时，YAML 支持多种数据类型和自定义标签，具有很好的扩展性。

下面以 XML 为代表，介绍标记语言的特点及处理方式。代码 9.1 所示为 XML 示例，描述了一个 XML 文档的层次结构，起始处是 XML 版本号及语言编码的说明。每个 XML 元素都包含一个开始标签和一个对应的结束标签，其中可以嵌入其他 XML 元素和文本内容。在最外层的元素中存在唯一的元素，即根节点。示例中根节点\<project>中嵌入了\<projectname>等多个节点，\<projectleader>节点又由 3 个子节点构成。XML 结构的确切描述是由 DTD（Data Type Definition）或 XSD（XML Schema Definition）两种形式进行限定的。如果 XML 文档对标准的 DTD 或 XSD 进行了说明和约束，则称该文档为 well_formed，从而指定了该 XML 文档的有效性，详细规定了文档中元素内容和层次关系。

代码 9.1　XML 示例

```xml
<? xml version="1.0" encoding="utf-8" ?>
<!-- this is a project -->
<project department="Development" contract="Fixedprice" >
    <projectname>Storage Module</projectname>
    <customer bankno="75566445" accountno="35634534"/>
        <projectleader cost="1000" >
            <empno>49</empno>
            <name>Udo Kelter</name>
            <deptno>50</deptno>
```

```
        </projectleader>
    </project>
```

代码 9.1 中也给出了对 XML 元素属性的描述，第 3 行中属性值的内容要求放置在双引号中。如果一个 XML 元素只有属性而没有任何子元素，则可以使用简化描述方式，省略其结束标签，如第 5 行所示。XML 中的注释与 HTML 中的写法一样，如第 2 行。

在存储和处理 XML 文档时，有很多可用的软件包或系统，使得每种编程语言都具有处理 XML 文档的能力。XML 的处理方式一般有文档对象模型（DOM）或用于 XML 的简单 API（SAX）两种。当 XML 比较复杂，或者需要随机处理文档中的数据时，DOM 是复杂对象处理的首选；SAX 则是以流的方式从文档的开始处通过每一个节点进行移动，以定位一个特定的节点。

DOM 为载入内存的文档节点建立类型描述，表现为按照 XML 文档的层次组织的树状结构。如果 XML 很冗长，则 DOM 会显示出无法控制的扩展，占用巨大的内存资源。而 SAX 文档不需要一次性解析，也不会有大量数据常驻内存中。因此，SAX 是一种"更轻巧的"XML 处理技术。如果需要处理较为复杂的操作（如高级 XSLT 转换或 XPath 过滤），则建议使用 DOM 方式；如果需要建立或更改 XML 文档，也建议使用 DOM 方式。使用 SAX 可以查询或遍历 XML 文档，也可以快速扫描一个大型的 XML 文档，并在它找到内容时通过回调进行处理。

XML、JSON 和 YAML 不仅提供了数据交换和共享的机制，还提高了软件系统的互操作性和可扩展性。了解这些格式的特点和优势，可以帮助我们更好地应对不同的数据处理需求，提高软件系统的质量和效率。

9.3　程序轮子

"不要重复造轮子（Stop Trying to Reinvent the Wheel）"——这个道理在工程领域中被广泛传播和理解。它告诫我们，在前人工作的基础上进行开发，是一种更加高效、更具智慧的选择。这种观念尤其适用于软件开发领域，有经验的工程师深知如何利用已有的解决方案来解决经常出现的问题。

在软件开发过程中，所谓的"轮子"可以理解为解决问题的基本方法和框架。这些方法和框架经过前人的实践和优化，已经具备了较高的质量。因此，我们需要做的并非从零开始探索，而是将这些优质的解决方法通过函数库或类库等形式提取出来，作为一种公共的共享资源。

这种提取和共享的过程，实际上是一种知识积累和传承的过程。它使得后来的开发者能够站在前人的肩膀上，更快地解决问题，提高工作效率。而且，这种共享资源不仅可以是函数库或类库，还可以是组件、框架等资源。这意味着，在开发过程中，我们应尽可能地利用这些现成的知识来缩短复杂而冗长的开发过程。

然而，我们也应当注意到，不是所有的问题都可以直接找到现成的解决方案。在某些特殊情况下，我们需要根据自己的需求和实际情况，对现有的解决方案进行修改和优化。这时，我们需要在借鉴前人经验的基础上，发挥自己的创新精神，创造出适合自己需求的"新轮子"。

此外，在众多第三方开发包中筛选出适宜的组件，将其融入自身项目，并评估其品质及易用性，这是开发者需要具备的技能。

　　首先，寻找合适的轮子并非易事。这需要我们具备较高的信息检索能力和敏锐的洞察力。在实际项目中，我们可以借助一些知名的项目托管平台（如 GitHub、SourceForge 等）来寻找优秀的研究成果。

　　然后，需要对这个轮子进行充分的测试，以验证其质量和易用性。这个过程可能需要花费一定的时间和精力，却是不可或缺的。判断轮子的质量及易用性，需要我们积累大量的项目经验。只有通过实际应用，我们才能了解到轮子的性能、稳定性和兼容性等方面的情况。

　　最后，需要考虑如何将找到的轮子有效地整合到自己的项目中。这需要我们对轮子有深入的了解，包括其内部原理、使用方法和相关接口等。在这个过程中，我们需要关注轮子的成熟度、稳定性、代码规范和接口友好性等方面，以确保项目的顺利进行。

　　此外，开源软件在当今技术领域的重要性不言而喻，为开发者提供了丰富的资源和便利的解决方案。然而，使用开源软件也存在一定的风险，因此开发者需要具备开源软件治理能力，以确保项目的安全、稳定和可维护。

　　开源软件治理是指当在项目中使用开源软件时，对开源软件的可靠性、安全性、稳定性、可维护性等方面进行管理的过程。在这个过程中，开发者需要对开源轮子的各个方面进行评估，以确保它们能够满足项目需求。

　　在审查开源轮子时，代码质量是至关重要的一个因素。开发者不仅需要评估轮子的代码结构、代码规范、编程风格等方面，以确保其质量，还需要关注轮子的功能完整性、性能优化、兼容性等方面，以确保项目能够顺利进行。

　　另一个重要因素是更新频率。开源轮子的更新频率反映了维护者和社区的活跃程度。开发者需要关注轮子的更新日志，了解其最新版本的功能改进和缺陷修复。一个活跃的开源社区意味着更好的技术支持和服务，这对项目的长期发展至关重要。

　　此外，社区活跃度也是评估开源轮子的重要指标。一个活跃的社区意味着有更多的开发者参与，这将有助于提高轮子的可靠性和可维护性。开发者需要关注社区的参与者数量、讨论话题的深度和广度、社区氛围等因素，以了解开源轮子的社区状况。

　　许可证及其兼容性的判断也是重要的一个方面。许可证是开源软件的核心，规定了用户在使用过程中可以做什么，不能做什么，以及需要遵守的规则。开源软件的许可证有多种类型，如 BSD 许可证、GPL 许可证等。这些许可证各自有不同的特点和约束条件。例如，BSD 许可证允许用户自由地修改和分发软件，但要求用户在分发过程中遵循一定的条款（如保留原始的版权声明、免责声明等），而 GPL 许可证则要求用户在分发修改后的软件时，必须公开源代码，以保证开源精神的传播。

　　在开源软件治理过程中，我们需要根据项目的特点和目标，选择合适的许可证。这将有助于确保项目的可持续发展，同时能够为用户提供清晰的权益保障。此外，我们还需要密切关注许可证的兼容性，以确保开源软件在不同环境下能够正常运行，以及与其他软件的协同工作。

　　开源软件治理是一项系统性、全面性的工作。在实际项目中，开发者可以采用一些策略来优化开源软件治理工作。例如，制定明确的策略和流程，确保项目中使用的开源软件符合规范；定期对开源软件进行审计，以发现潜在的风险和问题；加强与开源社区的合作，及时了解最新技术和最佳实践；加强开源软件的培训力度，提高团队成员的操作能力。在开源软件日益普及的今天，掌握开源软件治理能力无疑会成为开发者的一大优势。

9.3.1 组件

组件是一种程序轮子，可以将其理解为一种特殊的对象。组件是对数据和方法的简单封装。使用组件可以实现拖放式编程、快速的属性处理及真正的面向对象设计。组件是对类库思想的进一步提升，不是仅提供单一类的功能，而是将某个子应用封装，以供后续使用。组件可以实现接口，从而提供实现这些接口的一类对象。在使用现成的组件开发应用程序时，组件一般可以在设计时态和运行时态两种模式下工作。

在设计时态下，组件显示在窗体编辑器的一个窗体中，不能调用设计时态下组件的方法，不能与最终用户直接进行交互操作，也不需要实现全部功能。在运行时态下，组件工作在一个已经实际运行的应用程序中，能够正确地将自身表示出来，对方法的调用进行处理，并实现与其他组件之间有效的协同工作。

创建组件就是自行设计并制作出新的组件，是一项繁重的工作。自行开发组件与使用组件进行可视化程序开发存在着极大的不同，要求开发者熟知原有的类库结构，精通面向对象程序设计。对组件的开发者来说，组件是纯粹的代码，因为组件本身的开发一般不是可视化的开发过程，而是使用编程工具进行编码的工作。实际上，创建新组件使我们回到传统开发工具的时代，虽然这是一个复杂的过程，但是会带来一劳永逸的效果。

组件的使用是一个相对轻松的过程，除了可以提供大量的功能，还可以对其进行定制。组件的定制通常可以通过配置文件的形式进行，也可以通过交互的方式对组件的属性进行配置。例如，使用 Java 中的 AWT 和 Swing 类来描述用户界面的各种构成，如按钮、文本框等。在 GUI 集成开发环境中，这些组件都是可以配置的。图 9.2 所示为 Netbeans 开发环境中的一个 GUI 设计界面，右下角部分是按钮属性的配置列表。

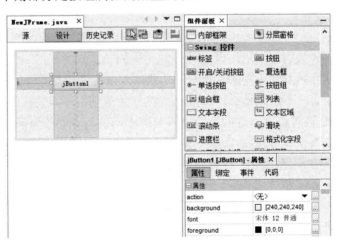

图 9.2 GUI 设计界面

组件本身是一个较为宽泛的概念，具体的含义与开发的业务领域相关。组件与系统及组件之间的通信一般是按照观察者模式进行的。在分布式系统中，除了组件，还可以通过其他方式对外界提供服务，如 Web Service 等。

Java 中的组件支持机制为 Java Bean。Java Bean 是一种特殊的类，在组织上要遵照一定的设计规则，类似的还有微软的 ActiveX 等。Java Bean 必须存在一个默认的构造函数，即无参数的构造函数。对于每个含有的实例变量，必须存在简单的 get 方法和与其类型相符的 set 方法。该类必须实现 Serializable 接口，以具备序列化的能力。按照这些要求设计的一个 Java Bean，若具有图形化的描述能力，则可以直接在 GUI 设计中作为一个可视的组件使用。另外，Java 允许 Java Bean 以一种十分方便的方式对类的对象进行存储和载入。这里以 Point 类为例编写一个简单的 Java Bean，如代码 9.2 所示。

代码 9.2　一个简单的 Java Bean

```java
public class Point implements Serializable{
    private int x;
    private int y;
    public Point(){
        this.x=0;
        this.y=0;
    }
    public Point(int x, int y){
        this.x=x;
        this.y=y;
    }
    public int getX(){
        return x;
    }
    public void setX(int x){
        this.x=x;
    }
    public int getY(){
        return y;
    }
    public void setY(int y){
        this.y=y;
    }
    @Override
    public String toString(){
        return "[" + x + "," + y + "]";
    }
}
```

代码 9.3 所示为对 Java Bean 的使用，用于说明如何使用这个 Point 类。

代码 9.3　对 Java Bean 的使用

```java
import java.beans.XMLDecoder;
import java.beans.XMLEncoder;
import java.io.BufferedInputStream;
import java.io.BufferedOutputStream;
import java.io.FileInputStream;
import java.io.FileNotFoundException;
import java.io.FileOutputStream;
```

```
public class BeanClient{
    public static void main(String[] s){
    Point p1= new Point();
    Point p2= new Point(3,4);
    Point p3= new Point(1,1);
    Point p4= new Point(2,2);
    String data="point.txt";
    try{
        XMLEncoder out= new XMLEncoder(new BufferedOutputStream(new FileOutputStream
                    (data)));
        out.writeObject(p1); out.writeObject(p2);
        out.close();
    } catch (FileNotFoundException e){}
    try{
        XMLDecoder in= new XMLDecoder(new BufferedInputStream(new FileInputStream
                    (data)));
        p3= ((Point)in.readObject());
        p4= ((Point)in.readObject());
        in.close();
    } catch (FileNotFoundException e){}
        System.out.println(p3 + " " + p4);
    }
}
```

在上面的程序中，首先创建了 4 个 Point 对象，然后使用了类库中的 **XMLEncoder** 类及其他辅助类来处理文件，并将 p1、p2 两个 Point 对象以 XML 格式写入 point.txt 文件中。在第二个 try-catch 程序块中，将刚才存储到文件中的两个 Point 对象以 XML 格式再次读取并格式化输出。程序提供了一种对象的简单存储方式，同时该存储也具有很好的阅读性，并方便第三方的 XML 工具进行进一步的处理。

需要说明的是，当进行数据读取时，XMLDecoder 对象能够自动使用与 XML 文件元素中属性名字对应的 set 方法对实例变量进行赋值。这个过程的控制流程实际上是反转的，因为是对组件方法的间接调用。Java 中使用了一种反射机制，可以在运行时决定一个对象的哪些方法被使用。这里其实就使用了这种反射机制，首先在 writeObject 中寻找与传递对象中属性名称相符合的 get 和 set 方法，然后利用它们以 XML 的形式编码对应的属性。这时如果将 Point 类中的 getX() 方法注释掉，则程序会失去处理 x 属性的能力，只能自动存储 y 的值。

9.3.2　框架

框架也被称为容器，是一种程序轮子。在程序实现上，人们一直在追求一种更为简便和系统化的实现方法。在这种方法中，开发者不需要亲自从零来开发构成程序的一些组件，也不必亦步亦趋地完成开发的每个环节，而是能够更快速、高效和正确地将很多原始的工作积累合成到一个更大粒度的、半成品式的系统中。开发者只需对它进行必要的参数定制，就能够将其打造成符合用户需求的真实系统，这就是框架的作用。

类库和函数库试图提供一套完整的功能，但这些功能通常都是分散的，需要开发者根据需求进行选择和拼凑。组件也试图提供一个完整的功能，不过此功能通常只限定在一组类中，因此具有较小的范围和粒度。除了上述两种可以进行重用的技术，人们也在寻找基于两者基础之上的，由逻辑上相关的若干类一起完成的某种统一功能的子系统，如负责对象在数据库中的持久化，从数据库中读取并重建对象（Object Relation Mapping，ORM）的一个相对独立的功能体。

框架定义了对象的规则要求，以便能够对对象进行统一的组织和管理。这通常是通过接口和继承的方式实现的。当框架中嵌入了满足要求的业务对象后，框架的功能会融入具体的业务类中，使提供的功能得以展现。框架实际上是某种应用的半成品，是一组供选择的组件，用于嵌入并定制具体的系统。简单来说，框架是别人搭好的舞台，由使用者来做表演。组件与框架最主要的差别是，在框架中控制权要进行转移。也就是说，框架中的类会调用那些由用户补充实现的对象中的方法，而不会反过来，但在组件中是通过反射的方式发生的。

Enterprise Java Beans（EJB）和 Spring 是两个功能强大的框架，主要功能是使对象的管理，以及与数据库的交互更加容易。框架的思想在 Java 的类库中有一定程度的应用，考虑一个实际的例子，使用 Java 中的 JTree 视图来描述一个树状结构的项目信息，如图 9.3 所示。

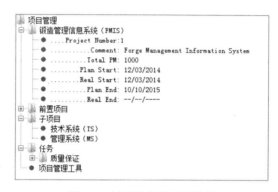

图 9.3　树状结构的项目信息

在图 9.3 中，任务、子项目及前置项目等信息以层次结构进行显示。Java 语言中提供了使用树状结构进行描述的若干个类和接口，它们可以对树状结构进行直接显示或操作控制，如树的某个节点的展开或合并等。为了使用树的框架，在 Java 中需要一个类对 TreeModel 接口进行实现，此接口的主要内容如表 9.1 所示。

表 9.1　TreeModel 接口的主要内容

方　法	返回类型	描　述
addTreeModelListener（TreeModelListener）	void	为树改变后的 TreeModelEvent 事件添加监听器
getChild（Object parent, int index）	Object	返回 parent 对象的孩子中索引为 index 的孩子
getChildCount（Object parent）	int	返回 parent 对象的孩子数
getIndexOfChild（Object parent, Object child）	int	返回 parent 对象中孩子为 child 的索引值
getRoot（）	Object	返回树的根对象
isLeaf（Object node）	boolean	返回 node 对象是否为树的叶子节点
removeTreeModelListener（TreeModelListener）	void	删除某个之前使用 addTreeModelListener（）方法加入的监听器
valueForPathChanged（TreePath path, Object newValue）	void	用户将 path 标识的项的值更改为 newValue 时，进行通知

图 9.4 所示为 Java Tree 框架类图，用于描述 TreeModel 接口的具体使用方法。首先，图中存在一个 ProjectTreeModel 类，用于实现 TreeModel 接口，并且 ProjectTreeModel 类与项目管理类 ProjectMan 具有关联关系。需要注意的是，两个类之间的关联关系是双向导航的，即 ProjectMan 类也能够识别 ProjectTreeModel 类，这里实际使用的是观察者模式。另外，图 9.4

还提供了一个 NodeInfo 接口，用于抽象描述节点信息，使用 ProjectMan 类和 Project 类可以对 NodeInfo 接口进行实现。Java Tree 框架的实现如代码 9.4 所示。

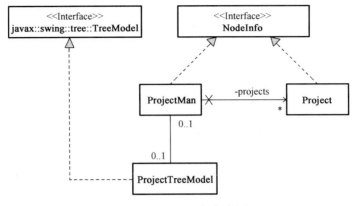

图 9.4　Java Tree 框架类图

代码 9.4　Java Tree 框架的实现

```java
//ProjectTreeModel.java（部分）
public class ProjectTreeModel implements TreeModel{
    private ProjectMan pm;
    private List<TreeModelListener> listener=
                        new ArrayList<TreeModelListener>();
    public ProjectTreeModel(){
        pm = new ProjectMan();
    }
    public Object getRoot(){
        return pm;
    }
    public Object getChild(Object arg, int i){
        return ((NodeInfo)arg).ithElement(i);
    }
    public int getChildCount(Object arg){
        return ((NodeInfo)arg).numElements();
    }
    public void addTreeModelListener(TreeModelListener arg){
        listener.add(arg);
    }
}
//NodeInfo.java
public interface NodeInfo{
    public int numElements();            //返回所有元素个数
    public NodeInfo ithElement(int i);   //返回第 i 个元素
    public boolean isEmpty();
    public int atPosition(NodeInfo ni);
    public String title();
}
```

```
//ProjectMan.java（部分）
public class ProjectMan implements NodeInfo{
    private List<Project> projects = new ArrayList<Project>();
    public int numElements(){
        return projects.size();
    }
    public NodeInfo ithElement(int i){
        return projects.get(i);
    }
    public boolean isEmpty(){
        return false;
    }
    public String title(){
        return "项目管理";
    }
    @Override
    public String toString(){
        return title();
    }
}
//Project.java（部分）
public class Project implements NodeInfo{
    private Attribute[] attr = new Attribute[8];
    private TreeList<Project> subprojects = new TreeList<>("子项目");
    private TreeList<Project> preprojects = new TreeList<>("前置项目");
    private TreeList<ProjectTask> tasks = new TreeList<>("任务");
    public int numElements(){
        return attr.length+3;
    }
    public NodeInfo ithElement(int i){
        switch(i){
            case 0: case 1: case 2: case 3: case 4: case 5: case 6:
            case 7: return attr[i];
            case 8: return preprojects;
            case 9: return subprojects;
            case 10: return tasks;
        }
        return null;
    }
}
```

　　ProjectTreeModel 类的主要任务是对 TreeModel 接口中的方法进行实现。因为 ProjectMan 类中存有项目真正的树状层次信息，所以 TreeModel 接口中的相关方法都是通过访问 ProjectMan 类的对象获取的。对 Project 类来说，一方面受 ProjectMan 对象的控制和管理，另一方面又是项目树状结构中的内容。所以，ProjectTreeModel 类的几个调用请求会被 ProjectMan 类转发给 Project 类。为了使 ProjectTreeModel 类的职责尽量简单化，树描述中的所有类都需要实现一个统一的接口，即 NodeInfo 接口。该接口保证了 ProjectTreeModel 类以统一的形式对树中所有的节点进行处理。

另外，还有一种可选的方法，即相关的类不去实现 NodeInfo 接口，而直接实现 TreeModel 接口，从而使得设计更为灵活。但是，由于该接口的方法使这些类及属性并不是都被需要，因此这里还是补充了一个单独的 NodeInfo 接口。为了能够将 ProjectTreeModel 类的信息展现出来，需要配合使用一个与显示相关的视图对象 JTree。Java Tree 框架的显示如代码 9.5 所示。

代码 9.5　Java Tree 框架的显示

```
ProjectTreeModel ptm = new ProjectTreeModel();
JTree tree = new JTree(ptm);
JScrollPane scroller = new JScrollPane(tree);
add(scroller, BorderLayout.CENTER);
```

9.4　数据的持久化

数据是软件不可分割的一部分，当业务系统停止运行后，需要将相关的业务数据存储起来，为未来的使用需要提供支持。相对于应用运行时存在于内存中的"瞬时"数据，永久保存的数据被称为"持久化"数据。

数据的持久化存储总的来说有两种方式：一种是应用将数据直接存储于物理文件中；另一种是通过专门的存储系统对业务数据进行保存，如数据库系统。我们可以根据实际项目的特点和要求进行选择。使用数据库系统最大的好处在于不同的应用可以在同一时间对同一数据并发使用，提供了很好的数据共享性和安全性。

9.4.1　文件持久化

对于直接使用文件的方式进行数据的持久化，不同的程序语言提供了不同的技术支持。其中一个基本功能是能够让开发者将数据以二进制原始数据的形式存储于文件中。基于这个基本的存储功能，可以衍生出更多、方便的文件存储服务。这里主要以 Java 语言为例，对使用文件存储的方式进行简单讨论。代码 9.6 所示为简单文件存储示例，描述了将数据以二进制流的形式直接在文件中写入的方法。

代码 9.6　简单文件存储示例

```
FileOutputStream o = new FileOutputStream("c:\\data.txt");
String s = "Hello again";
for (int i=0; i<s.length(); i++)
    o.write(s.charAt(i));
o.close();
```

上述的方法对写入的字符有一定的限制，效率也不高。改进的方法可以考虑首先将数据在缓存中收集，然后一次性地写入磁盘。在 Java 中，开发者可以使用缓存类来达到这个目的，如代码 9.7 所示。

代码 9.7　带缓存的文件存储示例

```
BufferedOutputStream o = new BufferedOutputStream(
                        new FileOutputStream("c:\\data.txt"),4);
String s="Hello again";
for (int i=0; i<s.length(); i++)
    o.write(s.charAt(i));
o.close();
```

为了进一步改进，类似 DataOutputStream 的类还提供一些对标准数据类型的完整值的写入操作，如 writeInt()方法、writeString()方法等。这对对象来说意味着，如果要进行读写操作，则需要使用数据类型对所含有的每个实例变量单独进行文件存储，如代码 9.8 所示。

代码 9.8　使用数据类型进行文件存储示例

```
public class Point{
    private int x;
    private int y;
    public Point( int a, int b){x=a; y=b;}
    public void save(DataOutputStream o)throws IOException{
        o.writeInt(x);
        o.writeInt(y);
    }
    public static Point read(DataInputStream i)throws IOException{
        return new Point(i.readInt(), i.readInt());
    }
}
```

采用创建文件的方法对数据存储的好处是可读性比较好，可以方便地通过手工编辑或其他程序进行读取。这种方法显著的问题是开发者必须为每个需要持久化的类编写存储或读入的方法，这是一项很烦琐的工作。所以，一种更直接的想法是将类作为一个整体进行存储。在 Java 中，开发者可以对进行持久化的类实现 Serializable 接口，此接口不含有任何方法，只需实现即可。持久化类要求含有的所有实例变量的类型也都实现了 Serializable 接口，否则该实例变量不能被持久化。如果不用对某个实例变量持久化，则需要在其前边标注 transient 说明，这在网络应用中非常有用，可以有效降低传输的数据量。代码 9.9 所示为通过 Serializable 接口进行文件存储示例。

代码 9.9　通过 Serializable 接口进行文件存储示例

```
public class Person implements Serializable{
    private String lname;
    private String fname;
    transient private String address;
}
//...
Person p = new Person ("Ohst", "Dirk");
ObjectOutputStream out = new ObjectOutputStream (
                        new FileOutputStream("test"));
```

```
out.writeObject(p);
//...
ObjectInputStream in = new ObjectInputStream (
                        new FileInputStream ("test"));
p = (Person)in.readObject();
```

这个方法的缺点是，存储的文件是二进制形式的，只能由该类的应用识别和读取。而且，当程序中的类发生某些改变时，如增加了一个新的实例变量，会在再次读取时出现问题。除了二进制文件的存储，Java 语言还能使用 XML 文件的形式进行数据的存储。在一般情况下，大数据量的存储都要借助数据库系统来实现。

9.4.2 数据库持久化

经常使用的与数据库交互的方式为直接将 SQL 指令作为字符串从 Java 发送到数据库中执行。JDBC（Java DataBase Connectivity，Java 数据库连接）是一种用于执行 SQL 语句的 Java API。代码 9.10 所示为通过 JDBC 与数据库交互。

代码 9.10　通过 JDBC 与数据库交互

```
//Load Oracle JDBC driver
DriverManager.registerDriver(new oracle.jdbc.driver.OracleDriver());
//Connect to DB
Connection conn =
    DriverManager.getConnection(
                "jdbc:oracle:thin:@192.168.1.120:1521:DBName",
                "user", "password");
//Create a class for DB operation
Statement stmt = conn.createStatement();
//Query DB
ResultSet rs = stmt.executeQuery("SELECT * FROM EMP");
//Output
while(rs.next()){
    int id = rs.GetInt("EMPNo");
    String name = (String)(rs.getObject());
    System.out.println("Num " + id + ": " + name);
}
```

上面的代码分为两个部分：第一部分建立与数据库的连接，这是通过抽象工厂模式实现的，DriverManager 类是抽象工厂类；第二部分是运行一个 SQL 指令，并使用 Java 将查询后的结果显示出来。这里主要通过 ResultSet 类逐步读取数据库系统返回的结果。这个类的工作方式类似于迭代器 Iterator，每次迭代都检查是否存在后续的元素并步进当前记录的指针，并逐条读取数据。JDBC 的具体使用方法依赖于每个数据库厂商提供的 JDBC 驱动版本，各数据库中可能会有差别。另外，JDBC 也支持通过 conn.commit() 方法和 conn.rollback() 方法实现对数据库中事务的控制。

在开发新系统时，开发者大多会选择关系型数据库实现对数据的管理，因为关系型数据库经过了多年的实践考验并具有较大的市场份额，能够适应不同的开发需求。关系型数据库较为明显的缺点是，业务存储的模型需要事先在数据库端设计和构建，在数据持久层中需要在应用中进行一些程序设计工作，以及对象数据与关系型的兼容性处理等。这种不兼容性也被称为阻抗失配（Impendence Mismatch），其解决方式一般是使用单独的中间件（框架）对应用中存在的对象与数据库存储过程进行自动化管理，即所谓的对象关系映射（OR Mapping），其目的是让开发者尽可能少地关注数据库的关系模型及其实现细节。类似的框架包括 EJB、Hibernate、Mybatis 及 JDO 等。它们的共同点是能够高效地管理实体类与其持久化形式间的转换，包括对它们参与的事务的管理，使开发者可以专心致力于业务功能的开发，而不必处理对象关系转换等烦琐事情。图 9.5 所示为对象关系映射示意图。

图 9.5　对象关系映射示意图

9.5　领域特定语言

领域特定语言（Domain Specific Language，以下简称 DSL）是一种针对特定领域或问题集设计的编程语言。它们具有特定的语法和语义，旨在解决该领域中的特定问题。与通用编程语言相比，DSL 更注重领域内的问题建模和解决方案表达，使得领域开发者在软件开发的过程中更加轻松。

例如，对于菜单结构的描述，第一级是主菜单，其内具有二级菜单项并对它们进行类似的嵌套组织。尽管一些典型的编程语言大多通过类库和框架等机制对菜单的实现进行支持，但要应用到实际项目中还是要做一些编码工作。为了减少菜单的开发时间和开发成本，可以考虑使用某种抽象语言来提升设计，使开发者不依赖编程语言就可以快速进行菜单的结构描述。

DSL 的初衷是为不同的领域补充特定的、不依赖具体编程语言的抽象指令。换句话说，DSL 是针对某一特定领域具有受限表达的一种程序设计语言。例如，上面的菜单结构可以用以下的表达方式。

```
<menu_level> ::= Menu( <name_1> <submenu>, ..., <name_n> <submenu> )
<submenu> ::= <menu_level> | <action_id>
```

这是对菜单这个特定的领域设计的一种特殊的表达结构。受限性是相对于通用的编程语言来说的，即以上的 DSL 只是为"菜单"这个领域服务，不具有通用性。下面的语句则可以用来构建一个具体的菜单结构。

```
        M = Menu("Data" Menu("Load" 1, "Save" 2, "Save as..." 3), "Format"
Menu("Font" Menu("Larger" 4, "Smaller" 5), "Alignment" Menu("Center" 6, "Left"
7), "Standard" 8), "Help" 9);
```

使用 DSL 建立的示例菜单如图 9.6 所示。<action_id>是指单击每个菜单项时所触发的动作标识，可以对应到具体方法的调用。实践中，一般使用 DSL 作为概念上的表示，而在实现上常使用 XML。

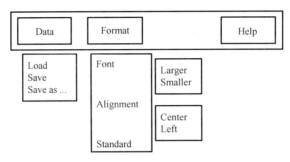

图 9.6　使用 DSL 建立的示例菜单

DSL 的核心价值在于，提供了一种手段，可以更加清晰地就系统某部分的意图进行表达和沟通。软件项目中最困难的部分是开发者与软件用户之间的沟通，而 DSL 提供了一种清晰且准确的概念性的描述语言，可以有效地改善这种沟通。

DSL 的应用可以通过两个不同的工作过程进行，分别为 DSL 的建立过程和 DSL 的使用过程，如图 9.7 所示。其中，具有领域经验的领域开发者对业务进行抽象并通过 DSL 概念化，尽可能将相似的业务步骤抽象为简单的 DSL 指令，该过程重要的是能够精确描述每个命令的语义。当然，重新定义一个全新的语言体系是比较困难的（外部 DSL），因此另外的方式是借助某种熟悉的语言对业务命令进行组织和定义（内部 DSL）。设计 DSL 需要遵循领域特定性、易用性、表达能力及灵活性等基本原则。

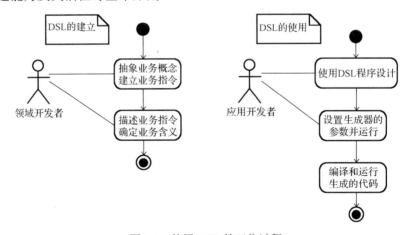

图 9.7　使用 DSL 的工作过程

DSL 在各个领域都有广泛的应用，为领域开发者和应用开发者提供了更高效的工具和解决方案。常见的 DSL 应用场景包括领域建模和设计、配置管理和部署、数据库查询和操作、网络和协议描述、文档生成和报告，以及针对特定领域的业务支持等。

总之，DSL 作为一种专注于特定领域的编程语言，为软件开发带来了诸多优势和价值。DSL 通过提供简洁、直观的语法和语义，使领域开发者能够更直接地参与到软件开发过程中，提高了开发效率，降低了错误率，并促进了领域创新和技术演进，成为解决特定领域问题的有力工具和解决方案。

9.6　模型驱动架构

程序轮子实际上就是可重用思想的体现，主要针对的是对程序代码的重用。在软件开发过程中，开发者们经常需要解决相似的问题，因此可以将这些相似问题的解决方案进行抽象，形成通用的程序模块，从而提高代码的复用性。这样一来，当遇到类似问题时，只需调用已有的模块，即可快速地实现相应的功能，极大地提高了开发效率。

模型驱动架构（Model Driven Architecture，MDA）则是另一种提高代码可重用性的方法。其基本思想是提供一种正式的解决方案，使得开发者在设计软件系统时，能够摆脱具体编程语言和架构的束缚，将关注点集中在业务逻辑上。开发者可以通过 MDA 并采用平台无关的方式进行系统设计，从而降低开发者在不同项目之间重复编写相似代码的概率。

MDA 的核心理念包括两个方面：一是利用模型描述软件系统的需求和设计，使开发者能够更好地理解和沟通；二是将模型自动转换为特定编程语言的代码，从而自动生成代码。这样一来，开发者只需关注模型的设计和优化，而不需要关心具体的编程细节。

在实际应用中，MDA 方法已逐渐被越来越多的开发者接受。尤其是在复杂的大型项目中，MDA 可以帮助开发者更好地组织和管理代码，以提高软件质量和开发效率。然而，MDA 也存在一定的局限性。例如，在某些特定场景下，自动生成的代码可能不够高效，需要额外进行优化。因此，在实际项目中，开发者需要根据具体情况权衡利弊，选择合适的方法。

总之，程序轮子和 MDA 都是为实现代码可重用性而提出的解决方案。程序轮子侧重于实现代码的物理重用，而 MDA 则关注于代码的逻辑重用。在实际开发过程中，开发者可以根据项目需求和自身经验，灵活运用这两种方法，提高软件开发效率。

9.6.1　原理及过程

使用 MDA 进行开发的过程可以分为 4 个阶段。

（1）CIM（Computation Independent Model）：聚焦于系统环境及需求，但不涉及系统内部的结构与运作细节。

（2）PIM（Platform Independent Model）：聚焦于系统内部细节，但不涉及实现系统的具体平台。

（3）PSM（Platform Specific Model）：聚焦于系统落实到的特定具体平台的细节，如 EJB、J2EE 或.NET（都是一种具体平台）。

（4）Coding：最后依据 PSM 的 UML 模型内容，按图施工，编写出适用于特定具体平台的代码。

MDA 描述的软件生命周期和传统生命周期没有大的不同，主要的区别在于开发过程中创建的软件制品，包括 PIM、PSM 和代码。PIM 是具有高抽象层次、独立于任何实现技术的模型，可以将其转换为一个或多个 PSM。PSM 是为某种特定实现技术量身定做的模型。例如，在 EJB 中，PSM 是用 EJB 结构表达的系统模型。开发的最后是将每个 PSM 转换为代码，PSM 同应用技术密切相关。

传统的开发过程从模型到模型的变换，或者从模型到代码的变换都是手工完成的。但是，MDA 的变换都是由工具自动完成的。从 PIM 到 PSM，再从 PSM 到代码，都可以由工具实现。

这里的 PIM、PSM 和 Coding 模型可作为软件生命周期中的设计制品，而在传统生命周期中则是文档和图表。重要的是，它们代表了对系统不同层次的抽象，从不同的视角来看，通过将系统高层次的 PIM 转换到 PSM 的能力可以提升抽象的层次，使开发者更加清晰地了解系统的整个架构，而不会被具体的实现技术所"污染"。同时，对于复杂系统，这个由工具自动完成的变换减少了开发者的工作量。

在这个转换的过程中，模型间转换规则的定义也非常重要，即要对模型间的过渡进行形式化的描述。例如，在 PIM 中的某个集合类型 Collection，可以对应 Java 中的 ArrayList 类型或 C++中的 std::list 类型。MDA 希望能制定出各式独特的具体平台专属的 PSM 转换规则，并且最好可以由厂商配合设计出 MDA 开发工具，以便能够使中立的 PIM 自动转换为特定平台的 PSM 模型。

图 9.8 所示为 MDA 转换过程，将 PIM 和 PSM 的转换描述为从模型 1 到模型 2 的过渡。所有的模型和转换规则都需要正式的语义定义，因此 OMG（Object Management Group，对象管理组织）出台了一系列的规范将 MDA 方法标准化，其中最重要的语义描述包含在 Meta Object Facility（MOF）规范中。

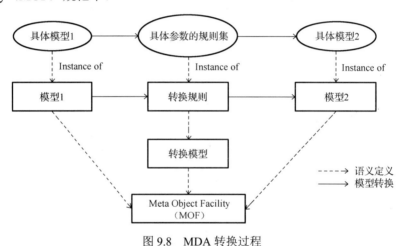

图 9.8　MDA 转换过程

图 9.9 所示为 MDA 开发流程。对于具体问题的解决，一开始要尽可能地通过中立的方式进行构建，在接下来的步骤中逐步对抽象的元素进行具体化。这是一个迭代的过程，直到最终得到能够运行的程序。

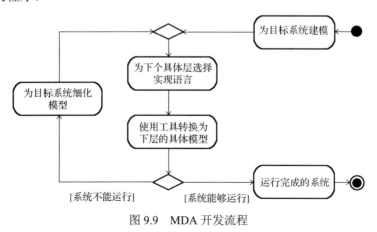

图 9.9　MDA 开发流程

9.6.2 MDA 的应用

MDA 的一个具体应用是在数据库设计工具 PowerDesigner 中针对实体关系图（ERD）的构建。数据库模型的设计依次分为 4 个主要的阶段，分别为概念设计模型（Conceptual Design Model，CDM）、逻辑设计模型（Logical Design Model，LDM）、物理设计模型（Physical Design Model，PDM）和数据库代码，并分别对应 MDA 中的 CIM、PIM、PSM 和 Coding 四个层次。例如，学生选课系统中的 CDM、LDM 及 Oracle 的 PDM 对应的 3 个模型如图 9.10 所示，其中 CDM、LDM 是与具体数据库平台无关的模型，含有的字段类型也是中立类型，并由设计工具负责维护到具体数据库平台的映射规则。PDM 是在 Oracle 数据库平台上对应的物理模型，含有具体的实现信息，如平台相关的列类型及约束信息等。

代码 9.11 所示为 Oracle 物理模型的实现。

代码 9.11　Oracle 物理模型的实现

```
create table Course (
    CNo CHAR(6) not null,
    CName VARCHAR2(40) not null,
    Hours INTEGER not null,
    Lecturer VARCHAR2(10) not null,
    Room VARCHAR2(30) not null,
    Time VARCHAR2(30) not null,
    constraint PK_COURSE primary key (CNo)
);
create table Student (
    SNo CHAR(8) not null,
    SName VARCHAR2(10) not null,
    Gender INTEGER default 0 not null
    constraint CKC_GENDER_STUDENT check (Gender in (0,1)),
    Class VARCHAR2(30) not null,
    TelNumber VARCHAR2(15),
    constraint PK_STUDENT primary key (SNo)
);
create table slcourse (
    SNo CHAR(8) not null,
    CNo CHAR(6) not null,
    Score INTEGER not null,
    constraint PK_SLCOURSE primary key (SNo, CNo)
);
/* 此处省略索引的创建 */
/* 以下为外键约束 */
alter table slcourse add constraint FK_SLCOURSE_STUDENT foreign key (SNo)
    references Student (SNo);
alter table slcourse add constraint FK_SLCOURSE_COURSE foreign key (CNo)
    references Course (CNo);
```

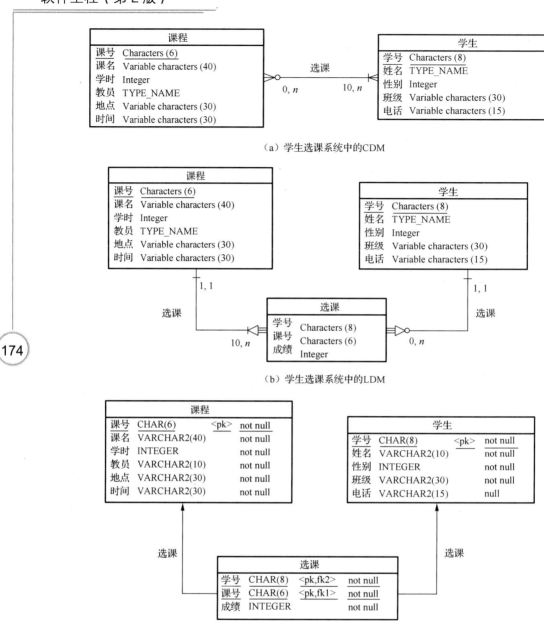

（a）学生选课系统中的CDM

（b）学生选课系统中的LDM

（c）学生选课系统中Oracle的PDM

图 9.10 数据库模型设计的 MDA 应用

9.7 重构

系统的开发是一个循序渐进的过程，无法一蹴而就。在开发过程中，开发人员需要不断地进行决策选择和功能演变，因此程序复杂性不断增加是一个客观趋势。面向对象编程注重程序的可重构性，为了实现这个目标，我们必须持续简化程序，提高其可理解性和可维护性。

在进行重构之前，首要任务是准备一系列测试。重构过程首先要确保目标行为不发生改变，测试用例可以自动化地验证这一要求，同时有助于发现潜在缺陷。重构的核心作用是帮助开发者优化软件设计。随着时间推移，程序设计可能逐渐退化，原因在于设计时一般只关注当前需求，而需求变化会导致代码不断调整，进而使代码结构变得难以控制。重构有助于消除代码中的重复部分，使代码针对同一事项只执行一次，这是优秀设计的精髓所在。

此外，重构还有助于提高代码的可理解性。程序维护人员修正一处问题仅需 10 分钟，但需要花费一周时间理解代码，这是因为开发者在编写代码时未能充分考虑未来维护需求。甚至随着时间的推移，开发者本人也可能会忘记代码的含义。通过优化程序结构，重构有助于加深对代码的理解。

下面通过一些简单的例子来说明重构的具体活动。例如，编码过程需要符合约定的风格，可能的编码规则如下。

（1）方法的名称要尽可能地"见名知义"。

（2）方法最长应不超过 12 行，尽可能少地包含 while、switch 和 if 逻辑块。

第（1）条规则要求为方法指定一个合适的名称，这能够较显著地增加代码的可读性。例如，代码 9.12 中的方法名就比较合适，因为名称本身就对方法的作用进行了解释。当然，该方法内部实现的结构还可以继续优化，局部变量 smoker 的引入使其与下层模块的耦合性大大增加。这里可以考虑使用运行时的多态思想对程序结构进行进一步调整。

代码 9.12　容易理解的方法命名

```java
public int riskCompute(int age, boolean smoker){
    int result = basisCompute(age);
    if (smoker)
        result += smokerExtra(age);
    return result;
}
```

由此引出了另外一个不容忽视的问题，即如何对复杂的方法进行简单化。为此，代码重构发挥了作用，给出了一些系统化的针对方法级别的简化方法。借助重构可以在不改变代码行为的基础上，对代码的内部结构进行优化，对提升代码的质量具有重要意义。

重构可以发生在不同的级别上。例如，在类方法的级别上，主要考虑的是通过拆分或合并等做法将语法正确的代码片段整合为新的方法；在类的级别上，考虑更多的是类的独立性和耦合性等。

代码 9.13 所示为重构示例代码。在重构前的代码块中，应该将被阴影标记的部分提取出来放入一个新的方法中，通过调用新方法返回一个结果，并使用一个本地变量记录。这样做的主要目的是将这段具有控制耦合的代码消除掉。

代码 9.13　重构示例代码 1

```java
//重构前
public int ref ( int x, int y, int z){
    int a=0;
    if (x>0){
        a=x;
        x++;
        --y;
```

```
                    a = a + y + z;
            }
            return a;
    }
    //重构后
    public int ref ( int x, int y, int z){
        int a=0;
        if(x>0){
            a = doit(x, y, z);
        }
        return a;
    }
    private int doit (int x, int y, int z){
        int a;
        a=x;
        x++;
        --y;
        a=a+y+z;
        return a;
    }
```

代码 9.14 中重构前的代码，使用 Java 进行重构要稍微复杂一些，因为被阴影标记部分的代码块对 3 个本地变量同时进行修改，这在分离的方法中不能直接实现，会增加实现上的复杂度，但 C++可以很好地处理，具体可参见代码 9.14 中使用 C++重构后的代码。

代码 9.14　重构示例代码 2

```
//重构前
public int ref2 (int x){
    int a=0;
    int b=0;
    int c=0;
    if(x>0){
        a = x;
        b = x;
        c = x;
    }
    return a+b+c;
}
//使用 C++重构后
int Computation::ref2 (int x){
    int a=0, b=0, c=0;
    if(x>0){
        abcModify(a,b,c,x);
    }
    return a+b+c;
}
void Computation::abcModify(int& a, int& b, int& c, int x){
```

```
    a=x;  b=x;  c=x;
}
```

在代码发生变化时，如添加新功能时、修正缺陷时、进行代码评审时或定期维护时等都是进行重构的良好时机。在这些时刻进行重构，可以提高代码质量，降低维护成本，使团队能够更高效地开展工作。

（1）添加新功能时：在开发新功能的过程中，往往需要对现有代码进行修改。此时进行重构，可以将新增功能与现有代码进行整合，使代码结构更加清晰、模块化。这样不仅可以提高代码的可维护性，还有助于减少潜在的缺陷，提高系统的稳定性。

（2）修正缺陷时：在修复缺陷的过程中，开发者往往需要深入挖掘代码中的问题。此时进行重构，可以针对性地解决这些问题，使代码更加健壮。同时，利用这个机会对相关代码进行优化，可以提高系统的性能和稳定性。

（3）进行代码评审时：在代码评审过程中，开发者可以了解到自己的代码存在的问题，以及代码的可读性和可维护性。利用这个机会进行重构，可以改进代码质量，使团队成员在后续开发过程中更加高效地协作。

（4）定期维护时：在项目的长期维护过程中，代码可能会逐渐变得复杂和难以维护。定期重构可以及时清理代码中的糟粕，提高代码质量。此外，定期重构还有助于团队养成良好的编程习惯，提高整体开发水平。

当然，重构并非一蹴而就，而是需要持续进行的过程。开发者应时刻关注代码质量，不断优化和改进，以实现更好的软件开发效果。

9.8 习题

（1）下面的 XML 文档是 well-formed 的吗？请指出错误并加以改正。

```
<?xml version="1.0" encoding="GB2312"?>
<user id=1>
    <Name>John</name>
    <password>123
    <roles><role>admin</roles></role>
</user>
<user id=2>
    <name>Mike</name>
    <password>abc
    <roles has="guest" has="buyer"></roles>
</user>
```

（2）针对下面的 XML 文档，编写一段 Java 程序，分别采用 DOM 和 SAX 两种方式计算所有书目的价格之和。

```
<?xml version="1.0" encoding="utf-8"?>
<booklist>
    <item>
```

```
            <code>16-048</code>
            <category>scripting</category>
            <release_date>2018-03-25</release_date>
            <title>Java Insight</title>
            <price currency="usd">43.56</price>
        </item>
        <!-- 省略余下部分 -->
    </booklist>
```

（3）针对上题中使用 XML 格式的数据，设计关系模型并保存在数据库中，使用 Java 通过 JDBC 计算上题中要求的结果。

第10章 交互设计

本质上，软件的最终目的是直接为人类服务，即软件应具有可用性。软件的可用性能决定整个项目的成败，即使软件功能正确，但操作性和用户体验都很差，也很难让用户接受。对开发者来说，软件的可用性和可操作性也许过于抽象和难以控制，因此本章的目的就是针对交互设计和可用性进行介绍性的说明。

本章首先对交互设计、可用性及其背景进行概述，然后逐步细化地讨论可用性需求的构成要素和交互设计过程的实现方式，最后给出对可用性进行验证的方法。

10.1 交互设计概述

起初，交互设计对软件可用性的影响并未得到开发者足够的重视，计算机科学的核心领域也未涵盖可用性的内容，因为可用性涉及的范围较广，涵盖多个不同学科的内容。可用性主要涉及的领域如下。

1. 设计心理学：理解用户与产品之间的互动

设计心理学是一门融合了设计学和心理学的交叉学科，近年来受到了人们的关注。它旨在研究人们在使用产品或服务时的心理过程，以及如何通过设计来优化这些过程，以提升用户体验。

设计心理学主要关注用户与产品之间的交互过程，包括用户如何理解产品的功能，如何操作产品，以及在使用过程中的情感体验等。设计师需要了解用户的需求、期望和认知特点，才能创造出符合用户心理的产品。

在设计心理学中，有几个核心概念值得关注。首先是"可用性"，即产品是否易于理解和使用；其次是"可访问性"，即产品是否能满足各类用户的需求，包括残障人士；最后是"情感体验"，即用户在使用产品过程中的情感反应，如愉悦、满意或失望等。

例如，设计心理学中有一项任务是研究颜色和形状带来的影响。颜色和形状的选择需要结合具体环境进行考虑。例如，暗色调通常可以表示严谨或严肃的气氛，网页中的暗色背景也可以传达一种神秘或哀伤的感觉。另外，需要注意的是，颜色在不同的文化中可能有完全不同的含义。例如，白色在西方国家的文化中多代表纯洁之意，但在亚洲大多数国家中则多表示哀悼之情。除了单一的颜色，还需要留意一些颜色的组合情况，如白色背景上蓝色的文字要比绿色背景上黄色的文字读起来舒服得多。

除颜色之外，形状及其布局在界面设计中也有着重要的影响。相同的颜色及边框能够将逻辑上相近的功能拉近或进行视觉上的分组，与其他功能形成对比并区分开来。另外，形状也可以为观察者带来情绪上的影响，如粗线条会显得厚重、粗糙，而细线条则显得高贵、细致。总之，设计心理学最初为广告设计领域提供了指导和规范，其中大部分在软件的界面设计中也同样适用。

随着人工智能、物联网等技术的普及，设计心理学将更加关注人与智能产品之间的互动体验。同时，跨学科合作将成为设计心理学发展的重要趋势，如与设计学、神经科学、认知心理学等领域的交叉融合，将为设计心理学带来更多的创新和发展空间。

2. 人体工程学

人体工程学是一门研究人与机器、环境之间相互作用的科学，旨在提高人的工作效率、舒适度和安全性。随着科技的发展和人们对生活质量的要求不断提高，人体工程学在各个领域的应用也越来越广泛。

在产品设计过程中，人体工程学可以帮助设计师更好地了解人体结构、生理特征，以及人的行为习惯，从而设计出更符合人体工程学原理的产品。比如，人体工程学的一部分工作是对工作空间进行设计，其中一项最主要的需求就是工作环境和工作设备要适合工作。软件的使用者来自不同的领域，他们的职业和角色也不尽相同。对他们来说，软件是工作中不可或缺的工具，由于软件使用者往往并不直接参与软件系统的开发，因此必须要提供给他们一个直观、方便、可以与计算机系统协同工作的界面。

在软件系统开发的过程中，首先通过对业务工作流的分析，完成软件的需求分析，从而明确开发的具体任务，这是一个非常重要的环节；然后要围绕这些业务流程，设计出合理的图形界面，用以有效组织起这些实实在在的具体功能，这也是交互设计的主要内容。另外，要注意软件中的主要功能应易于访问，能很好地捕获误操作或错误，并给出有针对性的提示，使用户不会淹没在信息的海洋中。

3. 软件人体工程学

软件人体工程学也被称为人机交互工程学或人机工程学，旨在研究和改进人机交互的设计原则、理论和方法。软件人体工程学在人体工程学的基础上，通过深入研究人体结构和行为特点，以便为用户提供更加自然、直观和高效的交互体验。

在软件人体工程学的指导下，设计师和工程师将充分考虑用户的使用习惯、认知能力和心理需求，并运用人体工程学原理，对软件界面进行精心设计，确保用户能够轻松理解和操作软件。例如，软件人体工程学通过合理布局界面元素、提供清晰明确的操作提示、减少不必要的操作步骤等，可以帮助设计师创造出更加用户友好的界面。从20世纪90年代开始，视窗系统盛行，从而提供了一种图形化的信息展现形式，以及后来衍生出的一些基本的界面设计理念，给用户带来了亲切感，拉近了软件与用户的距离。

除了界面设计，软件人体工程学还关注了用户在使用软件时的整体体验。这包括软件的响应时间、稳定性、可靠性等方面。软件人体工程学通过优化软件的性能，减少延迟和故障，从而确保用户在使用软件时能够获得更加流畅和稳定的体验。

软件人体工程学的应用不再局限于传统的桌面软件和移动应用。随着物联网、虚拟现实和增强现实等技术的快速发展，软件人体工程学在这些新兴领域也发挥着越来越重要的作用。例如，在智能家居系统中，软件人体工程学可以帮助设计师创造出更加智能、便捷和个性化的控制界面，让用户能够轻松地控制和管理家庭设备。

10.2 可用性

对于可用性的理解，每个软件使用者都受到了其知识背景和专业技能的深刻影响。因此，为可用性制定一个既正式又适用于所有用户群体的定义显得并不实际。相反，更为实际且有效的方法是根据用户的特征对其进行分组，并对每个用户组分别提出针对可用性的一般定义。这种方式在众多标准和规范中得到了广泛的应用，而本书则主要参考了广泛使用的 ISO 9241 标准的第 110 部分。

ISO 9241 是一个关于办公室环境下交互式计算机系统的人体工程学国际标准。该标准涵盖了 17 个部分，对硬件交互设备属性和软件用户界面设计问题进行了详细的规定和建议。此外，它还为评估产品设计是否符合标准提供了依据。其中，第 110 部分是一个尤为重要的组成部分，主要关注对话结构原理，为软件用户界面的设计和评估提供指导。

图 10.1 所示为 ISO 9241 体系中的软件部分。与其他部分的名称比较起来，图 10.1 中的"部分 110"的名称有些与众不同。ISO 规范一般 5 年修订一次，"部分 110"是早期版本 10 的修订版本。其余 7 个部分没有进行大范围的本质上的修改，只是在旧版本的基础上进行了细化和具体化。

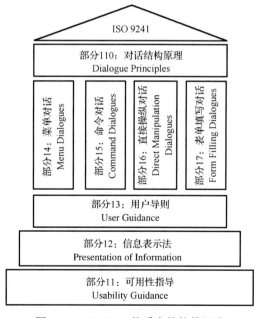

图 10.1　ISO 9241 体系中的软件部分

ISO 9241 标准中的各个子规范在实际应用中总是相互依赖的。这意味着，一个设计决策可能会对多个规范产生正面或负面的影响。此外，不同的项目类型可能会侧重于不同的子规范。因此，在设计和评估软件用户界面时，需要综合考虑所有相关规范，以确保产品的整体可用性和用户体验。

在具体实践中，设计师和开发者需要深入理解每个子规范的核心原则和要求，并将其应用于实际工作中。例如，在设计对话结构时，应遵循"部分 110"的指导原则，确保用户能够轻松地与软件系统进行交互，并快速完成任务。同时，设计师和开发者还需要关注其他相关规范，如界面设计、交互方式、信息呈现等，以确保整个软件系统的可用性和用户体验。下面是关于"部分110：对话结构原理"的描述和说明。

10.2.1　任务适合性

交互系统在支持用户完成任务时应适合任务。也就是说，功能和对话是基于任务特征的，而不是基于实现任务的技术的。若交互系统能够高效地支持任务的完成，且不需要用户关注界面的特性，则该交互界面是任务适合的。例如，在录入一个新的项目数据时，不需要用户使用鼠标在需要录入的数据项处单击，以获取录入的焦点；交互系统可以提供快捷方式（如常用的Tab键）迅速地在数据项之间切换。

一般来说，任务适合性要求软件能够支持业务的工作流程，因此需要对每个单一的工作步骤进行详细分析。例如，若要支持项目管理中在项目之间进行差异比较的功能，则应该在工作流中加入多个项目概况的显示列表，并支持项目选择。

另外，任务适合性的重要方面在于界面的复杂程度，也就是界面上显示信息内容的多少。基本的要求是只显示那些本次操作需要的内容，从而降低界面的复杂度。但是在较为复杂的系统中，业务需要显示的信息量依然会使得界面过于"饱和"，这时可以考虑进一步对信息进行合理的编排和构造，如使用标签页的显示形式。

如果在工作步骤中存在一些不需要改变的重复内容，那么对话设计中必须能够支持对这些内容的默认录入。例如，当为一个项目添加多项新的任务时，这些任务在录入时不需要重复输入该项目的编号。表10.1所示为任务适合性的具体原则和解释。

表 10.1　任务适合性的具体原则和解释

原　　则	解　　释
对话应为用户提供成功完成任务的相关信息。 注意：任务需求决定了所需信息的质量、数量和类型	（1）在即将发生的结果与时间非常相关时，对话应显示剩余的时间。 （2）对话应提供与情景相关的帮助，如工作步骤
避免提供与用户成功完成任务不相关的信息。 注意：显示不恰当的信息会导致效率降低，并增加用户的认知负担	不相关的信息应隐藏，如飞机订票系统中应只显示指定日期尚有空余座位的航班，其他航班应隐藏
输入和输出的格式要与任务相符	如日期的格式，中国用"yyyy/mm/dd"，美国用"mm/dd/yyyy"，德国用"dd.mm.yyyy"，界面应能够根据任务种类进行调整
录入的典型值应自动设为默认	（1）飞机订票系统的日期默认为当天。 （2）业务的经手人默认为当前登录用户
对话要求的步骤应包括完成任务必要的步骤，省略不必要的步骤。 注意：①不必要的步骤包括可由系统完成的行为。②在用户执行常规任务时，对话要帮助用户最小化任务步骤	（1）录入联系人的城市和区号两个输入框，会根据输入的区号自动显示城市。 （2）选择对金融行业不感兴趣后，界面应自动屏蔽关于金融行业的相关内容
当一个任务需要源文件时，用户界面应该与源文件的特征兼容	保险公司的纸质文档是计算机的输入源。填入窗口的对话框应与纸质文档的结构一致，无论是元素安排，还是分组内容及输入值的单位等
输入和输出的通道应与任务相符	（1）工业现场由于噪声而不使用声音作为提示。 （2）工业现场通过触屏方式进行输入，便于执行任务

10.2.2 自我描述性

如果从界面的结构上能够清晰地知道什么时间、哪些交互可能发生，为什么发生，以及会产生哪些可能的结果，则可以将该界面称为自我描述的界面。相应地，该界面需要给出每个可能步骤的解释，并清楚地说明为什么某个控件无法继续工作。

对话的自我描述性要求：无论何时，对话都能为用户明显地给出状态提示，如用户目前处于哪段对话，在对话的哪一个阶段，可采取什么操作，操作将如何实现等。

对话过程中一种典型的做法是将当前未满足条件而无法提供服务的控制设置为灰色（不可用）的状态，使用户意识到当前的操作无法进行。对用户操作提示的一种具体的实现方式是借助上下文相关的"气泡帮助"机制。一般的工作方式是当用户的鼠标指针指向某个控件时，系统会弹出一个很小的带有一段说明的气泡，用来解释该控件的作用、目的及使用方法。

为使用户能够快速地熟悉和习惯对话的界面，系统采用的术语应尽量与用户熟悉的业务领域保持一致。若某种操作（如较复杂的计算）耗时过长，系统应提示并给出该操作处理的时长和进度。如果用户需要手工录入某个字段的数据，那么系统应提示数据的格式，或者给出一个示例。同样，系统也可以给出期望的输入格式（如"DD.MM.YY"），使用户清楚要求的输入内容。

在嵌套的菜单控制中，给用户显示出如何到达菜单的层次位置，有时也是非常方便和有用的，经常应用于一些 Web 页面的导航设计中。例如，显示出当前页面的位置及其在网站中的层次，如"主页→专业→计算机科学→课程列表"。配合超链接使用可以清晰地显示出页面所处的位置，方便用户浏览网站内容。表 10.2 所示为自我描述性的具体原则和解释。

表 10.2 自我描述性的具体原则和解释

原　　则	解　　释
任何对话步骤所出现的信息应帮助用户完成对话。 注意：信息包括向导、反馈、状态信息等	飞机订票系统允许用户输入所需信息并通过"下一步"和"上一步"按钮在对话步骤中导航
在交互中，尽可能避免查阅用户手册或其他文档	通过气泡或底部信息栏提示鼠标指针所指内容的解释
用户应该了解交互的状态	电子商务程序清楚地显示用户完成购买所需的所有步骤及当前所处步骤
当需要输入时，系统应给出格式要求	当在电子商务程序中需要用户输入信用卡到期日期时，应显示出期望的格式"mm/yyyy"
对话中用户与系统的交互应清晰易懂	带有图标的命令按钮或菜单项，如保存图标■，重做图标↷，退出图标■等
交互系统应说明对格式和单位的规定	燃料类型若为煤炭，则提示单位为吨；若为天然气，则提示单位为立方米

10.2.3 可控性

对话具有可控性是指用户能够初始化并控制输入的类型，以及交互过程的走向、步骤和速度，直到达成目标为止。

具体地，如果输入的数据不存在彼此依赖关系，那么它们的输入顺序不是强制性的。另外，应提供多种方便的交互控制方式，如借助键盘或鼠标等。如果输入过程被中断，那么对话应能从中断处恢复并完成余下的处理，而已经录入的数据不需要重新录入。表 10.3 所示为可控性的具体原则和解释。

表 10.3　可控性的具体原则和解释

原　　则	解　　释
用户交互不应被交互系统完全决定，应在用户的控制下，由用户根据自己的需求和特点进行调整。 注意：①特定的交互系统可能会包含明显的要求，在特定情况下不允许用户控制，如在测试环境下，时间约束也是测试的一部分。②在一些场景下，任务本身决定了交互步骤的烦琐程度。③用户交互步骤可能会受到业务限制，如"空闲2小时后离线"	手机在用户编辑短信时会显示已经录入的字符数，直到用户决定发送、存储或删除该短信为止（不管用户编写完这条短信要花多长时间）。 教师在教务系统录入考试成绩时，应有足够的时间进行录入，不会受到系统对话期限的限制
用户应控制如何继续对话	当在账务系统中登记一笔支付时，系统自动选中最早的未付订单，但也允许用户选择其他订单来支付
如果对话被打断，那么用户应能决定从何处重新开始，如被打断之处	在线视频播放应允许用户选择是从上次停止处继续观看，还是从头观看

10.2.4　与用户期望一致性

与用户期望一致性是指对话行为与用户的期望相符。用户的期望来自用户对其他交互界面的经验及用户的业务领域，与任务适合性具有清晰的联系。对话如果与用户可预见的场景需求及普遍沿用的管理保持一致，则具有"与用户期望一致性"。

首先，交互界面在相同的条件下应具有相同的行为，如错误提示都在屏幕中间弹出的窗口中进行显示，系统的当前状态都在窗口下部的状态栏中进行提示。以比较常见的办公软件为例，其主要功能为进行文字处理，在窗口的顶部通常都是一个将各种任务以层次结构组织起来的菜单。

作为一种时尚，微软的 Office 界面在较新的版本中将菜单项的形式由传统的菜单控制转变为选项卡的 Ribbon 风格，通过将每个任务域中所有重要的功能显示在窗口的上部，以便提供更为直接的选择。图 10.2（a）所示为传统风格的 Word 2003 中的窗口效果，其中的工具条是可以配置的；图 10.2（b）所示为 Ribbon 风格的 Word 2013 中的窗口效果。

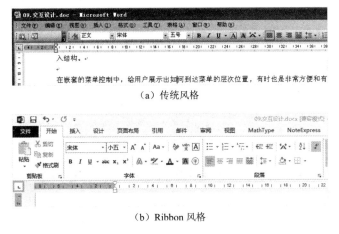

（a）传统风格

（b）Ribbon 风格

图 10.2　两种风格的 Office 界面

另外，与用户期望一致性的要求是交互系统能够快速提示用户是否可以录入，录入的数据是否合理正确。例如，在一个聊天程序中，聊天室的内容显示背景与输入聊天内容的背景应不同，以区分允许或禁止输入。表 10.4 所示为与用户期望一致性的具体原则和解释。

表 10.4 与用户期望一致性的具体原则和解释

原　则	解　释
应使用用户熟悉的词汇，基于用户已有的知识	财务系统应采用专用的术语，如"借方""贷方"等
应给予用户及时、恰当的反馈，符合用户期望	在安装软件成功时，用户能得到安装成功的提示
如果反应时间与用户期待的时间差距较大，则应告知用户	当用户进行复杂的计算处理时，系统提示计算的进度或处理的速度
数据结构和组织表格应尽量以用户觉得自然的方式显示	在线商店以近似于商店里实际布局的方式来显示产品
格式应遵循正确的文化和语言惯例	文字的显示对英文采用左排序，对阿拉伯文采用右排序
反馈和说明的长度应基于用户的需求	根据用户实际的需要选择反馈的长度和方式。例如，在图纸设计系统中，除了显示最终的工业图纸，还要给出一份计算说明书
在一个交互系统中，贯穿任务始终或是相似任务的对话行为和外观应保持一致	（1）软件界面风格、按钮位置等应一致。 （2）数据备份与还原界面应采用相似设计
如果基于用户期望的一个特定输入之处是可以预期的，那么当对话要求输入时，该处应为输入做好准备	在软件包安装过程中，每一步要求用户动作的对话均可通过按键盘上的"Enter"键来实现
给用户的反馈或信息应规范化，并以客观的风格显示。 注意：特定的应用领域例外，如娱乐软件会采用更新奇的风格	如果用户输入的日期不符合规范，则提示"请输入 dd/mm/yyyy 格式的日期"

10.2.5　容错性

对话的容错性是指即使有错误的输入，在系统错误及其类型的提示下，只要进行少量的修改，就能够得到正确的工作结果。对对话来说，容错性最基本的要求是，错误的输入不会导致数据的丢失或程序的崩溃。

容错性要求软件系统能够检测出用户操作关键步骤中的一些非典型情况。一个常见的例子是用户在关闭系统之前，提示用户是否要对尚未保存的数据进行保存。另外，对用户录入的数据要求能够进行实时验证和提示，以保证数据的正确性。例如，在一个要求填入数字的输入域中，如果填写了其他符号，则可以将输入域的背景颜色设置为红色，以示提示。

容错性还要求交互系统具有对错误上下文敏感的帮助系统，如果可能，则要求这个帮助系统能够指示成功完成该项任务的步骤和条件。错误提示要求具有较好的可读性和建设性。另外，交互系统的容错性也应允许用户在某种程度上对任务的执行进行尝试，并且能够回到尝试前的状态。

10.2.6　可定制性

如果交互系统具有根据不同用户的能力和喜好进行设置的能力，则称交互系统具有可定制性。许多软件在选项设置中提供了很多用户自定义的功能，如显示字体的大小、颜色等。除此之外，提供配置显示颜色的能力以适应不同场景的需要，也非常有实际意义，如通过投影仪演示的场景，或者要求高对比度的特殊场景等。

可定制性也可以体现出已经介绍的可控性原则，如用户可以将多个工作步骤定制合成到一个大的步骤中完成。另外，自我描述性中的气泡式帮助虽然有用，但是对有经验的用户来说，如果系统经常给出这样的提示，则会对工作产生干扰，因此可定制性要求交互系统能够提供开启和关闭该提示的设置。总之，交互系统的可定制性提供给用户对工作风格和习惯等完全可定制的服务。

10.2.7 易学性

对话的易学性意味着对话应支持和指导用户学习使用该系统。在前面提到的一些原则也属于该范畴的要求。交互系统重要的是要使用用户的业务术语，并且提供用户认识和学习该系统的机会。例如，允许用户在对话中尝试可能的工作步骤，并且能够回到之前的状态。另外，与易学性直接相关的还有系统提供的文档及附加的培训材料等。系统在可能的情况下应提供一些具体的实例，使用户可以根据这些实例举一反三，从而产生相似的解决方案。例如，在"软件项目管理系统"中，系统可以默认提供一个虚拟的项目，用于完成下载和实验等学习目的，并且可以作为用户使用手册中的基本示例。

易学性还要兼顾用户中不同的学习群体，有的用户善于通过具体的示例学习，有的用户习惯于导航式的 Wizard 对话学习。表 10.5 所示为易学性的具体原则和解释。

表 10.5　易学性的具体原则和解释

原　　则	解　　释
应该展现给用户"有助于学习的规则和隐含的概念"。 注意：有助于用户理解业务的模式和策略	一个压缩文件的软件应该解释清楚"存档（Archive）"的概念
对非专业用户或是不常见的业务，应提供适当的帮助	财务软件应提供引导用户按规定走完要求的对话步骤（Wizard），以创建年度资产负债表
提供适当的支持，帮助用户熟悉系统。 注意：不同的用户对帮助有着不同的需求	当用户按下指定的帮助键时，软件应能解释每个不同菜单项的使用
反馈或解释有助于用户对整个交互系统形成概念性的认识。 注意：对话最好能适合不同经验的用户需求	如 Office 系统中的所见即所得（WYSIWYG）
对话应对任务中间结果和最终结果提供足够的反馈，以便用户能从成功完成的任务中学习业务	用户在使用旅馆预订系统预订房间时，可以收到每一步的反馈，提供改善查询和成功预订的细节
在不妨碍正式业务的前提下，交互系统应允许用户探索可能的业务流程，而不会产生异常。 注意：用户可以根据实际情况决定是否支持	生产计划排产应提供预排产功能，并针对不同的资源优先级尝试不同的排产方案
交互系统应在业务过程中做到让用户需要输入和了解的内容最少化	生产计划排产应提供"一键排产"按钮，减轻计划人员的工作负担，并且可以在结果上进行手动微调

10.3　交互设计过程

界面交互设计不仅对项目结果的接受程度具有较大的影响，还对整个软件的开发过程具有较大的影响。需求分析的主要目标是识别和了解哪些业务需要在待开发的软件中进行实现。这个阶段确定下来的在软件中支持的业务流程同样是进行界面设计的根据。因为针对主要功能的设计是面向最终用户的，所以设计师需要与产品经理、开发人员和用户代表进行深入的沟通，了解软件的核心功能、目标用户群及用户需求。设计师还需要分析市场上同类软件的优缺点，确保所设计的软件交互界面既能满足用户需求，又能在市场中脱颖而出。

用户研究也是软件交互设计的重要环节。设计师需要通过问卷调查、用户访谈、观察研究等方式，深入了解目标用户群的行为习惯、心理特征和使用习惯。这些研究结果将为后续的设计工作提供重要的参考依据。例如，确定未来系统的使用地点，尤其是在一些工业现场，可能因为计算机屏幕很容易变脏，所以需要用户佩戴手套进行操作，也可能是现场噪音较大，用户无法听到系统默认的提示音等。

在了解了用户需求和行为特征后，设计师需要开始设计软件的交互原型。原型设计可以采用手绘草图、线框图、原型工具等多种方式。设计师需要反复修改和优化原型，确保其在功能、布局、操作流程等方面都符合用户习惯。客户不懂技术，开发者不懂业务，可视化的界面原型能够在两者之间搭建起沟通的桥梁。同时，客户也可以在不同程度上参与技术实现。另外，这个沟通的过程不仅可以提升开发者对业务的理解，还可以在初始界面原型的基础上进一步拓展客户的思路，从而提出更富有建设性的功能性需求。界面的交互设计过程是一个风险释放的过程，拉近了客户与开发者的距离。

用户测试是软件交互设计过程中必不可少的一环。在这一阶段，设计师需要邀请真实的用户来体验原型，并收集他们的反馈意见。这些反馈可以帮助设计师发现原型中存在的问题和不足，为后续的优化提供方向。之后根据用户测试的结果，设计师需要对原型进行优化和迭代。这一过程可能涉及对界面布局的调整、操作流程的优化、交互元素的设计等多个方面。设计师需要不断地进行尝试和创新，以确保软件交互界面的设计最终能够满足用户的期望和需求。

当软件交互界面的设计经过多次优化和迭代后，就可以进入实现阶段了。在这一阶段，设计师需要与开发人员紧密合作，将设计稿转化为实际的软件界面。在发布前，还需要进行一系列的测试和调整，确保软件界面的稳定性和可用性。

软件交互设计的过程并不是一蹴而就的。在软件发布后，设计师还需要持续监控用户的使用情况，收集反馈意见，并根据需要进行改进和优化。这样不仅可以提高软件的用户体验，还可以为未来的设计工作积累宝贵的经验。

10.4 可用性的验证

可用性的验证是确保产品最终能够满足用户需求并顺利投入市场的关键环节。它不仅仅是一个简单的测试过程，更是对产品设计理念、功能实现和用户体验的全面检验。验证软件的功能实现主要在软件测试部分进行说明。交互设计的测试需要在软件功能开发后进行，但一般会采用不同的测试方法，这是因为交互设计的测试通常不能简单、独立地自动运行。本节主要针对交互设计的验证方法进行说明。

对交互设计的测试，一般采用三种方法。第一种是基于领域专家的方法，请相关领域的专家对产品的设计和功能进行评估，因为他们通常具有丰富的经验和专业知识，能够从专业的角度指出产品中可能存在的问题。第二种是基于最终用户的方法，通过邀请真实用户参与测试，观察他们在使用产品时的行为和反应。这种方法能够直接反映用户的真实需求和痛点，为产品改进提供有力的依据。第三种是基于任务分析的方法，设计一系列任务让用户完成，通过分析用户完成任务的过程和效率来评估产品的可用性。具体地，我们可以从以下5个基本方面进行验证，并且可以根据项目的具体情况进行调整和组合定制。

1. 启发式评估

这是基于领域专家的方法。专家应该在相应的领域具有较丰富的专业知识和经验，并且对交互设计未来的发展趋势具有较好的前瞻性。具体的做法一般是将多个专家按照不同的评估方法进行分组，分别评估，并将他们的评估结果进行汇总，形成一份评估报告。这种方法的好处是能够通过专家的经验给出比较中立的评估结果，但挑选并聘请专家进行评估的过程需要较高的投入。

2. 基准和检查表

基于领域专家的方法，其评估对象一般是针对系统的规格说明文档，因此可以在此基础上设计和利用与可用性相关的检查表进行辅助评估。

表10.6所示为交互评估检查表示例，是对项目管理系统设计的一份评估检查表，给出了评估项的列表和每个评估项对应的权重系数。评价结果的范围为0～4，其中0表示不满足，4表示非常满足。评估可以由不同的人分别完成，他们可以是精心挑选出来的不同涉众的代表，如没有参与界面设计的开发者、其他项目的同事、内部专家、客户代表等。评审的结果会被收集和分析，并为界面设计的下一次迭代指明方向。

表10.6 交互评估检查表示例

序号	评估项	权重系数 g 重要程度(4→1)	评价结果 b 满足程度(4→0)	综合值 g*b
1	项目便于添加	3	4	12
2	项目便于比较	4	2	8
3	进度估算容易进行	3	3	9
4	估算结果容易理解	4	4	16
5	统一的系统错误提示	2	2	4
合计(共64)		—	—	49

这种方法的好处是给出的评估标准清晰、明了，可以对评估结果做出细致的分析。不足之处在于，该方法需要对每个项目的评估标准进行调整，尤其是每个评估标准中的评估项和权重系数的选择是比较困难的，要兼顾全面性和有效性，并力求发现所有潜在的交互问题。

3. 用户调查

这是一种基于最终用户的方法，通常给用户提供一份调查问卷，形式上多是一些客观选择题，内容类似于检查表的形式，也可以补充少部分自由回答的问题。

除了可用性的问题，被调查者的人机交互知识、对交互系统的期望及改进建议等也可以列入相应的调查问题。总之，要求问卷的创建者至少具备一些社会调查方面的经验，不仅能够对问卷的结构进行设计，还能够对调查结果进行分析，以确定结果的真实影响。

4．基于任务的测试

这是一种基于任务分析的方法。为此需要选择一组系统最终用户，他们可以是实际的客户，也可以是其他具有业务领域知识的人。在测试的过程中，这些测试人员将被分配某些业务任务，并通过目标系统来完成。每个人完成任务时使用软件的情况（如使用软件过程中鼠标和键盘的操作）会通过屏幕录制或其他方式保存下来。随后，开发者会通过这些记录进行用户行为分析，以寻找有潜在优化机会的地方。开发者还可以与测试人员一起座谈，了解他们对新系统的印象和感觉，为交互设计的改进提供直接的信息。

实践经验表明，基于任务分析的测试方法只需较少的测试人员，就可以得到需要的结果，根据系统的复杂程度，一般可以安排 4～10 人进行测试。该方法存在的一个问题是，相应的测试人员难以寻找，尤其是对业务较熟悉但不需要太多培训就能参与的人员。

5．放声思考的测试（Thinking Aloud Test）

这是基于任务分析方法的一个变种。此方法除了要记录每个测试人员的行为，还要他们说出所做的每个步骤的确切想法。通过要求测试者将其思考过程外化为语言来观察他们的思维轨迹，以便我们了解测试者是如何处理信息的，他们是如何形成决策的，以及他们在解决问题时遇到的困难，这对改进对话界面或功能结构是非常有价值的。

该方法的一个主要问题是难以寻找合适的测试人员。测试人员除了需要具有最终用户的业务经验，还需要具有准确描述其想法的能力，并且以一种他们习惯的方式完成测试任务，也就是要求他们头脑清晰，知道每一步操作的目的和想法。

10.5 习题

（1）本章描述的 ISO 9241 对话原则适用于所有软件系统中的界面设计。请针对每个对话原则，根据自己对某软件系统（如腾讯 QQ、新浪微博、淘宝等）的使用体验，分别给出两个正面的应用示例并简单描述。

（2）扁平化设计（Flat Design）就是在进行界面设计的过程中，去除所有具有三维突出效果的风格和属性，即去除下落式阴影、梯度变化、表面质地差别，以及所有具有三维效果的设计风格。很多流行的系统都采用了扁平化的设计方式，如 IOS、Android 和微软 Metro 风格的系统。请结合交互设计的原则，解释扁平化界面设计的优势和不足。

第11章 软件测试

质量保证是软件工程中一个较为宽泛的领域，具体可以细分为产品保证和过程保证两个方面，分别在产品和过程两个层面提供一整套有计划、系统化的方法，以确保软件的质量。过程保证的相关内容将在第13章中进行介绍，本章主要围绕产品保证中的软件测试展开，讨论如何确保开发的软件满足用户需求。

本章首先介绍形式化验证方法，简要说明对系统正确性进行验证的理论和技术；然后对测试技术进行概述，包括测试分类、测试策略和非功能性测试。除测试外，软件度量对开发过程的支持和改进起到非常重要的作用，因此常见的度量指标和计算方法也会在这部分进行介绍。

对于系统的功能实现，软件工程领域中已经提供了较为系统化的测试方法。在测试设计中，重点讨论两种有代表性的测试用例设计方法，分别为功能测试的等价类分析和结构测试的基于控制流的测试。测试用例设计的一个基本原则是，选择的测试内容既要简短，又要尽可能多地发现缺陷。

断言机制和测试框架是两种基本的测试实现技术，在编码的层次上对系统正确性的验证提供了基础性的支持。

最后介绍可测试性和人工测试方面的内容，包括可测试性基础、可测试性原则，以及审查、评审和走查。

11.1 形式化验证

在软件开发过程中，软件测试是确保软件质量的关键环节。除了穷举测试法，还存在许多系统化的测试方法，这些方法能够大大提高软件测试的效率和软件的质量。软件质量，即软件的正确性，是用户需求的具体体现。然而，如何准确评价软件的正确性？其参照标准又是什么？软件测试给出了这样的基本原理：用户需求是否被准确表示并实现。

对一个软件系统来说，我们可以事后对其进行验证，以确保其达到了用户标准。为了实现这一目标，我们可以根据不同的需求，准备一系列的测试，让软件以某种形式运行起来，以实现对系统的全面验证。但需要注意的是，测试的顺利通过并不能完全证明整个系统的正确性。这是因为测试数量通常是有限的，测试内容的选择策略通常是基于系统可能的缺陷进行分类，并有针对性地让其表现出来。因此，即使测试通过，也不能代表全部可能的情况。

随着软件系统复杂性的不断增加，软件质量保证面临着巨大的挑战。在这种情况下，形式化验证作为一种重要的软件质量保证方法，越来越受业界的关注和重视。

形式化验证是一种基于数学模型的软件测试方法，通过严格的数学证明来验证软件系统的正确性。这种方法能够发现传统测试方法难以发现的错误，并提供更高的质量保证。形式化验证的基本思想是将软件系统建模为数学公式或逻辑系统，并利用数学推理工具来验证其满足给定的规格说明。这种方法既可以对软件进行静态分析，又可以在运行过程中进行动态验证。

在理想情况下，我们希望能够编写一个验证程序，不仅能接收待测程序和相应的需求作为输入，还能自动判断待测程序是否满足这些需求，并给出明确的验证结果。然而，我们根据可计算性理论对停机问题进行深入研究可以得知，这样的理想验证程序是不存在的。因此，在软件开发过程中，我们并不能完全依赖自动化工具来验证程序的正确性。

尽管如此，只需对需求的类型进行限制，验证过程仍然是可以进行的。这种思想实际上是基于模型检测（Model Checking）的。模型检测是一种通过构建和验证系统模型来检查系统是否满足其需求的技术。在这个过程中，我们使用一种确认程序，同时对模型的语言和需求描述进行处理，这样就可以自动判断模型是否满足某个具体的需求。模型检测的基本思想可以用一个简单的数学模型来表示：用一个状态迁移系统 S 来表示系统的行为，用一个模态逻辑公式 F 来描述系统的性质。这样一来，"系统是否具有所期望的性质"问题就转化为"状态迁移系统 S 是否是模态逻辑公式 F 的一个模型？"数学问题。对于有限状态系统，这个问题是可以判定的。也就是说，我们可以用计算机程序在有限的时间内给出确定的答案。

基于这样的思想，如果给出若干有限的逻辑条件和结果，则可以对模型表示的所有可能情况进行检测。这里实现了一个返回类型为 boolean 类型的方法，其中包含 if-then 的逻辑形式。逻辑条件与结果的对应需求如表 11.1 所示。根据此需求实现的具体程序，如代码 11.1 所示。

表 11.1　逻辑条件与结果的对应需求

a	b	逻辑结果
true	true	true
true	false	false
false	true	true
false	false	true

代码 11.1　逻辑检测的实现

```java
public static boolean implementLogic(boolean a, boolean b){
    return !a||b;
}
public static void main(String[] args){
    boolean values[]={true,false};
    for (boolean a:values)
    for(boolean b:values)
        out.println("a=" + a + " b = " + b + " result: "+implementLogic(a,b));
}
```

下面对所有可能的情况进行检测，对照表 11.1 中的说明，验证是否满足需求。程序的输出结果如下。

```
a=true b=true result: true
a=true b=false result: false
a=false b=true result: true
a=false b=false result: true
```

在实际应用中，我们需要使用一种合适的模型语言来构建系统模型，以便实现对目标系统尽可能简单地进行表示。通过这种方式，我们可以在一定程度上实现自动化验证，提高软件开发的效率和可靠性。另外，准确的需求描述对测试的重要性不言而喻。一个清晰、具体的需求描述不仅能够帮助开发团队明确目标，还能够确保最终交付的产品满足用户的期望。这一点在编程语言和逻辑的正确性证明中尤为突出。

为了验证编程语言和逻辑的正确性，我们通常需要借助证明系统。证明系统的核心思想是通过一系列已经证明的小程序及其推导规则，逐步推导出更大规模的正确程序。在这个过程中，需求被视作程序的一种性质，以逻辑的形式进行表达。

以 P1 和 P2 两个程序为例，假设它们在满足特定性质 E 的前提下，分别在不同的逻辑条件下实现了性质 F。具体来说，当 P1 在性质 E 及逻辑 B 同时满足的情况下，能够实现性质 F 的要求；而 P2 则在性质 E 及非 B 的逻辑条件下，同样实现了性质 F 的要求。

基于这些前提，我们可以通过证明系统的规则得出一个隐式的结论：只要性质 E 得到满足，无论逻辑 B 是否成立，我们都可以通过执行 P1 或 P2 来实现性质 F 的要求。这个结论以 if (B) then P1 else P2 的形式呈现，体现了在特定条件下选择不同程序以实现共同目标的策略。

然而，实际的程序证明和推理过程往往比上述例子更为复杂。在实际操作中，我们需要借助专业的定理证明系统，通过一系列严谨的推导和验证，逐步构建出满足需求的正确程序。这个过程需要开发人员具备扎实的编程基础和逻辑思维能力，以确保每一步的推导都是准确无误的。

形式化验证适用于各种类型的软件系统，尤其是那些对安全性要求极高的领域，如航空航天、金融、医疗等。在这些领域，形式化验证已经成为确保软件质量的重要手段。

然而，形式化验证也存在一些挑战和限制。首先，形式化验证通常需要较高的数学素养和专业知识，这对大多数开发人员来说可能是一个门槛。其次，形式化验证通常需要在软件开发早期阶段进行，这可能会增加开发成本和开发周期。最后，形式化验证并不能完全替代传统的软件测试方法，因为有些错误可能无法用数学模型进行准确描述。

随着技术的不断进步和研究的深入，形式化验证的未来发展前景广阔。一方面，新的数学理论和工具不断涌现，为形式化验证提供了更强大的支持。另一方面，随着人工智能和机器学习技术的发展，形式化验证的自动化程度有望进一步提高，从而降低验证的复杂性和成本。

11.2　测试技术

软件测试是通过人工或自动化的手段来运行和评估软件系统的过程。它的核心目的在于检测软件是否满足预设的需求，并揭示预期结果与实际结果之间可能存在的差异。这种差异通常被称为缺陷或错误，是软件测试人员需要重点关注和解决的。

然而，软件测试并非只局限于开发周期的后期阶段，而是与整个软件开发流程紧密相连。从需求分析、模型设计、编码实现到软件维护，软件测试都扮演着至关重要的角色。敏捷开发方法的普及进一步强调了软件测试的重要性，要求测试人员与开发团队紧密合作，共同确保软件的质量和稳定性。

在软件测试中，测试用例（Test Case）是一个核心概念。测试用例是为达到特定测试目标而设计的一组输入数据、执行条件和预期结果。它们不仅为测试人员提供了清晰的测试方向，还是评估软件是否满足特定需求的重要依据。测试用例的编写需要充分考虑各种可能的场景和边界条件，以确保软件的健壮性和可靠性。

值得注意的是，测试用例的设计并不是一件简单的事情。它需要测试人员具备深厚的专业知识和丰富的实践经验,以便能够全面覆盖软件的功能和性能需求。同时,随着软件系统的不断迭代和更新,测试用例也需要不断更新和完善,以适应新的需求和场景。

11.2.1　测试分类

软件测试是一个系统性的过程,旨在确保软件的质量和稳定性。按照 V 模型进行阶段划分,可以使测试过程更加有序和高效,如图 11.1 所示。在 V 模型的每个阶段都有相应的测试活动和关注点。

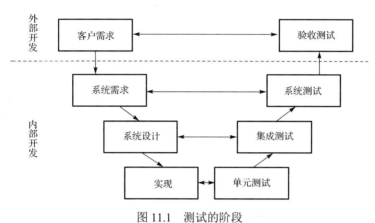

图 11.1　测试的阶段

第一阶段是单元测试(也被称为类测试)阶段。在这一阶段,开发者会针对每个新开发的功能模块进行详细的测试。单元测试的目的是确保每个模块都能按照预期工作,并且没有引入任何错误。为了确保测试的质量,开发者需要遵循一定的质量保证规范。例如,对每个类中的每个方法都进行独立的测试,并确保代码的覆盖率至少达到 95%。

第二阶段是集成测试阶段。在这一阶段,经过单元测试的类被逐步集成,形成最终的包或系统。集成测试的主要目的是检查各个类之间的交互是否正确,并确保它们在集成过程中没有引入新的问题。通过集成测试,开发者能够及早地发现和解决潜在的问题,从而确保软件的质量和稳定性。

第三阶段是系统测试阶段。系统测试是对整个应用系统进行全面而细致的测试。它涵盖了系统内部的各个部分,并着重检查各个模块之间的接口是否正确,以及系统是否满足预定的功能需求。此外,系统测试还包括与其他预定义接口进行通信的测试,以确保整个应用系统的完整性和稳定性。

上述测试阶段通常由软件开发者进行。然而,在软件测试的最后阶段——验收测试阶段,客户将主导测试过程。验收测试的主要目的是确保系统测试中的工作能够在用户现场正确执行,并满足客户的实际需求。在这一阶段,客户会根据自己的业务需求和测试标准,对系统进行进一步的测试。这可能包括使用完全真实的数据进行测试,以确保系统在实际应用中能够正常工作。

另外,根据被测对象对细节的关注程度的不同,我们可以将测试分为白盒测试、灰盒测试和黑盒测试,如图 11.2 所示。

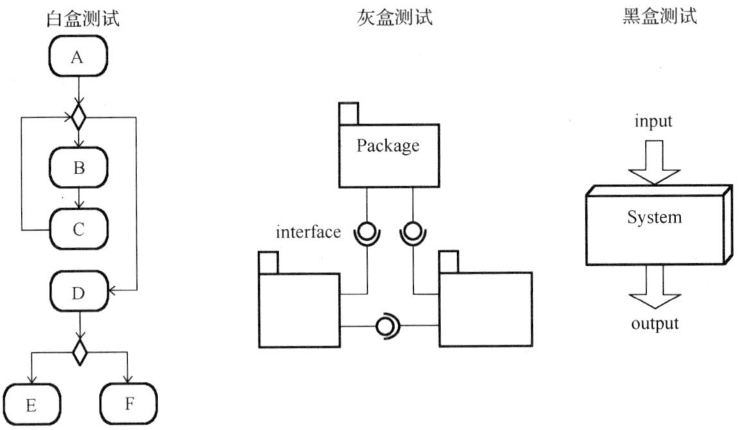

白盒测试   灰盒测试   黑盒测试

（a）单元测试   （b）集成测试   （c）系统测试

图 11.2 测试的方法

白盒测试也被称为结构测试或透明盒测试，主要关注被测对象的内部构成细节。测试人员需要了解被测对象的源代码、算法的结构和流程，以便设计测试用例来验证程序的所有逻辑路径和分支。这种方法多用于单元测试阶段，即针对代码中的单个模块或函数进行测试。白盒测试可以帮助开发人员发现并修复代码中的逻辑错误、语法错误，以及遗漏的功能。

黑盒测试也被称为功能测试或行为测试，主要关注被测对象的外部行为和功能，而不关心其内部实现。测试人员将系统看作一个黑盒子，只需通过输入和观察输出来验证系统的功能是否满足需求。这种方法在系统测试阶段或验收测试阶段中非常常见。在这个阶段，系统内部的细节已经不再重要，重要的是系统的整体功能和性能。黑盒测试有助于发现系统在实际使用中的问题和缺陷，从而提高用户满意度。

灰盒测试介于白盒测试和黑盒测试之间，主要关注被测对象的内部结构和部分外部行为。也就是说，它主要关注类、包等程序单元之间的关系，而不是类内部的细节。灰盒测试通常在集成测试阶段中使用，用于测试不同模块之间的接口和交互。通过灰盒测试可以确保模块之间的数据传输和协作符合预期，从而提高系统的整体性能和稳定性。

11.2.2 测试策略

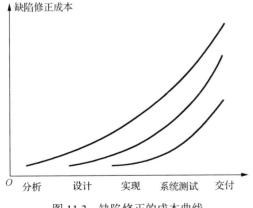

图 11.3 缺陷修正的成本曲线

测试的阶段与采用的测试方法是相互配合、互为支持的关系。如果将所有的测试都集中在系统测试阶段进行，那么当某个缺陷被发现时，定位并修复这个缺陷的成本可能会非常高昂。由于系统测试主要关注整个系统的功能和行为，而缺陷可能出现在系统的任何部分，因此为了降低缺陷修正成本，我们需要尽早地在开发过程中进行测试，包括单元测试、集成测试等。图 11.3 所示为缺陷修正的成本曲线，清晰地展示了缺陷修正成本与缺陷类型之间的关系。一方面，不同类型的缺陷可能需要不同的修复成本。另一方面，缺陷越早被识别并处理，其修正成本越低。这是因为早期的缺陷通常更容易定位和修复，而且修复这些缺陷对整个系统的影响较小。

在不同的开发阶段中，UML 模型与测试阶段的对应关系，如图 11.4 所示。其中，实线表示支持，虚线表示辅助支持。这些对应关系并不是绝对的，但它们确实为我们在开发的早期阶段考虑并分析设计模型对后续的可测试性和测试方法的支持提供了重要的参考。通过理解和利用这些关系，我们可以更有效地进行测试，从而提高软件的质量和效率。

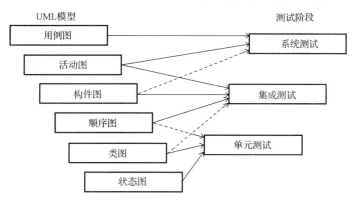

图 11.4　UML 模型与测试阶段的对应关系

在实际的软件开发过程中，所有的测试用例都应集中进行管理，并且每个测试用例都应具有明确的执行条件和预期结果。这在增量式开发过程中尤为重要。因为在每个迭代周期中，本次的开发迭代测试都需要重新执行上一个迭代周期中的测试用例，以确保新的变更没有引入新的缺陷。这种测试方法被称为回归测试。测试用例的管理过程是一个持续的过程，如图 11.5 所示。每次迭代都会在测试用例库中加入新的测试用例，并且要求所有的测试都必须成功通过，以确保软件在每个迭代周期中都能保持一定的质量水平。

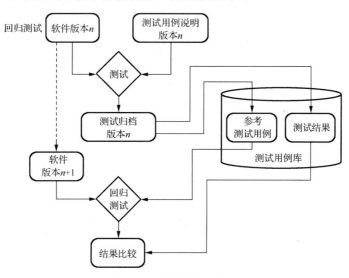

图 11.5　测试用例的管理

测试迭代过程是一个逐步增加的过程，如图 11.6 所示。随着开发的持续进行，每次迭代的测试用例数量都在逐渐增加。同时，新、旧测试用例需要共同执行，以确保整个系统的稳定性和可靠性。当然，这个过程可能比较烦琐，尤其是在大型的项目中。为了提高效率和准确性，我们通常会借助一些自动化管理工具（如持续集成工具 Jenkins 等）来辅助这一持续集成过程。

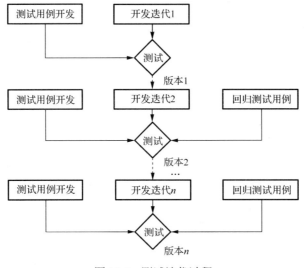

图 11.6　测试迭代过程

11.2.3　非功能性测试

除了功能性测试，非功能性测试同样占据着举足轻重的地位。非功能性测试旨在评估软件系统在性能、安全、安装、配置、容量和界面等多个方面的表现。这些测试对于确保软件质量、用户体验和系统稳定性至关重要。

性能测试的核心是检查软件系统是否满足需求规格说明书中规定的性能标准。这涉及一系列指标，如反应速度、最大用户数、系统最优配置、软硬件性能、处理精度等。为了模拟实际用户负载，性能测试通常结合压力测试和负载测试等手段。其中，压力测试旨在揭示系统在资源紧缺情况下的表现，以检查是否存在功能或性能上的问题；负载测试通过改变系统负载方式和增加负载来发现性能问题，从而检验系统的行为和特性。不同的性能测试的种类及其特征在图 11.7 中得到了清晰的展示，其中横坐标表示测试持续时间，纵坐标表示系统负载。

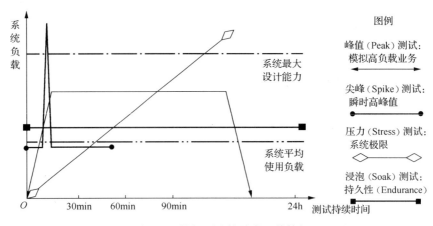

图 11.7　性能测试的种类及其特征

除了性能测试，安全测试同样不容忽视。安全测试旨在评估软件系统在面对各种安全威胁时的防护能力，包括检查系统是否存在安全漏洞、是否能够抵御恶意攻击，以及用户数据的保护等。为了确保软件系统的安全性，开发者需要采用多种安全测试方法，如漏洞扫描、密码破解尝试、权限测试等。

此外，安装测试、配置测试和容量测试也是非功能性测试的重要组成部分。其中，安装测试旨在确保软件系统在各种环境下的安装过程顺利无误；配置测试主要关注系统在不同配置下的表现，以确保系统在各种配置下都能正常运行；容量测试主要关注系统在面对大量用户和数据时的处理能力，以确保系统能够满足未来的扩展需求。

界面测试作为非功能性测试的一部分，同样具有重要意义。界面是软件系统与用户交互的"桥梁"，因此其交互设计和验证方法至关重要。界面的交互设计和验证方法已经在第 10 章中进行了单独介绍。在进行界面测试时，开发者需要关注界面的易用性、美观性，以及用户体验。为了提高界面测试的效率和准确性，开发者可以采用等价类等方法来建立测试用例。此外，通过支持"捕捉和回放"工具可以辅助记录界面使用时的详细动作和输出结果，从而实现测试的自动化执行。JMeter、Selenium 等常用的工具支持的脚本类型及侧重点各不相同，因此需要开发者根据实际需要选择使用。

11.3 软件度量

为了对交互界面的质量进行全面评估，我们建立了一套交互评估检查表（见表 10.6），并为每个评估项设定了相应的权重。这套检查表允许我们在实际评估过程中，根据各项标准的达成情况，计算出一个综合值，这个值将作为界面质量的具体度量。在企业管理的实际场景中，这种量化管理方式已被广泛采纳，提供了一种客观、可度量的方式来评估项目的完成情况和质量水平。

图 11.8 所示为测试用例的覆盖度量，展示了针对系统测试的量化描述图示。通过这一图示，我们可以从多个维度对系统测试的完成度进行量化评价。每个柱形图上方的横线代表了项目在该方面的具体目标，这种量化表示方式使得项目的状态一目了然，为项目管理者提供了有力的决策支持。

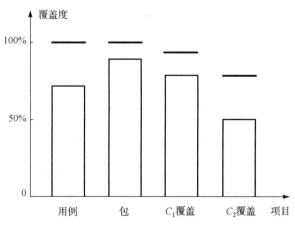

图 11.8　测试用例的覆盖度量

在度量产品质量的过程中，我们通常采用以下步骤：首先，依据一定的规则和标准，建立一套完整的指标体系；然后，利用这套指标体系对产品的质量进行评估。这种方法在代码质量评估中具有显著优势，因为大部分度量指标都可以通过自动化工具进行计算。而在此过程中，关键在于指标体系的建立和优化。一个科学、合理的指标体系能够准确反映产品的质量状况，为项目管理和决策提供有力支持。然而，如果指标体系本身存在缺陷，那么评估结果就可能误导开发者，从而对项目的开发产生不利的影响。例如，在代码质量评估中，我们不能简单地追求注释行数和代码行数的比例关系。虽然提高这一比例看似可以提升代码的可读性，但是过多的冗余注释可能导致代码变得冗余和难以理解。因此，在建立指标体系时，我们需要充分考虑各种因素，确保指标的科学性和有效性。

尽管存在这些潜在的风险，但度量仍然是确定软件质量的一种有价值的辅助手段。这些指标可以从不同的角度对代码质量进行量化评估，为项目管理和优化提供有力支持。例如，将变量和方法名保持适当的长度可以提高程序的可读性；方法中参数个数的多少可以反映方法的复杂程度；类中实例变量的个数可以决定该类信息的丰富程度；继承的深度可以为继承使用是否恰当提供参考。

在通常情况下，这些度量指标都应有一个软边界和一个硬边界。在必要的情况下，指标的度量可以超出软边界的要求，但硬边界在任何情况下都不允许超出。度量边界的确定与具体的项目相关，在项目开发过程中，由于不同的影响因素会造成各种度量指标的差异，因此在实际操作中，我们需要根据项目的具体情况灵活地调整度量边界，以确保评估结果的准确性和有效性。

11.3.1 控制流图与环形复杂度

方法的复杂程度是衡量代码质量的重要指标之一，反映了代码的结构和逻辑复杂性。为了帮助开发者理解代码的复杂性，我们可以采用 McCabe 指标进行度量，这也被称作 McCabe 环形复杂度。这一指标主要以方法的控制流图结构为基础进行计算，为我们提供了一个量化评估方法复杂性的工具。

控制流图是一种用于描述程序执行流程的可视化工具。对于每个类的方法，我们都可以使用一个有向控制流图对该程序段可能的执行方式进行详细描绘。在控制流图中，节点代表着代码指令，这些节点通过有向直线相互连接，以展示这些指令执行的先后顺序。通过这种方式，我们可以清晰地看到代码的执行路径和流程。控制流图中的节点通常对应于代码中的语句、条件分支（如 if、switch 语句）和循环结构。其中，条件分支和循环结构会在控制流图的对应节点处产生分支。

如图 11.9（a）所示的源程序是一个方法的代码，其功能是对所有输入的正偶数输出其平方值，而对其他输入，则输出 0 值。该方法对应的控制流图，如图 11.9（b）所示。控制流图在绘制时具有一定的自由度。例如，表示代码段结束的花括号可以作为一个单独的汇聚节点进行处理或忽略。再如，对于指令 3 中已经将 i=i-1 的作用蕴含在 i-- 的形式中，是否需要将其提取出来并作为单独的节点进行描述也是一个问题。因此，为尽量统一地描述程序控制流图，如果指令对应的节点以 $k_1 \rightarrow k_2 \rightarrow \cdots \rightarrow k_n$ 顺序出现，则可以将它们合并为一个节点进行处理。

（1）此序列的执行每次都是从 k_1 开始，除此之外没有边终止于 $k_2, \cdots, k_n$。

（2）此序列的执行每次都是以 k_n 结尾，除此之外没有边始于 $k_1,\cdots,k_{n-1}$。

（3）满足条件（1）和（2）的最长节点序列。

在上面的示例中，按照以上原则，节点 0 和 1 是可以合并的，其余节点不能合并。例如，节点 2 和 3 不能合并，因为从节点 2 到节点 4 存在一条边，不符合条件（2）的要求。现在对于是否需要为 i-- 设置单独的节点也有答案了，因为如果为其单独设置节点，则会因上述原则导致与前面的节点再次合并。化简的控制流图如图 11.9（c）所示。

```
public int test (int input){
    int result = -input/2;          //0
    int i=input;                    //1
    while (i>0){                    //2
        result = result + (i--);    //3
    }
    if(input < 0 || input%2 == 1){  //4
        result = 0;                 //5
    }
    return result*2;                //6
}
```

（a）源程序　　（b）方法对应的控制流图　　（c）化简的控制流图

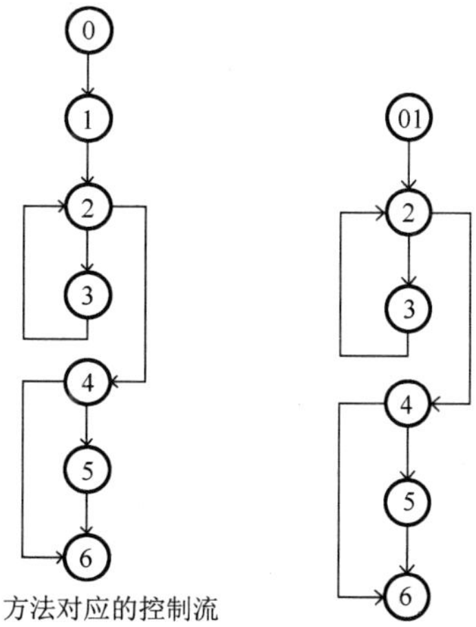

图 11.9　控制流图

McCabe 环形复杂度的计算公式为：$V(G)$=边数-节点数+2。在如图 11.10 所示的 McCabe 环形复杂度的计算示例中给出了几种基础的控制结构和对应的 McCabe 值。从图 11.10 中可以看出，控制结构中分支或循环越多，McCabe 值越大，这也是程序可读性的一个反映指标。公式中"+2"的主要作用是对 McCabe 值的归一化，以保证其最小值为 1。在计算环形复杂度时需要注意，如果判断语句中含有多个原子谓词组合成的复合条件，则需要将复合条件拆分成多个判定，并保证每个判定中只含有一个原子谓词。例如，在计算图 11.9 中程序的环形复杂度时，需要将控制流图转换成如图 11.11 所示的形式。其中，边数为 9，节点数为 7，因此环形复杂度 $V(G)$=9-7+2=4。

控制结构			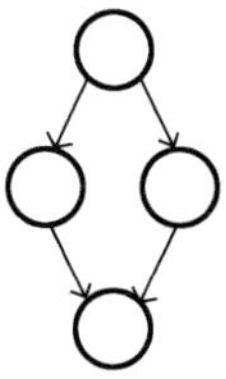	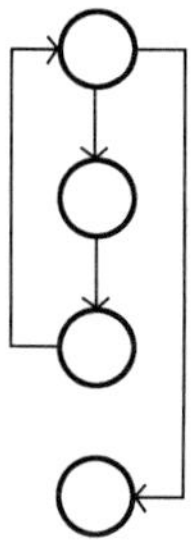	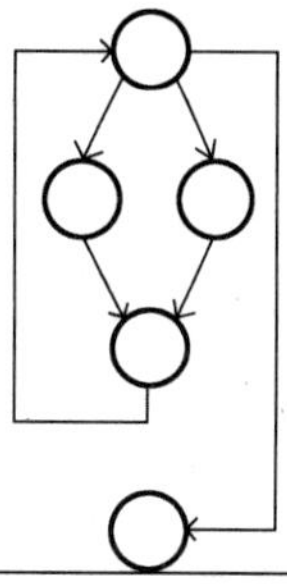
边数	0	2	4	4	6
节点数	1	3	4	4	5
McCabe 值	1	1	2	2	3

图 11.10　McCabe 环形复杂度的计算示例

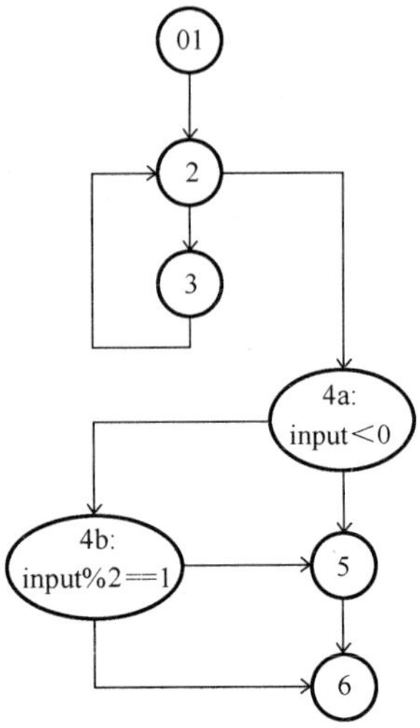

图 11.11　拆分复合条件

　　一个具有高环形复杂度的方法通常意味着它包含更多的分支和循环结构，从而提高了代码的理解和维护难度。因此，我们可以通过降低方法的环形复杂度来提高代码的可读性和可维护性。例如，我们可以尝试将长方法拆分成多个短方法，以降低单个方法的复杂性。此外，我们还可以通过重构代码、优化算法和使用设计模式等方法来降低方法的环形复杂度。例如，我们可以利用面向对象的多态性，使对分支的选择不再受局部判断逻辑的控制，而是根据程序运行时的实际情况进行动态选择。

　　在复合条件的情况下，McCabe 环形复杂度的计算实际上反映了方法中下列语句产生的分支结构：if 语句、条件组合（&&和||）、for 语句和 while 语句。因此，得出的 McCabe 值可以帮助我们理解代码的结构复杂性。在通常情况下，如果一个方法的 McCabe 值大于 10，则意味着该方法的逻辑结构过于复杂，可能需要进行优化和重构。而在面向对象的程序设计中，对于类方法的 McCabe 值也一般有一个推荐的限制，通常建议将其限制在 5 以下。这是因为类方法通常负责实现类的特定功能，如果其复杂度过高，不仅会影响代码的可读性和可维护性，还可能对类的整体性能产生负面影响。

　　值得注意的是，程序结构的复杂性不仅影响代码的可读性和可维护性，还会对测试工作带来挑战。复杂的逻辑结构可能导致测试用例的设计和执行变得困难，从而增加漏洞和错误的风险。因此，我们可以通过降低方法的复杂度来提高代码的可测试性，进而提升代码的质量和稳定性。

　　针对代码段，McCabe 环形复杂度的计算过程也可简化为以下算法，以便进行工具的实现。

　　（1）每个代码段的初始复杂度为 1。

　　（2）遇到每个原子条件加 1。

　　（3）每个 switch 中的 case 段加 1。

　　代码 11.2 所示为使用简化算法进行 McCabe 环形复杂度计算的示例。

代码 11.2　使用简化算法进行 McCabe 环形复杂度计算的示例

```
// V(G)= 1
// +2 conditions, V(G)= 3:
```

```
if ((i > 13)|| (i < 15)){
    System.out.println("Hello, there!");
    // +3 conditions, V(G)= 6:
    while ((i > 0)|| ((i > 100)&& (i < 999))){
    //...
    }
}
// +1 condition, V(G)= 7
i = (i==10)? 0:1;
switch(a){
    case 1: // +1, V(G)=8
        break;
    case 2: // +1, V(G)=9
    case 3: // +1, V(G)=10
        break;
    default:
        throw new RuntimeException("a = " + a);
}
```

11.3.2　方法内聚缺乏度

在面向对象编程中,类的内聚性是一个重要的概念,用于描述类内部元素(如方法和属性)之间的紧密程度。一个具有高内聚性的类意味着其内部元素紧密相关,可以共同实现一个明确的功能或目的。度量 LCOM*(Lack of Cohesion in Methods)可以用来对类的内聚性进行归一化的度量。LCOM*的计算需要分析每个类中方法与实例变量之间的关系,并通过归一化公式进行计算。具体地,对于每个实例变量,我们需要统计该类中对其使用的方法数,并由此计算该类中所有实例变量被访问的平均值,公式如下:

$$\text{LCOM*} = \frac{\left(\dfrac{1}{a}\displaystyle\sum_{j=1}^{a}\mu(A_j)\right) - m}{1 - m}$$

其中, m 为方法数; a 为所含的实例变量数; $\mu(A_j)$ 为访问每个实例变量的方法数。从上式中可以看出,LCOM*的取值介于 0 到 1 之间。如果每个实例变量在任何方法中都使用过,则此时的 LCOM*为 0。随着每个变量在各个方法中使用程度的下降,对应的 LCOM*值会缓慢增加,直到一种极端情况,即每个变量都只在一个方法中被使用,此时 LCOM*为 1。所以,当 LCOM*为 0 时,该类的内聚性最好;当 LCOM*为 1 时,该类的内聚性最差。类的内聚性示意图如图 11.12 所示。当然,若该类只有一个唯一的实例变量,则不

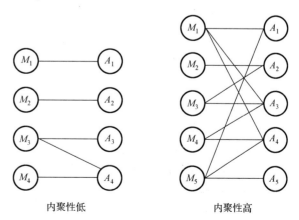

内聚性低　　　　　　　内聚性高

图 11.12　类的内聚性示意图(M 表示方法, A 表示实例变量)

需要考虑它的 LCOM* 值。

在实际应用中，我们需要结合其他度量标准和方法来更全面地评估类的内聚性。这将有助于我们更好地设计和优化面向对象系统，提高代码质量和可维护性。

代码 11.3 对应的 $LCOM^* = \dfrac{\frac{1}{3}(3+2+1)-3}{1-3} = 0.5$。由于 get 和 set 方法一般只对一个变量进行访问，因此为降低它们对 LCOM* 的影响，在计算时可以不考虑它们。另外，度量最好借助工具自动计算，而工具应具有配置功能，可以对指标的软边界和硬边界进行指定，并且可以通过灵活配置，允许某些指标超出。

代码 11.3　用以计算 LCOM* 的示例程序

```
public class LCOMExample{
    private int a;
    private int b;
    private int c;
    public void do1(int x){
        a=a+x;
    }
    public void do2(int x){
        a=a+x;
        b=b-x;
    }
    public void do3(int x){
        a=a+x;
        b=b-x;
        c=c+x;
    }
}
```

此外，为了更准确地评估类的内聚性，我们还可以结合其他度量标准和方法。例如，我们可以考虑类的耦合性、方法的复杂度等因素。通过综合考虑这些因素，我们可以更全面地了解类的内聚性状况，从而更好地设计和优化系统设计。

11.4　等价类

寻找测试用例是测试设计的主要工作之一，通过输入数据、执行条件（被测对象状态）及预期结果对测试的具体内容进行说明，其目标是使用这些测试用例高效地发现程序缺陷。本节介绍的测试用例的设计方法，也是功能测试的基本方法，即等价类测试方法。由于等价类测试方法主要关注的是被测对象向外界提供的功能，而测试用例的设计并不依赖程序内部结构，因此是一种黑盒测试的方法。

11.4.1　等价类分析

选取合适的测试用例是测试工作的核心。这可以说是一门艺术，因为不同的测试人员可能会根据他们的经验、直觉和洞察力来选取不同的测试用例。然而，这同样是一门科学，因为它依赖于对软件需求、设计和实现的理解，并需要运用一系列方法和技术来有效地选择测试用例。

等价类是离散数学中的一个概念，其基本思想是将一个集合按照一定的标准划分为若干个子集合，其中每个元素的归属依赖于指定功能下具体的行为。例如，按照全体自然数被 3 除的余数情况，可以将自然数分为 3 个等价类：第一个是余数为 0 的自然数集合 $\{3,6,9,\cdots\}$，第二个是余数为 1 的自然数集合 $\{1,4,7,\cdots\}$，第三个是余数为 2 的自然数集合 $\{2,5,8,\cdots\}$。等价类具有完备性和不相交性两个重要的特性，是测试设计的数学基础。其中，完备性是指所有等价类的合集构成了输入域或值域的全集，从而保证生成的测试用例都具有针对性，没有遗漏；不相交性是指各个等价类子集之间没有交集，从而确保测试用例没有冗余。

等价类具有一个合理的假设，即每个等价类中的一个典型值在测试中的作用与这一类中所有其他值的作用相同，因此可以从每个等价类中只取一组数据作为测试数据，而且这样选取的测试数据最有代表性，也最可能发现程序中的错误。

将等价类的思想应用到类中方法或功能上，其主要目的是从需求描述中尽可能准确地推导出程序处理的不同情况。下面以一个方法为例进行说明，假设该方法的输入为 0～100 的整数并产生某种可能的输出。首先对输入区间进行准确的界定，这里假设为开区间 $(0,100)$，即 x 的合理取值范围为 $0<x<100$，其他整数为无效输入。无效的输入应该根据需求说明中的描述进行例外处理，并将所有无效的输入都视为无效等价类。对于数值类型的输入，我们可以进一步将其分解为两个无效等价类：一个是"$x<1$"的区间，另一个是"$x>99$"的区间。在得到初步的等价类划分后，我们还可以根据具体需求对等价类进行进一步细化，并针对每个等价类区间选取其中的一个典型值作为测试用例，用以代表整个等价类。在上例中，由于存在 1 个有效等价类和 2 个无效等价类，因此可以产生的测试用例输入为–3、8 和 102。

等价类的划分比非数值类型的集合稍微复杂一些。对于枚举类型，假设合理的取值包括 red、yellow 和 blue，则可以简单地将这些取值分别对应一个等价类。若不允许其他值作为输入数据，则不存在无效等价类。

例如，考查一个类的构造方法，该类用来创建某学生对象，具有名字、出生年份和专业 3 个参数。要求名字不能为空，出生年份在 1900 年到 2000 年之间，专业是枚举类型，包括"贸易(TRADE)、计算机科学(CS)、数学(MATH)"。对于输入数据可产生如下的等价类。

(E1) 名字非空(有效)

(E2) 名字为空(无效)

(E3) 出生年份小于 1900(无效)

(E4) 出生年份大于或等于 1900，并且小于或等于 2000(有效)

(E5) 出生年份大于 2000(无效)

(E6) 专业为贸易(有效)

(E7) 专业为计算机科学(有效)

(E8) 专业为数学(有效)

对于具有多个输入参数的函数或方法，测试用例的设计尤为重要。例如，上面的方法需要

3 个输入参数，并且每个参数都有多个等价类，而测试用例的数量会与这些等价类的组合数量相关。因此，如何有效地组合这些等价类以设计最少的测试用例，同时确保测试覆盖率，是测试工程师需要考虑的问题。

一种常见的组合规则是，对于有效等价类，尽可能使用少的测试用例进行覆盖。例如，如果 E1、E4 和 E6 是 3 个有效等价类，我们可以设计一个测试用例，其中包含了这 3 个等价类的代表值。这样通过一个测试用例就可以同时覆盖这 3 个有效等价类。

对于无效等价类，我们需要更加谨慎。无效等价类通常表示那些可能导致程序崩溃或产生错误输出的输入值。为了确保这些无效值得到适当的处理，我们需要为每个无效等价类设计专门的测试用例。这些测试用例需要将无效等价类与其他有效等价类进行组合，以模拟实际使用中可能出现的错误情况。同时，每个组合中只能含有 1 个无效等价类，以确保我们能够准确地识别和处理这个无效值。

按照以上原则会产生如表 11.2 所示的基于等价类的测试用例。那些使用括号括起来的等价类表示已经被其他的测试用例覆盖过。

表 11.2　基于等价类的测试用例

测试用例	1	2	3	4	5	6
覆盖的等价类	E1 E4 E6	(E1) (E4) E7	(E1) (E4) E8	E2 (E4) (E6)	(E1) E3 (E6)	(E1) E5 (E6)
名字	"杨楠"	"田亮"	"王东"	""	"杨楠"	"杨楠"
出生年份	1987	1989	1985	1988	1892	2006
专业	TRADE	CS	MATH	TRADE	TRADE	TRADE
预期结果	ok	ok	ok	fail	fail	fail

11.4.2　等价类与边界

缺陷经常会在边界处发生，等价类的边界应该得到格外的关注。例如，出生年份为 1988 的输入一定会产生错误，而对于 2000 这个边界，开发者则可能会有些模棱两可，无法做出自己认为有效或无效的假设。为此，在等价类的基础上，我们可以继续应用边界值分析的方法，具体做法为：对于每个等价类，继续测试其所含的边界，使用测试用例覆盖每个边界点及边界附近的情况。对于数值类型的等价类，其上下边界很容易确定，如 E3 的上边界 1899 和 E5 的下边界 2001，E4 的上边界 2000 和下边界 1900。

另外，还需要注意计算机中数值的表达方式。不同的数值类型，其能够表达的最小值和最大值也不同。若在程序中存在对这些值的特殊处理，则在边界值分析时需要仔细分析它们的边界值。例如，在 float 类型的数据处理中，需要注意 0 值和最小的正负数之间总是存在一个间隔，因此需要对这些非零的最小数值进行测试。

表 11.3 所示为加入边界值分析的等价类的测试用例，其中字母 D 表示下边界，字母 U 表示上边界，字母后的加号或减号表示边界附近。从表 11.3 中可以看出，测试用例的数量明显增加了，这说明测试的精细程度也在提升。但是仔细分析会发现，表 11.2 和表 11.3 中无效等价类的测试用例数量都占了一半，这说明程序健壮性是传统的等价类方法的测试重点。

表 11.3　加入边界值分析的等价类的测试用例

测试用例	1	2	3	4	5	6	7	8	9	10
覆盖的等价类	E1 E4D E6	(E1) E4D+ (E6)	(E1) E4U E7	(E1) E4U– (E7)	(E1) E4 E8	(E1) E3U (E6)	(E1) E3 (E6)	(E1) E5D (E6)	(E1) E5 (E6)	E2 (E4) (E6)
名字	"杨楠"	"杨楠"	"田亮"	"田亮"	"王东"	"杨楠"	"杨楠"	"杨楠"	"杨楠"	""
出生年份	1900	1901	2000	1999	1985	1899	1892	2001	2006	1988
专业	TRADE	TRADE	CS	CS	MATH	TRADE	TRADE	TRADE	TRADE	TRADE
预期结果	ok	ok	ok	ok	ok	fail	fail	fail	fail	fail

每个测试用例都可以在一个独立的单元测试过程中实现，如测试用例 1 和测试用例 10 可以使用代码 11.4 实现。

代码 11.4　测试用例的实现

```
public void test1(){
    try{
        new Enrollment("杨楠", 1900, Major.TRADE);
    } catch(EnrollmentException e){
        fail("False Exception");
    }
}
public void test4(){
    try{
        new Enrollment("", 1988, Major.TRADE);
        fail ("False Exception");
    } catch(EnrollmentException e){
    }
}
```

11.4.3　等价类组合

除了传统等价类方法的覆盖规则，还有其他的等价类组合方式。例如，将三个变量对应的等价类分别进行组合会产生 2×3×3=18 个测试用例，这将涵盖所有可能的输入情况。我们将这种组合方式称为强等价类方法。这种产生测试用例的设计方法也比较容易实现，但前提条件是各个输入参数彼此独立。随着等价类数目的增加，产生的测试用例数量也会急剧增加，因此在实际测试设计中该方法具有一定的局限性。另外，还一种组合方式是不采用组合覆盖的方式，而是要求每个有效等价类只覆盖一次，即弱等价类方法。弱等价类方法同样要求参数的独立性，可以有效地降低测试用例的数量，但可能会有测试精度不高的问题。

输入参数彼此间存在相互依赖的关系。例如，在计算给定日期的下一天的问题中，除了每个输入参数的合理区间，输入参数（年、月、日三个整数）彼此间的相互依赖关系也非常明显，如闰年、闰月的情况。如果在用例设计中忽略了这些输入参数间的依赖关系，则会组合出过多的无效用例，从而使设计失去业务的针对性。

考虑变量之间存在依赖关系的实际被测代码 11.5 中的 max 方法，其预期输出为三个变量中的最大值。若使用简单的等价类，且不考虑变量之间的关系，则每个输入参数都可以任意取值，因此三个输入参数分别对应一个 $(-\infty, +\infty)$ 的有效等价类。也就是说，只需一个测试用例，即可覆盖所有的等价类，如{x=7, y=5, z=4}。此时程序的输出值为 7，与预期一致。但是，如果考虑到这三个变量之间及其与输出结果的关系，则会存在三种不同的情况，即最大值分别在首位、中位或尾位，相应的测试类也可以写成代码 11.5 中测试用例的形式。这是一种使用 JUnit 框架对用例进行实现的形式，后面还会对其进行介绍。

代码 11.5　等价类的覆盖问题

```java
//Maxi.java
public class Maxi{
    public static int max(int x, int y, int z){
        int max=0;
        if(x>z) max=x;
        if(y>x) max=y;
        if(z>y) max=z;
        return max;
    }
}
//MaxiTest.java
import junit.framework.TestCase;
public class MaxiTest extends TestCase{
    public void testFirstMax(){
        assertTrue( "Maximum at 1st position", 7==Maxi.max(7,5,4));
    }
    public void testSecondMax(){
        assertTrue( "Maximum at 2nd position", 7==Maxi.max(5,7,4));
    }
    public void testThirdMax(){
        assertTrue( "Maximum at 3rd position", 7==Maxi.max(4,5,7));
    }
    public static void main(String[] args){
        junit.swingui.TestRunner.run(MaxiTest.class);
    }
}
```

目前，这些测试用例都能成功运行，因此我们可以在此基础上针对变量间的关系对等价类进行细化，按照位置不同进行组合，也可以加入三个输入参数相等的情况。把这些都考虑完全后，组合后的等价类如下：

x>y=z	y=z>x	y>x=z	x=z>y	z>y=x
y=x>z	z>y>x	z>x>y	y>z>x	y>x>z
x>z>y	x>y>z	x=y=z		

为每种情况设计其测试用例并执行后，其中的几个用例会导致错误的出现，如下面的用例会产生一个错误的输出结果 5。

```
public void testXZY(){
    assertTrue("x>z>y", 7==Maxi.max(7,4,5));
}
```

这个简单的例子说明了全面系统地设计出能够揭示所有问题的测试用例是一项复杂且耗时的工作。测试只是一种确认程序在特定的形式下不存在缺陷的手段，但不能用来作为程序正确性的保证，因为这种保证需要更严谨和形式化的方法。

11.4.4　面向对象中的等价类

最后，我们考虑将等价类的方法应用到面向对象领域中。对象作为一个有机的整体，具有静态的属性和动态的方法。我们已经对类的方法（包括构造方法）应用了等价类方法进行测试，但类作为一个整体，在使用等价类方法进行测试时，要将状态作为一种输入参数考虑。类的状态对于其行为也有着重要的影响，因此我们首先要确定类的状态集合，然后据此进行等价类的划分。

类的状态是由其静态属性确定的，即实例变量。实例变量的数量决定了类的状态数量及其等价类的复杂程度。为了简化类的状态和测试说明，下面的例子只使用了一个实例变量。

在一个预订系统中，每个客户的信用等级通过一个专门的信用类 Credit 进行管理，该信用等级与客户的支付行为相关。信用类 Credit 提供了一个方法，对超过一定金额的订单按照客户信用情况进行资金流动性的检查。对于信用为 APPROVED 的客户，直接返回确定的结果，而对于信用为 CRITICAL 的客户，若没有进一步的验证，则返回否定结果，其余的客户需要对500 元以上的订单进行进一步的验证，具体见代码 11.6 中的 Credit 类实现。

若使用单纯的等价类方法，则主要关注方法的输入参数 value，这里为 500，因此可以产生小于 500 和大于或等于 500 两个有效等价类区间。但这样的划分并没有考虑到用户的信用等级对业务逻辑带来的影响。因此，在对该类进行测试时，要同时考虑三个状态对应的三个有效等价类。这样一来，我们可以得到订单的金额和客户的等级两个独立变量的等价类划分，并配合边界值分析方法，确定订单金额的两个等价类边界值分别为 499 和 500。若采用简单的组合覆盖（弱等价类）方法，则可以产生三个测试用例，分别为对象状态的三个等价类配合两个订单金额的边界值。

另外，我们注意到这个例子中两个输入参数的组合对结果的作用，尤其是对普通客户等级配合 499 和 500 的业务含义。考虑到本例中等价类的数目相对较少，而且在实现中对于另外两个客户等级在 500 边界处的订单处理逻辑也存在出错的可能性，因此可以采用完全组合的方法（强等价类）进行全覆盖，这样会产生 6 个测试用例，对应实现在如代码 11.6 所示的 Credit类的等价类测试的测试用例部分。

代码 11.6　Credit 类的等价类测试

```
//Paystatus.java
public enum Paystatus{
    STANDARD, APPROVED, CRITICAL;
}
```

```
//Credit.java
public class Credit{
    private Paystatus status;
    public void setStatus(Paystatus status){
        this.status=status;
    }
    public boolean checkPurchaseTotal(int value){
        switch(status){
            case APPROVED:
                return true;
            case STANDARD:
                return value<500;
        }
        return false;
    }
}
//CreditTest.java
import junit.framework.TestCase;
public class CreditTest extends TestCase{
    private Credit credit;
    protected void setUp() throws Exception{
        super.setUp();
        credit= new Credit();
    }
    public void testApproved1(){
        credit.setStatus(Paystatus.APPROVED);
        assertTrue(credit.checkPurchaseTotal(499));
    }
    public void testApproved2(){
        credit.setStatus(Paystatus.APPROVED);
        assertTrue(credit.checkPurchaseTotal(500));
    }
    public void testCritical1(){
        credit.setStatus(Paystatus.CRITICAL);
        assertTrue(!credit.checkPurchaseTotal(499));
    }
    public void testCritical2(){
        credit.setStatus(Paystatus.CRITICAL);
        assertTrue(!credit.checkPurchaseTotal(500));
    }
    public void testStandard1(){
        credit.setStatus(Paystatus.STANDARD);
        assertTrue(credit.checkPurchaseTotal(499));
    }
    public void testStandard2(){
        credit.setStatus(Paystatus.STANDARD);
        assertTrue(!credit.checkPurchaseTotal(500));
    }
}
```

等价类分析的方法也可以应用在输出参数上，并反向考虑哪些输入能够产生对应的结果。这种方法也被称为输出等价类，其主要关注输出结果是因为哪些不同的输入引起的。例如，引发某个 Exception 的输入情况。

11.5　基于控制流的测试

控制流测试的核心思想是通过对程序内部结构的深入理解来设计测试用例的，以便覆盖程序的路径和代码块。这种方法不仅有助于发现代码中的错误，还可以度量测试的覆盖程度，从而确保测试的全面性和有效性。

测试覆盖分析的主要工作是分析测试过程中选择的测试用例集合对程序中所有路径的覆盖情况。测试设计应尽可能使覆盖率指标越大越好，更准确地说，覆盖率越接近 1 越好。显然，这里的覆盖率不是用来直接衡量产品本身的质量，而是一种用来评价测试质量的指标。覆盖率指标有很多不同的计算标准，其中较基础的有语句覆盖（Statement Coverage）、分支覆盖（Branch Coverage）、条件覆盖（Condition Coverage）、多条件组合覆盖（Multiple Condition Coverage）及路径覆盖（Path Coverage）等。下面分别对其进行介绍。

1. 语句覆盖

语句覆盖表示在程序控制流图中测试经过的节点数与所有节点数的比例，定义如下：

$$语句覆盖指标=\frac{控制流图中测试经过的节点数}{所有节点数}$$

在如图 11.13 所示的语句覆盖示例中，当测试输入为-1 时，其语句覆盖指标为 5/6；当测试输入为 0 时，其语句覆盖指标为 2/3；当测试输入为 1 时，其语句覆盖指标为 1（完全覆盖）。测试用例{-1,2}的语句覆盖指标也一样为 1（完全覆盖）。为了简化对问题的说明，这里省略了每个测试用例的预期输出。

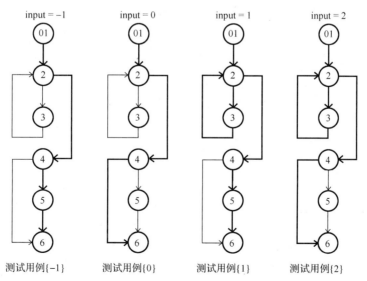

图 11.13　语句覆盖示例

2. 分支覆盖

语句覆盖是一种很粗略的度量，因为它主要关注的是控制流图中的节点，而不是节点之间的边。因此，测试用例{1}虽然是完全覆盖，但是并没有涵盖所有可能的边，如节点 4 到节点 6 的边就没有被包含进来。正是因为这个原因才引入了分支覆盖，其目标是尽可能覆盖控制流图中所有的边，定义如下：

$$\text{分支覆盖指标}=\frac{\text{控制流图中测试经过的边数}}{\text{所有的边数}}$$

在如表 11.4 所示的分支覆盖示例中给出了几组测试用例对应的分支覆盖指标。对于覆盖率指标，一般需要通过某种软件工具自动计算，尤其是对逻辑较复杂的大型系统来说，通过手动进行覆盖率指标的度量在实践中是不现实的，因为这需要对源代码进行大量的、耗费成本的标注。在实际的开发中，由于分支覆盖要求对所有程序片段间的各种可能的连接至少执行一次，因此只要满足分支覆盖要求，就一定会满足语句覆盖要求。

表 11.4　分支覆盖示例

测试用例	{−1}	{0}	{1}	{2}	{−1,0}	{0,1}	{1,2}	{−1,1}
分支覆盖指标	4/7	3/7	6/7	5/7	5/7	7/7	7/7	6/7

3. 条件覆盖

即使是分支覆盖，也无法保证理论上所有可能的程序逻辑都会被测试到。例如，观察 if 语句 if(a||b)，若 b 取值为 false，a 一次取值为 true，一次取值为 false，则可以达到完全的分支覆盖，因为两个测试用例会覆盖 if 语句引出的两个分支。但是，两个测试用例都没有对 b 的取值重点关注，因为 b 没有取到 true。这就引出了另外一种覆盖标准——条件覆盖，要求每个原子谓词的真、假两种取值都要取到。条件覆盖不是根据程序的运行情况，而是根据出现的布尔条件进行测试用例的设计，与分支覆盖没有直接的关系，定义如下：

$$\text{条件覆盖指标}=\frac{\text{取值为真的原子谓词}+\text{取值为假的原子谓词}}{2\times\text{所有的原子谓词数}}$$

这里的原子谓词是指在程序中不能继续再拆分的布尔表达式，如上例中条件语句 if(input<0||input%2==1)中含有两个原子谓词，再加上 i>0 的原子谓词，共有三个原子谓词。

在一些高级编程语言（如 Java、C#、C++、C 等）中，存在一个特别的问题，即它们在进行条件判断时多采用短路（Short-Circuit）评估方式，其含义为若 a 取值为 true，则可以不进行 b 的评估，因为此时无论 b 取值如何，整个条件的判定取值都为 true。这种对条件的评估方式能够节省计算时间，并且在逻辑上也是正确的，因为对整个条件的判断在进行第一步的评估后就可以得出结论了。但问题是，由于构造上的原因，b 可能存在某些缺陷，因此无法测试到它们，从而产生某些技术上的副作用。例如，当条件语句 if(x<4||x/0==2)中的 x 满足第一个原子谓词时，由于短路评估方式的作用，将不会继续评估第二个原子谓词，从而直接产生为真的结论，运行过程也不会有任何错误提示。在 Java 中，我们可以通过在条件判断时使用"|"来代替"||"，使用"&"来代替"&&"，以阻止这种短路评估方式。

在如表 11.5 所示的条件覆盖示例中给出了不同的测试用例集合及其对应的条件覆盖情况，其中 t 表示 true，f 表示 false，短横线表示由于短路评估方式不需进行计算。这里需要强调的

是，条件覆盖与分支覆盖没有任何特别的联系，这表示分支的完全覆盖不能保证条件的完全覆盖，条件的完全覆盖也不能保证分支的完全覆盖。例如，在条件语句 if(a|b) 中，{a=true, b=false} 或 {a=false, b=true} 两个测试用例能够满足条件的完全覆盖，但在这两种情况下整个判定的取值都为 true。也就是说，该 if 语句的另外一个分支并没有被覆盖，从而不满足分支覆盖的标准。同样地，如果从分支覆盖的要求出发，测试用例 {a=true, b=false} 与 {a=false, b=false} 能够覆盖所有的节点和边，满足分支覆盖的要求，却不满足条件覆盖的要求。

表 11.5　条件覆盖示例

测试用例	{-1}	{0}	{1}	{2}	{-1,0}	{0,1}	{1,2}	{-1,1}	{-1,1,2}
i>0	f	f	f,t	f,t	f	f,t	f,t	f,t	f,t
input<0	t	f	f	f	t,f	f	f	t,f	t,f
input%2==1	–	f	t	f	f	f,t	t,f	t	t,f
条件覆盖指标	2/6	3/6	4/6	4/6	4/6	5/6	5/6	5/6	6/6

在分支覆盖和条件覆盖的基础上，还衍生出一种条件/分支覆盖标准。它是两种覆盖的混合，要求同时满足两种覆盖的要求。

4. 多条件组合覆盖

所有的覆盖要求在多条件组合覆盖标准中得到了综合，因为它要求所有在条件中出现的原子谓词的组合都要覆盖到。例如，条件 (a|b)&&(c|d) 需要覆盖测试用例 {a, b, c, d, (a|b), (c|d), (a|b)&&(c|d)} 进行 7 种不同的谓词取值。多条件组合覆盖的定义如下：

$$多条件组合覆盖指标=\frac{取值为真的谓词数 + 取值为假的谓词数}{2\times所有的谓词数}$$

需要注意的是，条件的整体 (a|b)&&(c|d) 也要作为一个谓词参与计算。在如表 11.6 所示的多条件组合覆盖示例中给出了上例中多条件组合覆盖的测试用例集合和对应指标。从定义中可以得出结论，在非短路评估的情况下，满足多条件覆盖的要求会同时满足条件覆盖、分支覆盖和语句覆盖。

表 11.6　多条件组合覆盖示例

测试用例	{-1}	{0}	{1}	{2}	{-1,0}	{0,1}	{1,2}	{-1,1}	{-1,1,2}
i>0	f	f	f,t	f,t	f	f,t	f,t	f,t	f,t
input<0	t	f	f	f	t,f	f	f	t,f	t,f
input%2==1	–	f	f	f	f	f,t	t,f	t	t,f
input<0||input%2==1	t	f	t	f	t,f	f,t	t,f	t	t,f
多条件组合覆盖指标	3/8	4/8	5/8	5/8	6/8	7/8	7/8	6/8	8/8

5. 路径覆盖

路径覆盖（Path Coverage）是度量一个方法中所有可能路径的覆盖情况。这里的路径是指从方法的入口开始到出口结束，由控制流图中若干条边构成的一条唯一的执行路线，也可以看作由若干可能的逻辑条件的组合。

由于循环结构会使得路径的数量剧烈地增长，因此路径覆盖只考虑有限循环次数的情况。

例如，只考虑循环 1 次和 k（$k>1$）次的情况。基本路径测试是路径覆盖的典型方法，可以在控制流图的基础上，通过分析控制结构的环形复杂度，导出基本可执行的路径集合，从而设计测试用例的方法，主要步骤如下。

（1）绘制程序的控制流图。

（2）计算 McCabe 环形复杂度，并以程序的环形复杂性为基础，导出程序基本路径集合中的独立路径。独立路径要求在路径中至少含有一条未曾使用过的边。

（3）导出测试用例。以环形复杂度规定的路径条数为上限，为每一条基本路径设计测试用例的数据输入和预期结果，并确保覆盖到基本路径集中的每一条路径。

控制流图和环形复杂度的计算在这里不再赘述，具体见 11.3.1 节。下面将图 11.11 对应的测试用例作为示例，通过计算已经得出该图的 $V(G)=4$，也就是基本路径条数的上限是 4 条。

示例中的所有路径及其测试用例如表 11.7 所示，其中"2→3→2"循环可能会执行多次，这里只显示一次。从该表中可以清晰地看出，用例 1、用例 2、用例 5 及用例 6 是满足基本路径覆盖要求的测试用例；用例 3 和用例 4 对应的都是不可达路径，因此无法找到实际的输入数据。

表 11.7　示例中的所有路径及其测试用例

用　例	路　　径	输　入	预期输出
1	01→2→4a→5→6	{-1}	0
2	01→2→4a→4b→6	{0}	0
3	01→2→4a→4b→5→6	—	—
4	01→2→3→2→4a→5→6	—	—
5	01→2→3→2→4a→4b→6	{2}	4
6	01→2→3→2→4a→4b→5→6	{1}	0

这里只介绍了常见的几种覆盖方法，在相关的文献中还有更多的覆盖方法。由于覆盖情况的度量较为复杂，因此目前只有少数工具支持高级覆盖指标的自动计算。如果将覆盖指标要求提高一点，如从 96% 提高到 97%，则需要在测试用例设计上付出较高的成本。在一些关键软件系统（如金融、军工等领域）的开发和测试中，这些覆盖指标都有着广泛的应用。

为了迅速达到覆盖指标的要求，我们可以采纳一些高效的策略。一种策略是将全部精力投入到全面覆盖测试的设计中，但这通常需要大量的资源和时间，因此成本相对较高。然而，有时为了确保软件的质量和稳定性，这样的投入是值得的。

另一种策略是先利用其他测试方法（如等价类方法）进行初步测试。通过计算等价类的覆盖情况，我们可以初步评估测试的效果。如果等价类方法未能达到预期的覆盖指标，则可以再使用结构测试中的覆盖进行补充。通过对内部结构的深入分析，从而更精确地找到未被测试到的逻辑分支。在进行测试时，我们还需要注意以下几个方面。

首先，要确保等价类构造的数量足够。如果输入的等价类的数量过少，则会导致某些重要的逻辑分支无法被测试到，从而留下潜在的风险。因此，我们需要根据实际需求和数据特点，合理设计和构造等价类。

其次，要关注编程风格对测试的影响。不良的编程风格（如过长的方法，或者过多的选择分支）会使代码逻辑变得复杂，从而降低可测试性。为了避免这种情况，我们应该遵循良好的编程规范，如保持方法简洁明了、减少不必要的选择分支等。

最后，对于多余的开发内容，我们需要进行审慎分析。有时，开发者可能根据自己的假设开发了一些内容，但在实际运行时却从未被使用过。对于这部分内容，我们需要仔细评估其价值和未来扩展的可能性，判断是否需要继续保留在代码中。

值得一提的是，覆盖测试的方法具有广泛的适用性。它不仅适用于传统的通过控制流图等描述的内容，还适用于活动图、状态图等描述的业务场景。通过路径测试，我们可以系统地覆盖软件的各种执行路径，从而更全面地评估软件的质量和可靠性。

11.6　断言机制

在现代软件开发中，断言作为一种重要的调试工具，被广泛应用于各种高级编程语言中。Java、C#和C++等主流编程语言都提供了相应的断言机制，其基本形式通常为 assert <Boolean condition>。这一机制允许开发人员在代码的关键部分插入布尔表达式，并在运行时对这些表达式进行验证。如果表达式的结果为 false，则程序会抛出 AssertionError 异常，从而帮助开发人员快速定位和解决问题。

断言在软件开发过程中扮演着非常重要的角色。通过断言，开发人员可以在代码的关键位置设置检查点，验证程序在执行过程中的状态是否符合预期。这对于发现和修复逻辑错误非常有帮助。断言可以用于验证输入数据的合法性，确保程序在收到无效输入时能够及时发现并处理。此外，断言还可以用于验证程序内部状态的一致性，确保程序在执行过程中不会出现意外的状态变化。

需要注意的是，断言并不能代替常规的异常处理机制。断言主要用于在开发阶段捕获编程错误，而不是处理运行时的异常情况。断言通常在开发阶段启用，而在生产环境中禁用。这是因为断言主要用于帮助开发人员发现和修复错误，而不是处理由用户或外部条件引起的异常情况。断言指令可以处于方法的任何位置。一个处于方法开始处的断言，如代码 11.7 所示。

代码 11.7　方法开始处的断言

```
public void analyse(int a, int b){
    assert a>b && exemplar>5;
    //...
}
```

这个断言表示该方法要求其参数满足相应的条件，并且该对象需要处于某种状态，即实例变量 exemplar 的值需要大于 5。不要将这种假设与异常相混淆，断言的加入使方法必须满足既定的条件。但在某些情况下，业务逻辑可能无法确定输入的内容是否满足既定的条件。在这种情况下，异常处理机制更为适用。例如，在防御性程序设计（Defensive Programming）中，程序员通常会编写能够处理意外输入的代码，以确保方法的可用性。在这种情况下，如果输入不满足方法的要求，则需要程序通过抛出异常来通知调用者，而不是通过断言来终止程序的执行。

Java 中的断言指令在后续版本中进行了扩展。这些扩展使得断言更加强大和灵活，能够更好地满足开发人员的需求。例如，Java 引入了新的断言语法，允许程序员在断言失败时提供自定义的错误消息。这有助于提高错误报告的质量，使得错误调试更加高效。

assert <boolean condition>: <any object>语句表示如果断言不能得到满足，则会输出给定的 <any object>对象。在通常情况下，该对象是一个 String 类型的对象，或者是实现了 toString() 方法的对象。

位于方法尾部的断言可以用来检验该方法的计算是否是期望的结果，即计算出的结果是否具有期望的某些属性。代码 11.8 所示为程序尾部的断言，通过一个乘法的过程进行说明，其中的两个参数必须为正整数。

代码 11.8　程序尾部的断言

```java
public int multiplication(int a, int b){
    int op1=a;
    int result = b;
    int rest = 0;
    assert(a >= 1 && b >= 1): "not positive parameter";
    while (a > 1){
        result = result*2;
        if( a%2 == 1 )
            rest = rest + b;
        a = a/2;
    }
    result=result + rest + b;
    assert result == op1*b: "false computation";
    return result;
}
public static void main(String[] args){
    Computer r = new Computer();
    System.out.println("7*9="+r.multiplication(7,9));
    System.out.println("6*8="+r.multiplication(6,8));
    System.out.println("6*0="+r.multiplication(6,0));
}
```

上面的 multiplication() 方法中加入了两个断言，如果该方法位于 Computer 类中，则需要给该方法的测试传递合适的参数并在 main() 函数中进行调用。对应的输出如下：

```
7*9=63
6*8=48
Exception in thread "main" java.lang.
AssertionError: not positive parameter
at Computer.multiplication(Computer.java:8)
at Computer.main(Computer.java:24)
```

如果断言的编译开关被关闭，则断言相当于注释，不再占用任何附加的资源。但这也不是绝对的，因为那些只在断言中使用的信息往往还要占用一定的资源。例如，上面乘法功能中的 op1 变量只在最后一个断言中被使用。

这里有一个使用断言的小技巧：assert false 断言好像没有什么用处，因为它永远都不会通过。它的作用在于放置在认为不应该到达的地方，一旦到达就会触发失败。在如代码 11.9 所示的 assert false 的用处中，确保只有 65 岁以下的人可以参与到折扣计算中。

代码 11.9　assert false 的用处

```java
public int discount(int age){
    int result=0;
    if(age>=0 && age<18)
        result=10;
    else if(age>=18 && age<65)
        result=5+(age/2);
    else
        assert false: "false age";
    return result;
}
```

另外，断言的使用要确保不会对业务逻辑带来任何副作用，即不改变实际类的状态。例如，在 assert iter.next()!=null 语句中对迭代器 iter 的断言是不合适的，因为该断言被检测后会改变迭代器的状态，使其指向下一个对象。

11.7　测试框架

在软件测试中，一个非常重要的任务是设计能够尽可能发现问题的测试用例。测试的执行是对测试用例的驱动，我们可以根据测试用例执行的结果判断是否存在缺陷。随着测试用例数量的不断增加，如何高效管理和组织这些测试用例成了新的挑战。为了应对这一挑战，我们引入了测试框架这一工具。测试框架为软件测试提供了一个自动化管理的环境，不仅能帮助测试人员更好地组织和实施测试，还能提高测试工作的效率和准确性。

11.7.1　测试环境

测试的主要目标是确保软件的质量符合预设的标准。为了实现这一目标，开发人员需要采取一系列的系统化方法和工具，对待测系统（System Under Test，SUT）进行全面而深入的分析和尝试。这些测试旨在验证软件是否按照规格说明书中的期望方式运行，进而确定用户的需求是否得到满足。

规格说明书是测试过程中的核心文件，为测试提供了明确的指导和标准。这份文件必须能够清晰地描述期望的软件行为，以便测试人员能够准确地制定测试用例。这些测试用例直接源自规格说明书，而规格说明书又是基于用户需求制定的。因此，通过执行测试用例，我们可以逐步验证用户需求的实现情况。

在这个过程中，活动图发挥着重要作用。活动图是一种视觉化工具，能够直观地展示业务的执行路径。通过活动图，测试人员可以更加清晰地了解软件的运行流程，从而更加有效地设计测试用例。

在设计测试用例时，文本形式的需求描述要尽可能精确。此外，各个需求之间的联系也要准确建立，这是因为每个测试用例在执行前都需要明确其前提条件或应用环境。例如，在测试一个类中的简单方法时，除了理解方法的每个输入参数的说明，还需要确定该方法引用的其他实例变量或其他对象的正确取值。这种工作也被称为测试配置，用于描述测试时其他相关部分应具有的状态。

测试配置主要关注的内容如下。

（1）目标系统运行的硬件环境，包括操作系统和硬件层本身，这些都与测试环境息息相关。

（2）与目标系统在运行环境中同时执行的软件，这对系统的性能分析具有重要价值。

（3）目标系统将与哪些版本的其他软件一起工作，并将这些具体的版本在测试环境中准备好。

为了更加贴近未来用户的使用环境，测试环境的搭建应尽可能模拟实际情况。因此，拥有一个综合的测试实验室可以实现各种用户环境的配置并快速实施测试，是非常有意义的。然而在现实中，为了模拟真实用户环境或集群环境，可能需要做出一些妥协。

近年来，虚拟机的概念逐渐普及。通过虚拟机，人们不再需要大量的实体计算机，并且可以省去各种软件安装的麻烦。此外，虚拟机还可以在操作系统中实现高效的管理，进一步提高测试效率。

同时，测试的过程也需要进行精确的描述。最简单的形式是对过程调用的顺序进行安排。对于更复杂的系统，可能还需要考虑时间条件。例如，被测系统在某个事件后，需要在指定的时间间隔内做出响应等约束。

在测试用例中，准确地给出期望的运行结果是非常重要的，有助于判断测试是否发现了某个缺陷。然而，有时对结果的描述可能会花费较大的精力，这取决于系统的复杂性。例如，在数据库连接过程的测试中，需要详细描述每个数据库操作的目标状态。

为了实现断言的测试，需要将其置于一个测试环境中，如创建一个 main() 函数以实现对目标函数的调用。然而，随着测试需求和测试用例的增加，测试环境的创建可能会变得更加复杂和难以管理。此外，还有另一种可选的方案，即使用测试框架等工具对测试用例进行管理。这些测试工具可以帮助测试人员更加高效地进行测试工作，提高测试的质量和效率。

总之，通过精确的需求描述、有效的测试配置、贴近实际的测试环境，以及精确的测试过程描述，我们可以更加有效地进行测试工作，从而确保软件的质量符合预设的标准。

11.7.2　单元测试框架

测试框架的出现极大地提高了代码质量和开发效率。其中，Kent Beck 的贡献不可忽视。他不仅是敏捷开发的先驱之一，还是第一个较为简单的测试框架的提出者和实现者。这一框架的出现，使得开发人员能够轻松地创建测试，不用花费过多的精力在测试环境的搭建上。

最初，Kent Beck 在 Smalltalk 平台上实现了一个名为 SUnit 的测试框架。这一框架以其简洁、易用和高效的特点迅速得到了广泛应用。随后，他又将 SUnit 移植到了不同的语言平台（如 Java、C#、C++等）上，而这些移植后的框架被称为单元测试框架。

在众多单元测试框架中，JUnit 无疑是其中最具代表性和影响力的一个。这里，我们主要基于基础的 3.8 版本对 JUnit 的测试框架进行详细介绍。尽管目前 JUnit 的最新版本已经升级到 JUnit 5，但 JUnit 4 在实际应用中仍然占据着重要地位。

JUnit 4 是在 JUnit 3 的基础上发展而来的，主要增加了对 Java 5 及以上的支持，即加入了

Java 的 Annotation 机制。这一改进使得测试代码的编写更加简洁、易读和易于维护。通过 Annotation，开发人员可以更加方便地标记测试方法、测试套件及测试运行参数等信息，从而提高了测试代码的可读性和可维护性。

值得一提的是，Kent Beck 曾表示 JUnit 3.8 中的基本概念和使用形式将在其后版本中继续得到支持。这意味着，随着版本的升级，JUnit 的核心思想和基本用法仍然保持不变。这一稳定性对广大开发人员来说无疑是一个好消息，因为它意味着开发人员可以在不断升级 JUnit 版本的同时，仍然能够保持对测试框架的熟悉和信任。

除了 JUnit，还有许多其他的单元测试框架，如 TestNG（用于 Java）、MSTest（用于 .NET）、pytest（用于 Python）等。这些框架各有特点，但它们的共同目标都是为了提高代码质量和开发效率。通过使用这些框架，开发人员可以更加轻松地进行单元测试、集成测试及端到端测试等，从而确保软件的质量和稳定性。

JUnit 的基本思想是为不同的测试用例创建与其对应的测试方法，且测试用例的执行和评价都由 JUnit 接管。在 JUnit 3.8 中，这些测试方法的基本形式如下：

```
public void test<furtherNamePart>(){ ... }
```

每个测试用例都有一个唯一的名字，以区别于其他测试用例。JUnit 可以使用反射机制在测试环境中调用传递过来的方法，并将所有的 test() 方法都放在一个测试类中。这个测试类从 JUnit 提供的系统类 TestCase 中继承而来。如果该类需要测试的内容为 X，那么其命名一般采用 testX() 的形式。

JUnit 负责执行所有的测试用例。JUnit 中提供了一个附加的图形界面，用于显示所有执行的测试数、通过的测试数及失败的测试数等。这个状态显示的界面现在已经在很多大型开发环境中得到了支持和无缝集成，并且当有某个错误发生时，相应的错误信息也会显示出来，因此 JUnit 逐渐不再需要自己的界面了。

JUnit 的测试类是一个普通的 Java 类，含有自己的实例变量和方法。对测试来说，重要的是其测试方法的确定性，即对于相同的输入，一定会有相同的输出结果，并且测试执行的顺序不应对测试的结果造成影响。为了营造这样的环境，JUnit 测试类需要重写两个方法：

```
protected void setUp(){ ... }
protected void tearDown(){ ... }
```

每个测试开始之前都要执行 setUp() 方法，以设置实例变量等环境相关的内容。同样地，每个测试结束后都要执行 tearDown() 方法，以清理测试用例所占用的资源。因为 Java 具有垃圾回收的能力，可以将一些不被引用的对象自动删除，所以这个清理过程主要是做一些诸如关闭文件或关闭数据库连接等工作。总结一下，测试方法 testX() 的执行顺序为先执行 setUp() 方法，再执行 testX() 方法本身，最后执行 tearDown() 方法。

框架提供的测试方法中包含了对某些特征进行检验的特殊方式，可以调用 TestCase 类的父类 Assertion 中提供的方法，其中较为重要的方法如下：

```
assertTrue(<Text>,<Boolean condition>);
```

这个方法可以对布尔条件进行检测，若为 false，则认为发现了一个错误，停止测试，并将文本部分连同错误出现的具体位置等信息由 JUnit 一同输出。若在文本信息中同时给出期望状态和实际状态，则会使该方法的使用更加具体。该方法还有一个简化版本：

```
assertTrue(<Boolean condition>);
```

其中省略了文本部分。除了 assertTrue() 方法，还存在一些其他的检测方法，可以将其视为 assertTrue() 方法的特殊形式，具体如下。

（1）assertEquals（Object expected, Object actual）：检测两个对象是否一致，并分别调用两个对象的 equals（Object）方法进行具体比较。

（2）assertEquals（int expected, int actual）：检测两个变量是否具有相同的值，同时具有对于简单类型 float、byte、char、short、long 和 boolean 的版本。

（3）assertEquals（double expected, double actual, double delta）：检测两个 double 类型值的差别是否在 delta 版本之内，同时存在 float 类型的版本。

（4）assertSame（Object expected, Object actual）：检测两个对象是否完全一样。

（5）assertNull（Object object）：检测某个对象是否为空。

（6）assertNotNull（Object object）：检测某个对象是否不为空。

需要进一步说明的是 assertEquals() 方法的 delta 版本，因为该版本的断言提供了一种差值在给定范围内的比较方式，实用性更强，对 float 类型的精确比较是不合理的。

除了 assert 类型的方法，还提供了 fail(<Text>) 方法，可以对某个不应到达的位置进行标记，其中 Text 会在错误发生时输出。fail() 方法可以用来验证某个异常的处理是否正确。例如，在测试 xy() 方法时，若希望方法会抛出某个期望的异常，则可以在测试中使用代码 11.10 中第 1 行的方法；若希望方法不会有异常抛出，则可以将测试中对于 fail() 方法的调用置于异常处理（如代码 11.10 中第 7 行的方法）中。

代码 11.10　fail() 方法的用法

```
public void testXyThrowsException(){
    try{
        ob.xy();
        fail("ob did not throw any Exception" + ob);
    } catch (XYException e){}
}
public void testXyThrowsNoException(){
    try{
        ob.xy();
    } catch (XYException e){
        fail("ob throw Exception" + ob);
    }
}
```

下面介绍一个具体的示例。该示例由一个折扣类 Discount 负责存储当前折扣情况，其中含有一个实例变量 discount。另外，该类提供一种对某个客户进行"锁定"的能力，并通过锁定客户的折扣情况来抛出 DiscountException 异常。Discount 类的实现如代码 11.11 所示。

代码 11.11　Discount 类的实现

```
//异常类定义
public class DiscountException extends Exception{}
//Discount 类定义
public class Discount{
    private double discount;
    private boolean locked;
    public Discount(double discount, boolean locked){
        this.discount = discount;
        this.locked = locked;
    }
    public boolean isLocked(){
        return locked;
    }
    public void setLocked(boolean locked){
        this.locked = locked;
    }
    public double getDiscount(){
        return discount;
    }
    public void setDiscount(double discount){
        this.discount = discount;
    }
    double price(double originalprice) throws DiscountException{
        if(locked)
            throw new DiscountException();
        return originalprice*(1 - (discount/100));
    }
}
```

　　测试类 DiscountTest 可以写成代码 11.12 的形式。在测试中，我们经常将一个大的测试过程分解为多个独立的测试步骤，并按顺序执行。这样的方式多是若干 assert 类型的方法先后出现，如果第一个 assert 方法产生错误，则不会继续执行后续的方法。

代码 11.12　DiscountTest 类

```
package Discount;
import junit.framework.TestCase;
public class DiscountTest extends TestCase{
    private Discount good;
    private Discount bad;
    protected void setUp() throws Exception{
        super.setUp();
        good=new Discount(3.0,false);
        bad=new Discount(0.0,true);
    }
    public void testGetDiscount(){
```

```
            assertTrue(3.0==good.getDiscount());
            assertTrue(0.0==bad.getDiscount());
        }
        public void testSetDiscount(){
            good.setDiscount(17.0);
            assertTrue(17.0==good.getDiscount());
        }
        public void testIsLocked(){
            assertTrue(!good.isLocked());
            assertTrue(bad.isLocked());
        }
        public void testSetLocked(){
            good.setLocked(true);
            bad.setLocked(false);
            assertTrue(good.isLocked());
            assertTrue(!bad.isLocked());
        }
        public void testPriceSuccess(){
            try{
                double result=good.price(100.0);
                assertEquals(result,97.0,0.001);
            } catch (DiscountException e){
                fail("false DiscountException");
            }
        }
        public void testPriceWithException(){
            try{
                bad.price(100.0);
                fail("failed DiscountException");
            } catch (DiscountException e){
            }
        }
        public static void main(String[] args){
            junit.swingui.TestRunner.run(DiscountTest.class);
        }
    }
```

在很多大型的项目开发中，需要对测试用例进行收集和管理，并在合适的时刻重复执行所有测试用例，或者根据情况重复执行部分测试用例，这被称为回归测试。JUnit 使用 TestSuite 的概念来支持对测试用例集合的管理。具体步骤为：首先创建类型为 TestSuite 的对象，然后通过该对象实现对指定测试用例的管理，如代码 11.13 所示。

代码 11.13　使用 TestSuite 类对测试用例进行管理

```
import junit.framework.Test;
import junit.framework.TestSuite;
public class AllTests{
    public static Test suite(){
```

```
        TestSuite suite=new TestSuite( "Clientsystem" );
        //从测试类中加入测试用例集合
        suite.addTestSuite(DiscountTest.class);
        suite.addTestSuite(ClientTest.class);
        //也可以从其他的 TestSuite 类中加入测试用例集合
        suite.addTest(OtherAllTests.suite());
        return suite;
    }
    public static void main(String[] args){
        junit.swingui.TestRunner.run(AllTests.class);
    }
}
```

测试框架的主要作用是实现对测试用例的管理，一方面将独立运行的测试进行统一组织，在其执行前后加入配置能力；另一方面能够按照要求选择合适的测试进行分组管理。这种做法在 JUnit 4 中也同样支持。代码 11.14 所示为 DiscountTest 类在 JUnit 4 中的实现。

代码 11.14　DiscountTest 类在 JUnit 4 中的实现

```
package Discount;
import org.junit.After;
import org.junit.AfterClass;
import org.junit.Before;
import org.junit.BeforeClass;
import org.junit.Test;
import static org.junit.Assert.*;
public class DiscountTestJUnit4{
    private Discount good;
    private Discount bad;
    @BeforeClass
    public static void onetimeAtBeginning(){
        System.out.println("Open Database");
    }
    @AfterClass
    public static void onetimeAtEnd(){
        System.out.println("Close Database");
    }
    @Before
    public void start() throws Exception{
        //super.setUp(); 不再需要
        System.out.println("start called");
        good=new Discount(3.0,false);
        bad= new Discount(0.0,true);
    }
    @After
    public void stop(){
        System.out.println("stop called");
    }
```

```
      @Test
      public void getDiscount(){
          assertTrue(3.0==good.getDiscount());
          assertTrue(0.0==bad.getDiscount());
      }
      @Test
      public void setDiscount(){
          good.setDiscount(17.0);
          assertTrue(17.0==good.getDiscount());
      @Test
      public void isLocked(){
          assertTrue(!good.isLocked());
          assertTrue(bad.isLocked());
      }
      @Test
      public void setLocked(){
          good.setLocked(true);
          bad.setLocked(false);
          assertTrue(good.isLocked());
          assertTrue(!bad.isLocked());
      }
      @Test
      public void priceSuccess(){
          try{
              double result=good.price(100.0);
              assertEquals(result,97.0,0.001);
          } catch (DiscountException e){
              fail("false DiscountException");
          }
      }
      @Test(expected = DiscountException.class)
      public void PriceWithException() throws Exception{
          bad.prise(100.0);
      }
   }
}
```

以上代码与 JUnit 3 的区别首先是测试类不需要再从其他类中继承，使开发更灵活；其次是各测试方法的名称不再要求以 "test" 开头，而是通过 Java 5 中的 Annotation 注解机制使用 @Test 标识；再次是配置方法中不再要求名字必须是 setUp 或 tearDown，可以是任意的名字，只需使用@Before 和@After 标识；最后是新增了一种特殊的方法，用来提供对所有测试进行一次性初始化和结束清理的工作，并使用@BeforeClass 和@AfterClass 标识。

JUnit 4 中测试方法的写法可以与 JUnit 3 中保持一致，不需要更多的改变，只需在其前面加上@Test 注解。对于期望异常的测试，不仅要在 Annotation 注解中将这个异常（如代码 11.14 中的 PriceWithException()）作为参数，还要在测试方法的头部加入异常的抛出动作 throws。

JUnit 4 中还存在@Ignore 标识，可以置于@Test 前面，表示在接下来的测试中不去运行该测试方法。对于方法的命名，如 setUp 和 tearDown，建议在 JUnit 4 中采用同样的方式，这样可以大大增加程序的可读性。

JUnit 作为 Java 语言的单元测试框架，一直以简洁、易用和高效著称。它的核心设计目标是促进单个对象的测试，因此它提供了丰富的断言方法和测试运行器，使得开发者能够轻松地对单个类的方法进行详细的验证。JUnit 的优点在于其强大的集成性和广泛的社区支持，使得它在 Java 开发社区中拥有广泛的用户基础。

然而，随着软件开发的复杂性和多样性的增加，JUnit 在某些方面显得捉襟见肘。为了弥补这些不足，TestNG 框架应运而生。TestNG 的设计理念更加全面和灵活，不再仅局限于单元测试，还致力于解决更高级别的测试问题。与 JUnit 相比，TestNG 具有一些独特的特性，如依赖性测试、参数化测试及多线程测试等。

依赖性测试允许开发者定义测试之间的依赖关系，确保测试的执行顺序符合预期，这在某些场景下（比如，当一个测试需要依赖于另一个测试的结果时）非常有用。参数化测试允许开发者使用不同的输入参数来多次运行同一个测试，从而更加全面地验证代码的功能。多线程测试使开发者能够在多线程环境下对代码进行测试，以发现潜在的并发问题。

在选择单元测试框架时，开发者应根据项目的实际需求和团队的技术栈进行权衡和决策，并结合框架的优缺点，构建出更加完善和高效的测试体系，为软件的质量和稳定性保驾护航。

223

11.8　可测试性

11.8.1　可测试性基础

为了有效地进行测试，我们可以采用"自底向上"的构建方式。这种方式的核心思想是从粒度较小的类方法开始测试，逐步构建出更为复杂的测试，直至整个系统的各个部分都得到充分的验证。

具体来说，我们可以先从单个类的方法开始测试。这些方法通常具有较小的粒度，即功能相对单一且独立。通过对这些简单方法进行测试，我们可以确保每个方法的逻辑都是正确的，为后续的复杂测试打下基础。

一旦单个类的方法测试完成后，我们就可以开始测试由这些简单方法构成的更为复杂的方法。这些复杂方法可能涉及多个类的协作，因此需要在多个类之间进行交互和集成测试。在进行集成测试时，我们需要特别注意类之间的依赖关系，以确保在测试一个类时不会对其他类产生不必要的影响。

随着测试的深入进行，我们可能会遇到一些复杂的依赖关系或过高的测试开销。这时，我们需要在更高的层次上制定一个相应的测试策略。例如，我们可以考虑采用基于场景的测试方法，将多个类组合在一起进行测试，以模拟实际使用中的场景。通过这种方式，我们可以在不影响测试效果的前提下降低测试开销，并提高测试的效率。

在实际的测试过程中，我们还需要特别注意多人并行开发时可能出现的依赖情况。例如，某个开发者开发的 A 类可能需要依赖其他开发者的开发成果 B 类，但 B 类还没有正式开发完毕。这时，为了避免因等待而影响开发进度，我们可以通过构建 B 类的一个简化形式的 B' 类来模拟 B 类。这个简化形式的 B' 类通常被称为 B 类的桩或模拟（Stub or Mock），其实现需要在满足 A 类的基础上尽可能地简化。通过这种方式，我们可以在 B 类还未完成的情况下对 A 类进行测试，从而确保开发进度不受影响。

在模拟程序中，最简单的一种实现方式是返回一个默认值。这种做法既快速又直接，适用于那些不需要复杂逻辑或计算的场景。例如，在返回一个 void 类型的方法的情况下，一个完全为空的方法已经足够满足需求。这样的方法不执行任何操作，仅是为了满足接口或抽象类的要求而存在的。

然而，如果模拟程序需要返回一个实际的对象，那么情况会稍微复杂一些。在这种情况下，提供一个空值 null 通常是一个合理的选择。这样做可以让相应的代码得以运行，不会因为缺少返回值而导致错误。当然，这种做法的前提是调用方能够正确处理 null 值，否则仍然会导致运行时错误。

此外，如果模拟程序的返回类型为 int、boolean 等基本数据类型，则需要给出一个相应类型的默认值。例如，对于 int 类型，可以返回 0；对于 boolean 类型，可以返回 false。这些默认值的选择应该根据具体场景和需求来确定，以确保模拟程序的行为符合预期。

需要注意的是，桩（Stub）的具体实现是依赖于它所模拟的类的实际需要。如果具有复杂的逻辑和依赖关系，则需要更精细地模拟才能实现准确的测试。

以代码 11.15 为例，假设需要返回一个 boolean 类型的桩，并且该桩需要根据状态或输入参数来返回不同的布尔值，以模拟真实场景中的不同情况。为了实现这样的桩，可能需要引入更多的逻辑和条件判断，以确保返回值的合理性和准确性。

代码 11.15　桩的实现示例

```
public boolean determine(int i){
    return false;
}
//或者
public boolean determine(int i){
    return i==40;
}
```

代码 11.16 所示为 Transaction 类及其需要的桩，提供了一个更为详尽的示例，以便进行更全面的阐述。

代码 11.16　Transaction 类及其需要的桩

```
//Transaction.java
package TransactionMock;
public class Transaction{
    public static LogData logging;
    //...
    public synchronized void debit(int id, Account account, int amount)
 throws TransactionException{
        if(account.isLiquid(amount)){
            account.debit(amount);
            logging.write(id + " processed");
        } else{
```

```
            logging.write(id +" insolvent");
            throw new TransactionException("insolvent");
        }
    }
}
//TransactionException.java
package TransactionMock;
public class TransactionException extends Exception{
    public TransactionException(String s){
        super(s);
    }
}
//LogData.java
package TransactionMock;
public class LogData{ // Mock for Transaction
    public void write(String s){ }
}
//Account.java
package TransactionMock;
public class Account{ //Mock for Transaction
    public boolean isLiquid(int amount){
        return amount<1000;
    }
    public void debit(int amount){ }
}
```

代码中包含了日志类 LogData 的实现，由于该类只需一个没有返回值的方法，因此可以将其实现为最简单的形式。Account 类中需要 debit() 和 isLiquid() 两个方法。对于 debit() 方法，只需使用简单的实现方式即可；对于 isLiquid() 方法，则需要思考一下，因为 Transaction 类需要其提供返回真、假两种情况，才能进行较充分的测试。因此，Account 类的桩实现可以写成代码 11.16 中的形式。Transaction 类的测试实现如代码 11.17 所示。

代码 11.17　Transaction 类的测试实现

```
package TransactionMock;
import junit.framework.TestCase;
public class TransactionTest extends TestCase{
    private Account account;
    private Transaction transaction;
    protected void setUp() throws Exception{
        Transaction.logging=new LogData();
        transaction=new Transaction();
        account=new Account();
    }
    protected void tearDown() throws Exception{
        // logging close
    }
    public void testSuccessTransaction(){
```

```
        try{
            transaction.debit(42,account,100);
        } catch (TransactionException e){
            fail();
        }
    }
    public void testFailedTransaction(){
        try{
            transaction.debit(42,account,2000);
            fail();
        } catch (TransactionException e){}
    }
}
```

通过上面示例可知，在测试程序构建的过程中，要经常通过桩来隔离被测程序。当项目变得复杂时，手动构建桩可能会变得非常烦琐和低效。这是因为手动构建桩需要测试工程师对程序的内部结构有深入的了解，并且需要花费大量的时间和精力来编写和维护桩代码。此外，随着程序的不断迭代和更新，桩代码也需要不断地进行修改和调整，这无疑增加了测试工程师的工作负担。

为了解决这个问题，一些专门用于模拟的自动化框架应运而生。这些框架提供了丰富的功能和工具，使得构建被测程序变得更加简洁和快速。例如，JMock 和 EasyMock 等框架提供了各种注解和 API，使测试工程师能够快速地定义和构建桩。随着技术的发展，模拟框架也在不断地更新和升级。一些更先进的框架（如 Mockito 和 PowerMock 等）不仅提供了更加强大和灵活的模拟功能，还支持更复杂的测试场景，如模拟静态方法、构造函数、私有方法等。这些功能使得测试工程师能够更全面地测试程序的各个方面，从而更加准确地评估程序的质量和性能。

此外，自动化模拟框架还可以与持续集成/持续部署（CI/CD）流程相结合，实现自动化测试和持续监控。这样每当代码库中有新的代码提交时，自动化测试会自动运行，以确保新代码的质量和稳定性。在测试失败时，CI/CD 流程还可以自动回滚代码，避免将问题引入生产环境。这种自动化的测试方式不仅提高了测试效率，还降低了人为错误的风险，使得软件开发过程更加可靠和高效。

11.8.2　可测试性原则

一个具有高可测试性的程序不仅能够方便开发人员进行测试，还能够帮助团队更快地发现并修复潜在的错误，从而提高软件的质量和稳定性。为了实现这一目标，开发者在编写代码时需要遵循以下可测试性原则。

1. 设计简单的方法

带有很多规模较小的方法的类的测试性要好于那些带有较少方法但每个方法的规模较大的类。方法的规模越大，对其所有方面的测试就越困难。另外，方法的调用接口要尽量简单，主张一个类只要知道它需要知道的那么多即可，这符合最少知识原则。在下面的两个方法中，第二个方法的可测试性要更好。

```
getRent(car, customer)
getRent(car.getDays(), car.getPrice(), customer.getDiscount())
```

2. 避免私有方法

私有方法的可测试性是较差的，会因封装性而导致普通的 JUnit 类无法直接对其进行访问。JUnit 4 之后的 protected 方法的情况会有所好转，因为一个测试类可以从任意类中继承，如可以从测试的目标类继承。由于 private 的特点，在设计相关的类方法时，应考虑尽量使用私有方法来完成特别简单的任务。

3. 优先使用通用方法

静态代码无法应用多态的特性，因此在被测程序和测试程序中都难以实现代码重用。这可能会导致应用程序与测试代码的冗余，无法轻松实现测试代码与程序代码的替换。多态的另外一个好处是能够较容易地降低方法的复杂程度，避免使用较长的 switch 语句和 if 语句。

4. 组合优于继承

类之间通过关联关系进行组合更易于测试。在运行时，代码不能改变继承的层次结构，但可以组合不同的对象，使得对象易于从一种状态切换到另外一种状态，即易于测试。

5. 避免隐藏的依赖关系与全局状态

对全局状态一定要谨慎，因为全局状态使测试的构建变得复杂，如果全局状态没能共享或遗漏，则会导致一些意外的后果。隐藏的依赖关系也一样，这些都会使测试过程变得艰难。

代码 11.18 中的 Database 意味着一个全局状态。如果不首先实例化数据库，则无法进行付款的操作。从内部看，CreditCard 类直接或间接地依赖于 Database 类、offlineQueue 类及 CreditCardProcessor 类，并且这些依赖是隐藏的，会使测试的构建困难重重。代码 11.19 所示为避免全局状态通过依赖注入的方式增强了可测试性，使测试的构建不再困难。

代码 11.18　实际测试中的全局状态

```
testCreditCardCharge(){
    Database.init();
    OfflineQueue.init();
    CreditCardProcessor.init();
    CreditCard c = new CreditCard("1234 5678 9012 3456", 5, 2018);
    c.charge(100);
}
```

代码 11.19　避免全局状态

```
testCreditCardCharge(){
    Database db = Database();
    OfflineQueue q = OfflineQueue(db);
    CreditCardProcessor ccp = new CreditCardProcessor(q);
    CreditCard c = new CreditCard("1234 5678 9012 3456", 5, 2018);
    c.charge(ccp, 100);
}
```

11.9　人工测试

人工测试在软件开发过程中同样具有不可替代的作用，不仅能够发现软件中的缺陷和漏洞，提高软件的质量和稳定性，还能够关注用户体验和安全隐患，为用户提供更加安全、稳定的软件产品。随着技术的不断发展，人工测试也在不断演进。例如，近年来兴起的探索性测试（Exploratory Testing）就是一种以测试人员的主观判断和经验为基础的测试方法，强调测试人员的主动性和创造性，鼓励他们在测试过程中发现问题并提出改进意见。除了技术层面的发展，人工测试还需要注重团队协作和沟通。测试人员需要与开发人员、产品经理等其他团队成员紧密合作，共同制定测试计划、测试用例和测试策略。同时，测试人员还需要及时向其他团队成员反馈测试结果和问题，帮助他们了解软件的质量和稳定性情况，从而共同推动软件的开发和改进。

本节内容主要针对几种常见的人工测试方法进行说明。首先介绍一种正式的人工测试方法——审查（Inspection）；然后介绍非正式的、相对简短的人工测试方法——评审（Review）和走查（Walkthrough）。

1. 审查

审查是一种有组织、有计划的测试方法，通常由一组专业的测试人员或开发人员组成审查小组，对软件的设计、代码、文档等进行全面、细致的检查。审查的目的是发现软件中存在的问题和缺陷，并提出改进意见和建议。在审查过程中，审查小组会采用各种技巧和方法（如逐行阅读代码、使用检查表、进行小组讨论等）来确保审查的全面性和有效性。

图 11.14 展示了一个详细的活动图，清晰地描绘了正式的审查流程。审查流程的核心在于对资源的有效规划，因为正式的分析过程需要消耗大量的人力、时间和精力。这个过程涉及文档的完整性检查、产品项的评估，以及缺陷的记录和讨论，每个步骤都需要精心策划和执行。

首先，当作者完成文档后，应确保能够及时得到专家的检查。这需要在项目计划中明确安排文档的评审时间，并预留出适当的延期缓冲时间，以应对可能出现的意外情况。此外，建立项目评审专家组也是非常重要的。这个专家组通常包括来自质量保证部门的召集人和审查者。其中，召集人负责整个审查过程的组织和执行，但对评审对象不持任何偏见；审查者需要具备从专业角度评估产品项的能力。

召集人在组织审查时，需要了解每个审查者的职责和特长。对于大型产品的开发，审查者需要从多个角度进行分析，如客户角度、基础构架角度和开发角度等。这种多元化的审查方式可以确保产品在不同方面都得到充分的评估。审查者独立检查待评审的文档，并准确记录每个新发现的缺陷，包括其来源、种类等信息。

召集人在收到并整理所有审查者的评审回执后，将召开审查会议。会议的主要目的是对发现的缺陷进行统一的讨论和记录。如果一个缺陷由多个审查者提出，则需要综合整理几个审查者的意见；如果是单独发现的缺陷，则需要其他审查者共同确认。审查会议应该高效、紧凑，着重讨论缺陷本身，而不是过多讨论解决方案。当然，在审查会议上，审查者也会讨论未来的改进方向和优化建议。

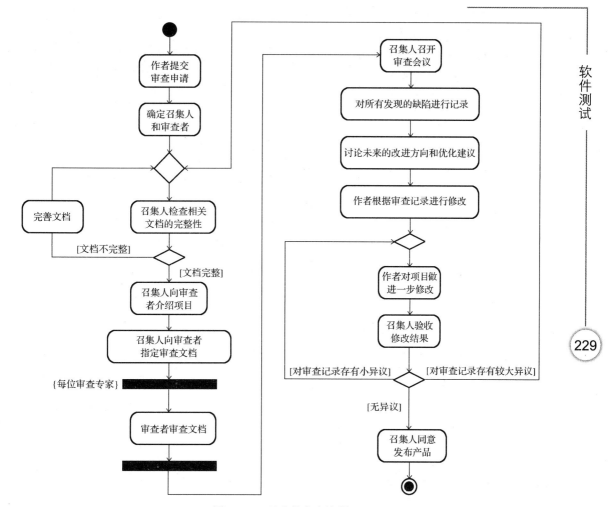

图 11.14　正式的审查流程

　　此外，审查会议还需要对本次审查工作进行总结，如审查的形式、时间等是否合适等，以便为开发过程的改进提供进一步的参考意见。值得注意的是，产品作者通常不参加审查会议，会在会议结束后得到一份审查记录，并根据审查记录对产品进行修改和优化。

　　最后，召集人负责检查所有修改项是否得到了处理，并做出是否同意该产品发布的决定。如果召集人认为修改过于简单，或者对产品做了过大的修改，则需要重新启动新的审查流程，并再次召集审查会议。这种严格的审查流程确保了产品的质量和稳定性，为项目的成功提供了坚实的保障。

2. 评审和走查

　　评审是一种轻量级的测试方法，通常是由开发人员或测试人员自行进行，对代码或文档进行简单的检查。评审的目的是快速发现一些明显的问题和缺陷，以便及时进行修复。评审通常不需要太多的时间和资源，是一种非常实用的测试方法。

　　走查是一种更加灵活的测试方法，通常是在开发过程中随时进行。在走查的过程中，测试人员或开发人员会一起查看代码或文档，并进行简单的讨论和交流。走查的目的是帮助开发人员更好地理解用户需求，发现潜在的问题和缺陷，并提出改进方案。走查通常不需要太多的计划和组织，是一种非常方便的测试方法。

评审与审查是产品开发过程中两个重要的环节，在确保产品质量和提高开发效率方面发挥着不可或缺的作用。尽管两者在核心目标上相似，但在实际操作和流程上却存在显著的差异。

首先，评审与审查在准备工作方面存在明显的不同。评审的准备工作相对较为非正式，但仍然需要评审专家对产品进行全面的审阅。在这个过程中，专家会标注出发现的问题，并给出评价意见。而审查的准备工作则更加严谨和系统化，通常需要制订详细的审查计划和标准，以确保审查过程的规范性和有效性。

其次，评审与审查在参与者的角色和互动方式上也存在差异。在评审过程中，作者通常会出席评审会议，并针对专家的疑问进行回答，但一般不会主动提出问题。同样，在走查过程中，作者通常会担任主持人的角色，介绍自己的工作产品，并引导讨论过程。其他参与者会在听取作者的讲解后，提出一些修改意见或改进建议。而在审查过程中，专家则会提出他们的意见和建议，这些意见和建议在会议后会被整理并反馈给作者。

人工测试会给开发带来一定的成本和风险。评审活动通常需要至少三位人员参与，这会增加直接成本。对于更为严格的评审过程，成本可能会增加至少20%。然而，人工测试在文档分析和检查方面，尤其是关于业务的具体含义方面，具有不可替代的优势。因此，在规模较大的项目开发中，进行人工测试是非常必要的。除此之外，人工测试过程也可能带来一些风险，如参与人数过多可能导致协调沟通成本大幅增加，从而降低效率。因此，在选择评审参与者时，应该只挑选那些具备技术资格的人员。同时，为了避免产生不必要的冲突和负面评论，评审过程应该被视为改进工作的机会，而不是发泄不满的途径。

11.10 习题

（1）图 11.15 所示的流程图描述了某子程序的处理流程，现要求用白盒测试方法对子程序进行测试，并回答下列问题。

① 满足条件覆盖的测试数据集是否一定能满足分支覆盖？请举例。

② 给出满足多条件组合覆盖的最小测试用例组。

（2）阅读代码 11.20，并回答下列问题。

① 绘制该代码对应的程序流程图。

② 绘制该代码对应的控制流图。

③ 计算环形复杂度。

④ 使用条件覆盖标准设计该程序的测试用例。

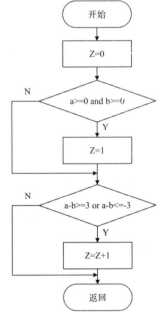

图 11.15　流程图

代码 11.20　习题（2）代码

```
Input n;        //输入数组大小
Input List;     //从小到大输入 n 元有序数组
Input Item;     //输入待查找项
Start = 0;
```

```
Finish = n-1;
Flag = -1;
while(Finish - Start > 1 && Flag == -1){
    i = (Start + Finish)/2;
    if (List(i) == Item) Flag = 1;
    else if (List(i) < Item) Start = i + 1;
    else Finish = i - 1;
}
if(Flag == -1){
    if (List(Start) == Item) Flag = 1;
    else if (List(Finish) == Item) Flag = 1;
    else Flag = 0;
}
Output(Flag);
```

（3）使用函数完成教师课时津贴标准的计算。其输入参数有两个：教师职称及是否为外聘教师；输出为该教师的津贴标准。具体如下。

本校专职教师每课时津贴费：教授 50 元，副教授 40 元，讲师 30 元，助教 20 元。

外聘兼职教师每课时津贴费：教授 50 元，副教授 50 元，讲师 30 元，助教 30 元。

使用等价类分析方法给出该函数的弱等价类测试用例。

（4）某杂志社稿件处理系统中稿件类（Article）的状态图，如图 11.16 所示。请根据该图回答下列问题。

① 给出 Article 类的定义，包括属性和方法。

② 列出所有需要测试的类状态。

③ 列出所有需要测试状态的转换。

④ 从初始态开始(各属性置为空值)，一篇名为 *A Good Paper* 的稿件投稿，由于符合杂志领域范围，因此通过初审；之后送外审，外审专家认为质量不错，但需要继续修改；返修后的论文达到要求后被录用。请为以上场景开发一个测试驱动类，并编写代码。

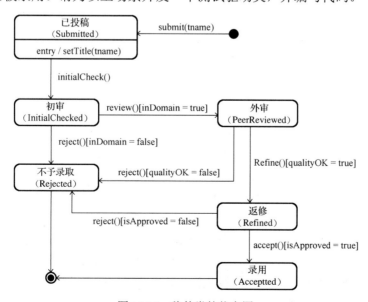

图 11.16　稿件类的状态图

第12章 软件项目级管理

前文详细探讨了软件开发的工程化方法，这些方法大多基于丰富的实践经验，通过分而治之、逐步求精等策略来有效解决问题。然而，随着软件项目规模的日益扩大，仅依赖技术上的"Know-How"已经不足以确保项目的成功。采用面向对象方法并成功完成大型项目开发的团队认识到，项目管理技术与方法在软件开发过程中同样发挥着举足轻重的作用。这些因素不仅直接关系到项目的成败，还会对软件产品的质量产生深远的影响。

软件项目管理可以分为两个层面：项目级管理和组织级管理。本章将聚焦于软件项目级管理的核心内容，深入探讨软件配置管理、项目管理、项目计划跟踪控制、软件质量保证、风险管理、项目人员构成与沟通等方面，并为其提供详细的技术和方法描述。

首先，软件配置管理作为项目管理的基础，确保了软件开发过程中各个阶段的代码、文档和其他资源的版本控制、变更管理和配置状态报告。其中，版本管理和构建管理是两个重要的活动。版本管理提供了一整套机制，使得软件开发者高效地进行团队开发，从技术和管理的角度进行明确的分工并确认各自的职责，保证每个人的工作都是基于最新的版本，并且能够方便地分发开发成果。构建管理提供对系统自动生成的机制，确保每个开发者的开发成果可以正确、高效、自动地进行测试、集成，甚至部署。

其次，从管理的角度看，项目开发涉及的核心是项目管理。项目管理包含的主要内容是软件规模、成本、进度等，从而形成可执行的计划书，同时按照项目计划跟踪控制项目的实施，并对项目产生的偏差给予纠正。

最后，本章将介绍软件质量保证的相关内容，以及项目开发过程中风险管理的理念和基本知识。此外，本章还讨论项目管理中的人员构成与沟通，这也是项目成功的重要因素之一，具体包括项目成员及社交层面上的团队合作，并说明项目成员如何通过一些交流的原则进行更好的沟通和合作。

12.1 软件配置管理

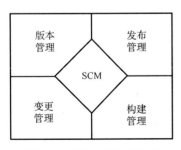

图 12.1 SCM 的核心组成

软件配置管理（Software Configuration Management，以下简称 SCM）是一种关键的技术，用于标识、组织和控制软件开发过程中的修改。在整个软件开发过程中，SCM 扮演着至关重要的角色，确保了软件产品的稳定性、一致性和可追溯性。SCM 涉及多个关键方面，其中版本管理、构建管理、发布管理和变更管理是其核心组成部分，如图 12.1 所示。

首先，版本管理作为 SCM 的核心，为所有产品项提供了统一的版本控制。在复杂的软件开发过程中，随着需求的变更、代码的修改和功能的增强，版本管理成了确保软件产品稳定性和一致性的关键。开发团队通过版本管理可以追踪代码的变更历史，管理不同版本之间的差异，以及协调不同开发人员之间的工作。没有版本管理，软件开发过程将变得混乱不堪，难以有效进行。

其次，构建管理在 SCM 中扮演着至关重要的角色。构建管理提供了产品之间依赖的路线，并按照此路线实现了产品的生成。在软件开发过程中，不同的组件和模块之间存在复杂的依赖关系。构建管理通过自动化构建流程，确保这些依赖关系能够得到正确的处理和满足。开发团队通过构建管理可以构建出稳定、可靠的软件产品，减少错误和缺陷的产生。

再次，发布管理在 SCM 中也扮演着不可或缺的角色。发布管理的主要作用是协调在合适的时间向合适的用户交付合适的产品。无论是对现有产品的扩展，还是对缺陷的修正，发布管理都需要在版本系统的支持下确保交付的期限。特别是在分布式的开发环境中，发布管理更加重要。开发团队通过发布管理可以确保软件产品在不同用户之间的稳定性和一致性，同时满足用户的需求和期望。

发布管理的必要性及作用体现在以下两个方面。

（1）软件资源、软件开发过程及开发者的分散化会导致软件发布管理的复杂化。在全球化协作的环境下，开发者分布在全球不同的位置，每天都有不同的人对软件进行更新。如果没有统一的发布管理，那么任何一个环节出现问题，都会导致复杂度急剧上升，项目无法按期交付。因此，需要有一个统一的环节对相关方面进行管理和控制。

（2）软件开发不是一蹴而就的过程。软件发布后，客户会对软件提出修改或升级意见。为了满足市场需求和抓住有利时机，很多软件不可能将所有需求全部实现再发布，而是先发布包含某些功能的版本，再根据市场的反馈和相关决策进行后续开发。为了保证产品的长期成功，需要统一的过程来管理这些发布和变更。发布管理是对项目管理的一个有效补充，关注资源协调的技术层面，以确保开发过程顺利进行。

最后，变更管理（Management of Change，MoC）也是 SCM 的重要组成部分。在软件生存周期内，软件配置是软件产品的真正代表，必须保持精确。软件开发过程中的任何变更都可能引起软件配置的变更，因此必须对这种变更进行严格的控制和管理。变更管理包括建立控制点和建立报告与审查制度，以确保修改信息的准确性和清晰性，并将其传递到软件开发过程的下一步骤中。此外，变更管理还包括对用户的确认和使其随时掌握变更的进度及细节。

12.1.1　版本管理

版本管理在软件开发过程中起着至关重要的作用，主要涉及团队协作、代码质量控制，以及项目进度的保障。具体来说，版本管理主要涵盖以下两个方面的工作内容。

一方面，版本管理需要规范化不同开发者之间的合作方式。在软件开发过程中，通常会有多个开发者同时参与项目的编写和维护。为了确保每个人的工作都能得到有效的整合，并且避免工作内容的冲突和覆盖，版本管理通过制定一套明确的规则和流程，使开发者能够有序地进行合作。例如，通过分支管理，开发者可以在自己的分支上进行代码的编写和测试，而不会影响到其他开发者的工作。同时，版本管理还能够追踪和记录代码的修改历史，以便在出现问题时能够快速定位和解决。

另一方面，版本管理要确保每个人的工作内容是当前需要的版本，并且能够为后续开发提供基础。在软件开发过程中，随着项目的推进和需求的变更，代码会不断地进行迭代和更新。为了确保每个开发者都能够基于正确的版本进行开发，并且保证代码的质量和稳定性，版本管理通过版本控制和版本发布机制，使每个开发者都能得到最新的、经过验证的代码版本。同时，版本管理还可以提供版本比较和合并功能，帮助开发者在合并代码时快速发现和解决冲突。

图 12.2 所示为累进式的开发过程，展示了一个开发者在软件开发过程中通过逐步对自己的工作内容进行优化的过程。在开发过程中，开发者可能会不断地尝试新的想法和实现方式，但最终可能只有部分想法被采纳和保留下来。这时，版本管理的价值就突显出来了。通过版本管理，开发者可以轻松地回退到之前的工作状态，或者在不同的版本之间进行切换，以便更好地评估和比较不同实现方式的效果。

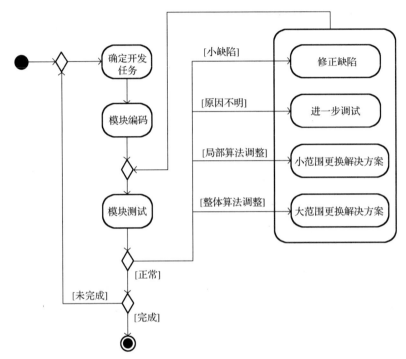

图 12.2　累进式的开发过程

通过有效地管理项目的历史版本，我们可以确保代码的追踪性、可恢复性和协作性。图 12.3 所示为项目的版本演化历史，展示了项目构成的每个开发包的演化历史，整个系统由三个主要的功能模块构成，每个模块的开发历史由 V_1 到 V_n 表示。这意味着，随着项目的进展，每个模块都会经历多个版本的迭代和更新。在演化历史中，每个版本的发布都伴随着特定的功能实现和改进，这使得我们可以追踪到代码的每一个变化。

然而，值得注意的是，在演化历史中可能存在一些中间过渡的版本并没有被采用到迭代的发布版本中，如模块 2 中的 V_3。这些版本可能是由于某种原因（如 Bug 修复、性能优化等）进行了调整，因此最终并未成为发布版本的一部分。尽管如此，版本管理系统仍然会保留这些历史记录，以供开发人员在需要时进行参考和回溯。

另外，还可能有一些由外部施加的变更请求，如模块 3 中 V_5 到 V_6 的变化。这些变更请求可能来源于客户、项目经理或其他利益相关者，会对项目的开发方向和功能实现产生影响。通过版本管理，我们可以清晰地追踪到这些变更请求的实施过程和结果，确保项目的顺利进行。

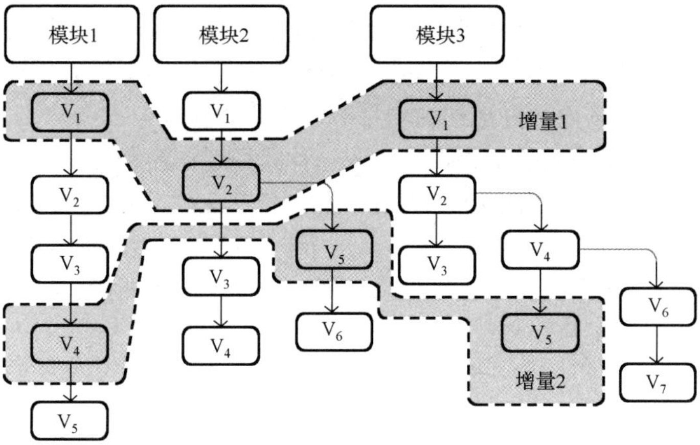

图 12.3　项目的版本演化历史

总之，版本管理不仅可以使开发者能够轻松协作和联编工作，还可以对代码版本进行控制和追踪。这使得每个开发者都能够清晰地知晓哪些版本包含哪些功能实现，以及如何准确地获取该版本。同时，版本管理还帮助开发者了解他们的工作版本和状态，从而避免版本冲突和重复工作。

目前，市面上有很多版本管理工具可供选择，如 SVN 和 Git 等。这些工具在实际项目中都有着广泛应用，用于提供强大的版本控制、代码追踪和协作功能，可以为软件开发过程提供有力支持。我们通过使用这些工具可以更加高效地进行版本管理，确保项目的顺利进行和高质量交付。

在版本管理中，最为核心的概念便是版本仓库（Repository）。顾名思义，版本仓库是一个集中存储项目所有内容的数据库。与传统的数据库不同，版本仓库更注重于对开发历史的记录和管理。它高效地利用现有的文件系统，为开发者提供了从初始版本到当前版本的所有历史内容。这种全面的历史记录不仅有助于团队成员了解项目的演变过程，还为新版本的开发提供了坚实的基础。

为了更好地满足项目管理的需求，版本管理系统在内部组织上采取了一套独立于操作系统的管理方式。在这种模式下，通常会设置一个管理员用户，专门负责管理版本仓库的创建、文档组织结构的初始化、备份的管理和版本技术方面的支持。而其他的开发者则作为版本管理系统的用户进行注册，并被赋予相应的权限。这些权限与操作系统的权限相互独立，确保了项目管理的安全性和高效性。

纳入版本仓库进行管理的各种软件资产被统称为软件配置项。这些配置项包括项目中的各种文档、数据及代码等。每个配置项都拥有独立的版本历史，这被称为代码线（Code Line）。代码线记录了配置项从创建到当前的每一次变更，为团队成员提供了清晰的版本追踪和回溯能力。

在软件配置项的生命周期中，软件配置项会在特定的时间点上通过正式评审进入正式受控的状态。此时，这些软件配置项对应的版本、配置文件，以及依赖的外部库等的集合被称为基线（Baseline）。基线是版本管理的基础，代表了一个项目完整、稳定的版本。基线的存在为后续的开发活动提供了信息的稳定性和一致性，确保了团队成员在开发过程中能够依赖稳定的基础进行工作。

除了基线，版本管理中还有一个重要的概念是主线（Mainline）。主线是由一组顺序的基线构成的集合，代表了系统的演变路线。团队成员通过主线可以清晰地看到项目从初始阶段到当前阶段的整体发展脉络，从而更好地把握项目的进展和方向。

图 12.4 所示为二区结构的版本管理系统的一种典型运作流程，是众多开发者在日常工作中经常使用的工具。在二区结构的版本管理系统中，开发者并不直接在服务器端的版本仓库中工作，而是将最新版本复制到本地工作区中。这个复制动作在版本管理系统中被称为"检出"（Check Out）。检出后，用户的本地工作空间将拥有一份与服务器版本完全一致的副本，使开发者可以在此基础上进行工作。

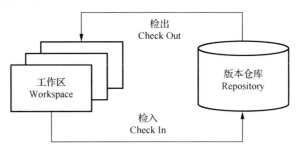

图 12.4　二区结构的版本管理系统的一种典型运作流程

随着开发者在本地副本上进行代码的编写、修改和测试，版本管理系统会在本地实时追踪这些变更，确保开发者清楚当前的工作状态。当开发者完成本地工作后，需要将这些变更反向复制回版本仓库中，这个动作被称为"检入"（Check In）或"提交"（Commit）。检入操作不仅会在仓库中延续版本的树状结构，还会使版本号在原来的基础上进行升级，以标识这是一个新的、经过修改的版本。

在检入的同时，版本管理系统通常会要求开发者提供一个简短的描述，用于解释本次修改的原因和主要内容。这个描述对其他开发者来说是非常有价值的，可以帮助他们了解代码的变更历史，理解某个特定版本的来龙去脉。

除了管理最新的发行软件版本，版本管理系统还为开发者提供了浏览和检出所有历史版本的功能。这意味着，无论是需要回顾某个历史版本的功能，还是需要从一个老版本中恢复某个丢失的文件，都可以通过版本管理系统轻松实现。

然而，当多个开发者同时修改同一个项目的同一个文件时，可能会产生冲突。图 12.5 所示为版本管理系统中的冲突，展示了这样一个场景：开发者 Eric 检出了文件 D 的版本 n 并进行编辑，而与此同时，开发者 Kate 也检出了同一版本的文件 D，在进行简单的编辑后检入了文件。之后 Eric 结束编辑并执行检入操作，这个过程如果版本系统不加任何警告和控制，那么刚才 Kate 所做的工作很有可能会被覆盖或丢失。

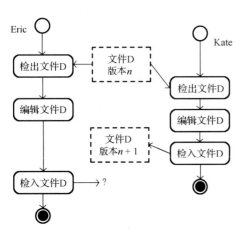

图 12.5　版本管理系统中的冲突

为了解决这种冲突问题，版本管理系统通常采取两种方法：悲观的方法和乐观的方法。悲观的方法是假设每次检出都可能产生冲突，因此会采取预防措施，如给文件加上排他锁，以确保同一时间只有一个开发者能够编辑该文件。这种方法虽然能够避免冲突，但是可能导致某些开发者无法及时检出文件，从而影响工作效率。

相比之下，乐观的方法则更加开放和灵活。它允许多个开发者同时编辑同一个文件，但在检入时会进行自动检查。如果发现冲突，系统会提示开发者存在冲突无法成功检入，并给出相应的提示和建议。在这种情况下，开发者需要再次从服务器检出最新版本，并使用版本管理工具或 Diff 工具来手动解决冲突。Diff 工具是一种用来比较文件内容差异的工具，可以帮助开发者快速定位冲突发生的具体位置，从而更加高效地解决冲突。图 12.6 所示为 Diff 工具示例。Eric 通过该工具的支持能够方便地进行变化的合并，并解决无法自动合并的冲突，最后通过版本管理工具检入版本 $n+2$。

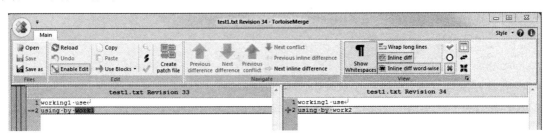

图 12.6　Diff 工具示例

图 12.4 向我们展示了常见的二区结构的版本管理系统，其中 SVN 就是这一结构的典型代表。然而，在版本控制的世界中，还有一种更为复杂且功能强大的三区结构，被广泛应用于 Git 这一分布式版本管理工具中。Git 的三区结构包括工作区、暂存区和版本仓库，如图 12.7 所示。与二区结构相比，Git 在中间增加了一个暂存区，这使 Git 的版本控制更加灵活和强大。

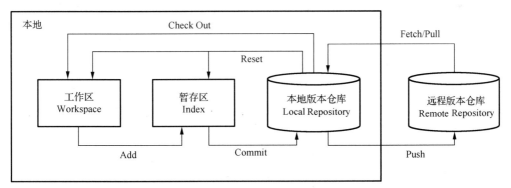

图 12.7　三区结构的版本管理系统

工作区是开发者进行代码编辑和修改的地方，也是 Git 版本控制的起点。开发者在工作区中可以对代码进行增删改查，并将修改后的代码提交到暂存区。

暂存区是 Git 中的一个重要概念，位于工作区和版本仓库之间，起到了缓冲和过滤的作用。当开发者想要将修改后的代码提交到版本仓库时，需要先将其暂存到暂存区。

版本仓库则是 Git 中存储所有版本信息的地方，包括提交记录、分支信息、标签等。Git 的版本仓库可以进一步细化为本地版本仓库和远程版本仓库。其中，本地版本仓库位于开发者的本地机器上，用于存储开发者的本地提交记录；远程版本仓库位于服务器上，用于存储所有开发者的提交记录，以便团队成员之间的协作和共享。

由于 Git 是一个分布式的版本管理工具，因此每个开发者都可以在自己的本地机器上拥有一个完整的版本仓库。这样一来，开发者可以随时随地进行代码提交和版本控制，而不需要依赖于中央服务器。

图 12.7 中较为详细地描述了 Git 的工作流程，使用户可以在本地进行持续连贯的版本演化，而不必受到网络连接的限制。即使在没有网络连接的情况下，用户也可以继续进行开发工作，并在网络连接恢复时将修改推送到远程版本仓库。这种灵活性大大提高了开发者的工作效率，使团队协作变得更加便捷。

版本管理系统是现代软件开发中不可或缺的工具之一。通过与自动化构建工具、代码审查工具、CI/CD 工具等其他工具的联合使用，版本管理系统能够构建一个高效、稳定、高质量的软件开发环境，促进团队协作开发，提高代码质量和可维护性，加快软件开发的迭代速度。

12.1.2 构建管理

在软件开发过程中，构建管理系统扮演着至关重要的角色。它的核心任务不仅仅是调用编译器和链接器生成可执行文件，更是要描述最终软件产品的结构和生成过程。无论是小型的开发项目还是大型的开发项目，构建管理系统都起着举足轻重的作用。

对小型的开发项目来说，构建管理系统的职责相对简单，主要负责调用编译器，根据所使用的编程语言选择相应的链接器来生成可执行文件，并执行该文件。然而，即便是这样看似简单的任务，也涉及许多细节和条件。例如，编译器的位置、在编译目录中创建文件的权限等都是至关重要的因素。此外，我们还需要考虑与指定目录的类库和构件进行联编等约束条件。

对大型的开发项目来说，构建管理系统的任务更加复杂。在构建过程中，它必须确保只有那些被修改的部分才会被重新编译和链接。这不仅能提高构建效率，减少不必要的资源浪费，还能确保软件产品的稳定性和一致性。为了实现这一目标，构建管理系统需要采用先进的依赖管理和增量编译技术，确保每次构建都是基于最新的代码和依赖关系。

自动化构建是构建管理系统的基础功能之一。开发人员通过自动化构建可以省去手动编译和部署的烦琐过程，实现代码的自动编译、打包和部署。这不仅降低了人为错误的可能性，还大大提高了开发效率。同时，自动化构建还可以与版本管理系统相结合，确保每次代码提交后都能自动触发构建流程，从而保持代码的实时性和一致性。

持续集成和持续部署（以下简称 CI/CD）是在自动化构建的基础上进一步提升了软件开发的效率和质量。图 12.8 所示为 CI/CD 过程的示意图。持续集成强调在每次代码提交后自动触发构建和测试流程，确保软件产品的质量和稳定性得到持续的保障。这意味着，开发人员可以在编写代码的同时，通过构建管理系统实时了解代码的质量和存在的问题，从而及时进行调整和修复。持续集成的目标是让产品不仅能快速迭代，还能保持高质量。

除了高效地生成系统，构建管理还能够自动化地部署系统。这意味着，一旦代码通过测试并被集成到项目中，持续部署过程就可以自动将代码部署到相应的环境中，从而实现从代码到实际运行的快速转换。这种自动化的部署方式不仅提高了部署的效率，还降低了人为错误的可能性，使系统的构建变得高效和自动化。

从图 12.8 中可以清晰地看到，软件制品库负责二进制制品的管理、自动化构建依赖支持、漏洞管理等关键任务，在整个 CI/CD 流水线中起着核心枢纽的作用。

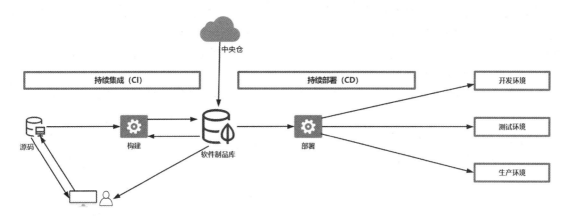

图 12.8 CI/CD 过程的示意图

二进制制品通常指的是编译后的代码、库、插件等可执行文件。软件制品库对这些二进制制品进行了统一的管理和存储，确保了版本的一致性和可追溯性。当开发人员提交代码变更后，CI/CD 流水线会自动触发构建任务，生成新的二进制制品，并将其存储到软件制品库中。这样一来，无论是进行回滚操作、构建历史版本，还是部署到不同环境，都可以从软件制品库中快速获取所需的二进制制品，大大提高了开发效率和便捷性。

软件制品库为自动化构建提供了强大的依赖支持。在软件开发过程中，不同的项目和模块之间往往存在着复杂的依赖关系。软件制品库通过存储和管理这些依赖项，使得构建过程能够自动识别和获取所需的依赖，从而实现自动化的构建。这不仅降低了人工干预和错误的可能性，还提高了构建的稳定性和可靠性。

此外，软件制品库还负责漏洞管理这一关键任务。随着网络安全威胁的不断增加，软件制品的安全性成了开发者和用户关注的焦点。软件制品库通过集成安全扫描工具，能够在制品上传和分发前进行安全检测，以便及时发现并修复潜在的漏洞。这大大增强了软件制品的安全性，为用户提供了更加可靠和安全的软件产品。

图 12.8 中的构建过程，通常是通过专门的构建工具实现的，不仅可以帮助开发者自动化构建过程，还可以提供依赖管理、构建优化、持续集成等功能。在众多构建管理系统中，如 Java 开发领域中的 Maven 和 Gradle，以及 C/C++开发领域中的 conan，都以其强大的功能和复杂的特性而备受推崇。

Maven 是一个强大的项目构建工具，采用项目对象模型（POM）来描述项目信息，并通过一系列的插件来实现构建过程。Maven 内置了丰富的依赖管理功能，可以自动下载、解析和管理项目所需的依赖项。此外，Maven 还提供了构建生命周期的概念，使开发者可以自定义构建过程，并在不同的阶段执行不同的任务。这使 Maven 成了许多大型项目的首选构建工具。

与 Maven 相比，Gradle 采用了基于 Groovy 的 DSL（领域特定语言）来描述构建逻辑。这使 Gradle 的构建脚本更加灵活和易于理解。Gradle 同样支持依赖管理，并提供了丰富的插件生态系统。此外，Gradle 还引入了构建扫描功能，可以帮助开发者分析构建性能，找出潜在的优化点。

Maven 和 Gradle 等构建管理系统为现代软件开发提供了强大的支持。开发者通过合理使用这些构建管理系统可以提高构建效率、降低维护成本，从而更加专注于实现业务逻辑和创新功能。

构建协同工具作为持续集成和持续交付过程中的另一种重要工具，可以确保在持续集成和持续交付的过程中，各种构建工具能够无缝协作，形成一个高效、稳定的流水线。开发团队通过构建协同工具可以更加便捷地管理项目的构建、测试和部署流程，从而提高软件开发的效率和质量。构建协同工具通常提供以下几个方面的功能。

（1）统一的构建管理：构建协同工具能够统一管理各个构建工具的配置和状态，确保每个构建任务都能够按照预期执行。

（2）自动化流程控制：构建协同工具能够自动化地控制整个构建流程，包括触发构建、执行测试、生成报告等。这不仅可以减少人工干预，降低出错率，还可以提高构建流程的透明度和可追溯性。

（3）灵活的集成策略：不同的项目可能采用不同的构建工具和集成策略。构建协同工具可以支持灵活的集成策略，能够根据不同的项目需求进行定制化的配置和管理。

（4）实时监控和预警：构建协同工具能够实时监控整个构建流程的状态，包括构建进度、测试结果等，并在出现问题时及时发出预警，以便开发团队能够迅速响应并解决问题。

12.2 项目管理

除了软件开发过程中的方法、技术和开发环境，项目管理也是决定项目成功与否的关键因素。与技术实现主要关注代码编写和程序运行不同，项目管理更多地聚焦于组织和管理层面的内容，以确保项目的顺利进行和高效完成。

项目计划作为项目管理的核心组成部分，实际上是对项目规模、工作量、成本、进度等关键要素的全面估算。它需要对人员、时间、计算机等各类资源进行统筹安排，确保项目能够按照预定的目标和时间表进行。在这个过程中，准确且系统地评估项目的实际成本至关重要。然而，由于项目的复杂性，这几乎是一项不可能完成的任务。我们需要综合考虑业务领域、使用的工具、参与开发的人员等因素，以得出相对准确的成本估算。

本节的主要目的是帮助每个相关人员理解项目成本估算的方法和建立估算过程的概念，以便能够更准确地估算项目的成本。基于成本的计算，我们可以明确项目的总体报价，并将其作为签订最终合同的参考依据。这对于确保项目的经济合理性和成功实施具有重要意义。

项目管理是一个广泛而复杂的知识领域，内容庞杂，涵盖了从项目启动到项目结束的全过程。因此，本节将主要选取与技术和开发者较为密切的一部分内容进行介绍。通过深入了解项目管理的原理和必要性，相关人员能更好地理解项目管理在软件开发过程中的重要性和作用。

12.2.1 项目计划与工作分解

项目组的首要任务是全面理解项目需求，并进行深入的业务分析。在这一过程中，项目组需要综合考虑各种限制和条件，如技术可行性、资源分配、时间成本等。基于这些考虑，项目组会与客户进行详细的沟通，商讨开发价格，并评估项目的盈利潜力和资源支持能力。

在软件项目中，项目经理扮演着至关重要的角色，不仅要负责项目的整体规划，还要控制进度，确保项目按时交付。项目经理需要随时解决项目开发过程中出现的各种问题，这要求他们具备出色的斡旋能力和果断的决策能力。此外，为了能够与开发团队有效沟通，项目经理通常还需要具备一定的技术基础和专业素质。

在业务理解方面，项目经理应当力求深入，最好能够达到领域专家的水平，这样才能更准确地把握客户需求，确保项目开发的顺利进行。在一些大型的软件系统开发中，项目经理的任务通常会被分解为以管理为主和以技术为主两大部分，分别由不同的人担任，如项目领导（Project Leader）和技术领导（Technical Leader）。这种分工有助于更好地发挥各自的专业优势，提高项目的开发效率和质量。

在项目计划开始阶段，确定需要完成的任务是至关重要的。这可以通过工作分解结构（Work Breakdown Structure，以下简称 WBS）的机制来实现。WBS 将项目任务按照层次结构由上至下逐步分解，确保每个子任务都清晰明确，且工作内容之间尽量减少重叠。图 12.9 所示为 WBS 示例，展示了如何将一个复杂的项目分解为多个易于管理的子任务。示例中还存在一些跨任务的工作，如质量保证、项目管理及针对用例的技术工作。项目还可以有其他的分解方式，如根据目标软件的构成进行分解等。

在 WBS 结构中，每个工作任务都会附带一个工作量评估。这个评估通常以"人天（PD）"为单位表示，代表完成该任务所需的工作量。总工作量是所有指定工作时间的总和。需要注意的是，这里的工作量评估是在项目初期进行的，因此可能与实际情况存在一定的差异。为了更准确地评估工作量，可以采用多种方法，这些方法将在后续章节中详细介绍。

在项目初始阶段进行工作量评估时，每个工作包通常都会有期望的工作量和为潜在问题预留的缓冲量两个评估值。其中，期望的工作量是基于现有信息和经验对完成任务所需时间的合理预估；缓冲量是为了应对可能出现的意外情况或风险，确保项目能够在遇到问题时仍然按计划进行。这种双重评估方法有助于提高项目管理的灵活性和风险应对能力。

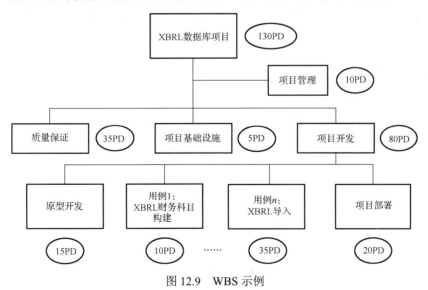

图 12.9　WBS 示例

12.2.2　软件规模估算

传统的软件规模估算方法是一种基于分解的方法。项目可以按照 WBS 的方式分解为子任务，并由一个或多个专家基于他们的经验对各子任务的工作量分别进行评估。这个过程中的主要评估方式采用"类比"的方法，即参照以往相似项目的实际工作量得出一个估算的结果。如果多个专家进行不同的独立评估，则可以通过一个评估会议对这些结果进行综合，从而产生一个最终的结果。如果某个专家的结果与其他结果有较大的偏差，则该专家应该解释在该任务中是否真实存在着某些导致成本增加的潜在原因。这些讨论通常会揭示一些隐藏在任务中且容易被忽视的因素，从而对项目产生新的理解。类比评估法的优点在于其简单易行，并且能够充分利用历史数据。然而，它也存在一定的局限性，如对历史数据的依赖和对新项目特性的忽视。

成本估算与风险管理是密切相关的，往往在进行第一次估算时就会考虑和揭示出与项目开发相关的某些风险并记录它们。风险会带来成本的增加，因此采用一个系统化的方法来评估风险带来的成本是必要的。在实践中，一般采用的方法是先给出成本的一个估计值，并根据风险的大小在这个估计值的基础上预留出风险缓冲的范围，通常会预留 30%～50%的风险成本。

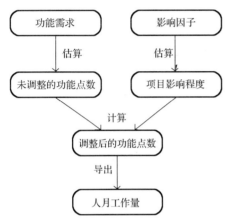

图 12.10　功能点分析的过程

除了类比评估法，还有一种被广泛采用的系统化评估方法，即功能点分析。这种方法基于软件的功能需求，通过识别和计数特定的功能点来估算项目的规模和成本。功能点分析是一项经过认证的评估技术，提供了一种标准化的方法来衡量软件系统的功能和复杂性。功能点分析的过程如图 12.10 所示。下面将通过一个具体的例子来详细解释这一过程。

假设我们需要为一个中小型公司开发一个小型员工差旅管理系统，主要用于实现对员工出差报销的管理。考虑到系统的规模和需求，我们选择使用 Java 语言进行开发。由于数据量并不是很大，我们决定采用 XML 文件作为数据存储方案，这样不仅可以简化数据的处理，还能使系统更加轻量级。

在交互界面设计上，只包含了一些基础功能，主要包括员工的添加、员工资料的更新与删除、行程安排（录入）、行程单据录入、行程审批、行程费用计算、行程费用报销等。虽然这里省略了更详细的功能描述，但是在实际的项目中，对系统需求的细致分析是必不可少的，因为这将直接影响成本估算的准确性。

在功能点分析中，我们需要准确理解当前所有的用户功能，并将每个功能归类到以下的任务类型中。

（1）内部逻辑文件（Internal Logical File，ILF）：这是指在系统内部处理的数据，如我们开发的类本身。在差旅管理系统中，员工的个人信息、行程安排、报销单据等都可能属于内部逻辑文件。

（2）外部结构文件（External Interface File，EIF）：这是指从系统外部引入并进行处理的数据。例如，如果系统需要与公司的财务系统进行数据交换，那么财务数据可能属于外部结构文件。

（3）外部输入（External Input，EI）：这是指来自系统外部的输入，并由此对数据展开处理。在差旅管理系统中，员工的行程安排、单据录入等都属于外部输入。

（4）外部输出（External Output，EO）：这是指在系统内部实现业务计算结果的外部输出。例如，系统将计算后的报销金额以某种格式输出给员工或财务部门。

（5）外部查询（External Query，EQ）：这是指从外部系统发出对数据信息的查询，不包括其他需要的附加计算。在差旅管理系统中，如果其他部门需要查询员工的出差情况或报销记录，则属于外部查询。

接下来，我们需要在每个功能类别的基础上，对功能的复杂度进行进一步的评估。复杂度的评估可以从多个维度进行，如操作的复杂性、数据处理的难度、用户界面的设计等。根据这些维度的不同，我们可以将功能的复杂度分为简单、中等和复杂三个级别。例如，对于输入类别，其对应的三个级别的可选值可以分别为"3-4-6"，分别表示简单、中等和复杂的输入功能。

在功能点相关的文献中，存在多种不同的评估方法，这些方法对于复杂度的度量也有不同的表述。例如，有的方法可能更侧重于操作的复杂性，有的方法可能更关注数据处理的难度。因此，在选择评估方法时，我们需要根据项目的实际情况和需求进行权衡和选择。

在确定了功能点的类别和复杂度后，我们就可以开始进行具体的估算工作了。这一过程通常是基于一个模板进行的，该模板会要求我们为每个功能点指定一个对应的值，这些值会根据功能类别和难易程度的不同而有所差异。在指定了每个功能点的值后，我们还需要将其与该功能点出现的频率相乘，以得到该功能点的最终分值。

在如表 12.1 所示的未调整的功能点数计算中可以看到，"员工的删除"行中的数值 7 表示其含有对数据的一个简单操作，而"员工的添加"行中的"1×6"则表示这是较复杂的输入功能，我们可以将对应的功能点数进行倍值计算。通过这样的计算方式，我们可以得到每个功能点的未调整（无权重）功能点分值。

表 12.1　未调整的功能点数计算

任务需求	输入 3–4–6	查询 3–4–6	输出 4–5–7	内部数据 7–10–15	外部文件 5–7–10	Σ
员工的添加	1×6	–	–	15	5	26
员工的更新	4	3	5	7	–	19
员工的删除	–	–	–	7	–	7
行程安排	4	–	4	7	–	15
单据录入	6	–	4	7	–	17
审批	–	3	4	–	–	7
费用计算	–	4	4	–	5	13
费用报销	–	–	4	–	5	9
合计						113

需要强调的是，深入理解和提炼用户需求对于准确地确定出功能点所属的类别和分值具有非常重要的作用。只有充分理解用户的需求和期望，才能确保软件系统的功能点分析能够真实反映项目的实际情况和需求，从而为项目的成功实施提供有力的支持。

无权重的功能点力求对用户所有的功能性需求进行一致的评价。然而，在实际开发中，往往有许多因素会影响开发的难度，这些因素被称为项目的约束或边界条件。为了确保功能点分析的准确性，我们需要将这些因素纳入考虑，并为每个功能点分配相应的权值。

首先，我们需要对可能影响开发难度的因素进行整理和归类。这些因素可能包括但不限于以下几个方面：技术的复杂性、系统的适应性、数据的处理量、用户的界面需求等。每个因素都可能对开发的时间和成本产生影响，因此我们需要为它们赋予相应的权值。

权值的取值范围可以根据实际情况进行定义。一般来说，我们可以将其定义为 0～5。例如，对于适应性的影响因素，0 可以表示只进行一次简单开发，5 可以表示需要长期的开发和维护，甚至可能需要在后期进行扩展。这样一来，我们就可以为每个功能点分配一个权值，以反映该功能点在开发过程中可能面临的挑战和困难。

然后，我们可以使用权重计算公式，将各个影响因子综合起来。这个公式可以根据实际情况进行定义。一般来说，它应该能够反映出各个影响因子对最终功能点数的影响程度。通过计算，我们可以得到一个有权重的功能点数，这个数能够更准确地反映软件的功能性需求和开发难度。

最后，我们可以将调整后的功能点数汇总在一张表格中，如表 12.2 所示。这张表格可以清晰地展示出每个功能点的无权重值、权值，以及调整后的有权重值。通过这张表格，项目团队可以更加直观地了解每个功能点在开发过程中的重要性和难度，从而做出更加明智的决策。

表 12.2 调整后的功能点数计算示例

	未调整的功能点数（UFP）	113	备注
影响因子	与其他系统的交互（0～5）	0	无交互
	分布式数据的处理（0～5）	3	客户/服务器
	事务的高处理率（0～5）	1	较低的连续处理要求
	处理逻辑		
	计算复杂性（0～10）	2	简单计算
	控制复杂性（0～5）	2	中等要求
	出错处理（0～10）	3	数据一致性检查
	业务逻辑（0～5）	2	标准要求
	可重用性（0～5）	1	较低要求
	可移植性（0～5）	1	较低要求
	可维护性（0～5）	5	较高要求
综合影响合计（DI）		20	—
影响因子（TCF）= DI/100 + 0.7		0.9	—
调整后功能点数（FP）= UFP * TCF		101.7	—

12.2.3 开发成本估算

如何将功能点的数量转换为对工作量的评估是软件项目管理中的一个重要环节。该转换过程不仅涉及技术因素，还需要考虑项目管理、团队协作和组织文化等多方面的因素。

为了实现这一转换，我们可以采用功能点经验曲线的方法，如图 12.11 所示。需要注意的是，不同的公司，甚至不同的部门，其功能点经验曲线的形态可能会有所不同。这是因为不同的组织具有不同的项目管理体系、团队协作模式和技术实力。为了更好地使用功能点经验曲线进行工作量评估，我们需要根据具体项目的特点来选择合适的曲线形态。这需要对项目的管理水平、团队实力、技术难度等多方面进行综合考虑。同时，我们还需要不断地对经验曲线进行更新和调整，以反映项目实际进展中的变化。

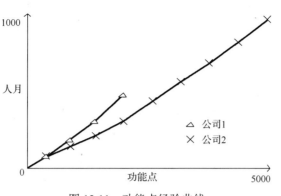

图 12.11　功能点经验曲线

利用功能点技术进行成本估算的另一种方法是采用 CoCoMo 模型，这是一个经过广泛验证和应用的成本估算工具。CoCoMo 的全称为 Constructive Cost Model，是由著名软件工程师 Barry Boehm 基于大量实际项目的经验和对相关数据的持续跟踪整理得出的。它提供了一种系统的方法来估算软件项目的成本，帮助项目经理和决策者更好地理解项目的经济需求和风险。

在 CoCoMo 模型中，CoCoMo II 是最新版本，该模型包括三个子模型，每个子模型都针对不同的项目阶段和估算需求。这三个子模型分别如下。

（1）应用组合模型（Application Composition Model）：此模型主要关注于软件系统的组成和规模。它基于软件的功能点数量来估算项目的成本。通过计算系统中的各种功能点，我们可以估算出项目的规模，进而推算出所需的开发资源和成本。应用组合模型适用于在项目早期阶段进行成本估算，帮助决策者了解项目的初步投资需求。

（2）早期设计模型（Early Design Model）：此模型在项目的初步设计阶段使用，可以基于软件的需求和设计文档来估算项目的成本。该模型不仅需要考虑功能点数量，还需要考虑项目的设计复杂性、技术难度和团队经验等因素。通过综合考虑这些因素，早期设计模型能够提供更准确的成本估算，帮助项目经理在项目启动阶段进行预算规划和资源配置。

（3）后架构模型（Post Architecture Model）：此模型适用于项目的详细设计阶段之后，即当项目的架构已经确定并且大部分设计决策已经完成时。后架构模型基于项目的详细设计文档、架构决策和已确定的开发计划来估算项目的成本。该模型能够更精确地预测项目的成本，因为它考虑了更多的细节和实际情况。后架构模型对于在项目执行阶段进行成本控制和风险管理具有重要意义。

通过如表 12.3 所示的 CoCoMo II 的子模型，我们可以总结这三个子模型的作用和特点，以便更好地理解它们在成本估算过程中的角色和应用场景。

表 12.3　CoCoMo II 的子模型

子模型	作　　用
应用组合模型	针对使用集成 CASE 环境进行快速应用开发的项目工作量的评估及计划调度
早期设计模型和后架构模型	针对基础软件设施、重要应用和嵌入软件项目开发的工作量的评估及计划调度

CoCoMo 模型用来估算目标程序使用某种编程语言的代码行数，也可以使用未加权重的功能点技术将功能点转换成对应的代码行。CoCoMo 模型是模型的集合，可以根据项目的级别或种类选取其中不同的模型来使用，这里主要针对项目开始的早期设计模型进行介绍。

CoCoMo 模型最大的作用在于提供工作量（Person Months，PM）估算的公式，并以此为项目计划调度和优化的基础。公式的基本形式如下：

$$PM = A \times Size^E \times \prod_{i=1}^{n} EM_i$$

式中，Size 是指不含注释的程序长度，即千代码行（Kilo-Thousands of Delivered Source Instructions，KDSI），因此其基本的单位是千代码行。

公式中表示每个影响因子的变量 EM_i 为工作量系数，以乘积的形式线性地融入公式中。表 12.4 中针对早期设计模型，使用了 7（$n=7$）种可能的影响因子对模型特征及其取值进行指定。在功能点方法中，对未加权重的功能点数施加项目因素的影响，最大有 30% 的修改空间，但在 CoCoMo 模型中，各种因素有更大的影响，如表 12.4 中的"人员能力"影响因子。

246

表 12.4　工作量系数 EM 的取值

影 响 因 子	特 低	很 低	低	正 常	高	很 高	特 高
可靠性及复杂性	0.73	0.81	0.98	1	1.30	1.74	2.38
可重用性	–	–	0.95	1	1.07	1.15	1.24
目标平台特殊性	–	–	0.87	1	1.29	1.81	2.61
人员能力	2.12	1.62	1.26	1	0.83	0.63	0.50
人员经验	1.59	1.33	1.12	1	0.87	0.71	0.62
开发环境	1.43	1.30	1.10	1	0.87	0.73	0.62
开发周期	–	1.43	1.14	1	1	1	

公式中的 A 是一个常数，其取值依赖于不同的业务领域，对结果也有线性的作用。例如，对于 Web 和军工、金融等业务领域，其取值为 2.5～4。

公式中的参数 E 以指数形式影响整个项目的成本，因此比其他参数的影响能力要更大一些。E 的取值可以参考以下的公式，其中的正则化因子 $B=0.91$。

$$E = B + 0.01 \times \sum_{j=1}^{5} SF_j$$

在确定 E 值的公式中同样存在几个待估计的比例系数 SF，其取值可以参考表 12.5。总体上，CoCoMo 模型综合了对项目有较大影响的一系列边界条件，同时提供了根据实际情况对影响因子进行调整的机会。另外，CoCoMo 模型实际的表现与评估者本身的经验也有直接的关系。

表 12.5　比例系数 SF 的取值

影 响 因 子	很 低	低	正 常	高	很 高	特 高
有过类似的开发先例	6.20	4.96	3.72	2.48	1.24	0
开发的灵活程度	5.07	4.05	3.04	2.03	1.01	0
架构/风险方案	7.07	5.65	4.24	2.83	1.41	0
团队凝聚力	5.48	4.38	3.29	2.19	1.10	0
软件开发过程成熟度	7.80	7.80	4.68	3.12	1.56	0

目前的方法大多关注于评估整个项目或特定任务（如功能开发）的成本。然而，当我们需要评估管理活动的成本时，如项目管理、质量保证等，情况就变得复杂起来。这些管理活动的

成本往往不是直接可见的，而是需要基于总成本进行估算的。

在通常情况下，我们会根据每个部分在总成本中所占的比例来估算管理活动的成本。这种估算方法虽然简单，但往往不够准确。随着项目规模的增加，实际的开发工作量所占的比例会逐渐下降，而管理成本、文档成本和质量保证成本却在增加。这意味着，在项目规模较大时，管理活动的成本可能会占据相当大的比例，不容忽视。

为了更好地理解各部分成本之间的关系，我们可以参考如图 12.12 所示的项目开发中各部分的成本比例的关系图。这张图直观地展示了随着项目规模的增加，各成本部分所占比例的变化。从图 12.12 中可以看出，在项目规模较小时，开发工作量（编码）所占的比例较高，而随着项目规模的增加，项目管理成本、文档成本和质量保证成本的比例逐渐上升。

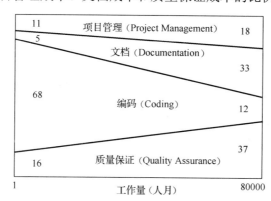

图 12.12　项目开发中各部分的成本比例的关系图

为了更准确地评估管理活动的成本，我们可以采用一些先进的成本估算方法。例如，我们可以使用历史数据来预测未来项目的成本，或者采用基于活动的成本估算方法来更精确地计算每个管理活动的成本。此外，我们还可以借助项目管理软件来实时监控项目成本，以便在出现问题时及时调整。

12.2.4　任务安排与工程网络图

为了更好地完善计划，除了估算每个工作包的工作量，还要深入理解和识别它们之间的依赖关系。这种依赖关系不仅涉及工作任务的优先级，还涉及它们之间的顺序性。这种理解对于确保项目的顺利进行至关重要，因为它能帮助我们预测和应对可能出现的问题，从而优化资源的分配和使用。

依赖关系可以分为前置依赖和后置依赖两类。前置依赖是指一个工作包必须在另一个工作包完成之后才能开始。例如，在设计一座建筑之前，我们需要先进行工程地质勘察，这就是一种前置依赖。后置依赖则是指一个工作包的完成必须等待另一个工作包的开始或完成。例如，在软件开发中，测试团队需要等待开发团队完成代码编写后，才能开始进行测试，这就是一种后置依赖。

通过识别前置和后置依赖，我们可以建立一个清晰的任务依赖网络图，从而明确每个工作包在项目中的位置和角色。这不仅可以帮助我们避免任务冲突和资源浪费，还可以帮助我们更好地预测项目进度并及时调整计划，以应对可能出现的延误。

工作任务之间的依赖关系可以通过图形的方式进行直观展现，这种方式在工程管理中尤为常见。图 12.13 所示为工程网络图示例，展示了一个典型的工程网络图。其中，图 12.13（a）详细列出了各个工作任务之间的依赖关系，以及每个任务的预计持续时间；图 12.13（b）则展示了经过计算后，每个工作任务的具体时间安排和实际持续时间，这里假设时间单位为小时。

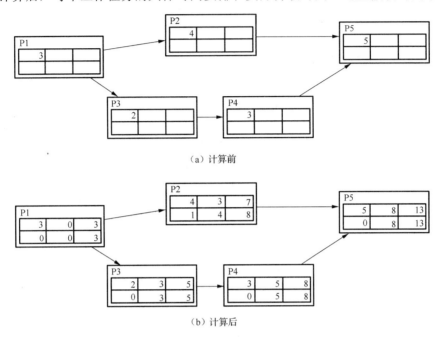

（a）计算前

（b）计算后

图 12.13　工程网络图示例

工程网络图是一种强大的工具，能够帮助项目经理和团队成员更好地理解项目的整体结构和各个部分之间的相互关系。通过图形化的方式，我们可以清晰地看到哪些任务需要在其他任务完成后才能开始，哪些任务是并行的，以及每个任务的预计完成时间。

表 12.6 所示为工程网络节点详细信息，详细列出了工程网络图中每个节点所包含的 6 个部分信息。通过仔细分析工程网络图中的信息，项目经理可以更好地分配资源、监控进度、识别潜在风险，并采取相应措施确保项目按时、按质完成。同时，团队成员也能更加明确自己的职责和任务要求，从而更好地协作和沟通。

表 12.6　工程网络节点详细信息

工作包名称		
持续时间	最早开始时间	最早结束时间
机动时间	最晚开始时间	最晚结束时间

工程网络图的计算并不复杂，主要分为前向计算和后向计算两个阶段。

在前向计算阶段，我们主要关注的是最早时间参数，包括最早开始时间和最早结束时间。这些参数的计算对于确定工作包的执行顺序至关重要。如果一个工作包是开始节点，那么它的最早开始时间通常为 0，这意味着它是整个项目的起点。对于其他工作包，最早开始时间则取决于其前置工作包的最早结束时间，取其中的较大值。最早结束时间则是通过将该工作包的最早开始时间加上其持续时间来确定的。这样我们可以通过前向计算，逐步确定每个工作包的最早开始时间和最早结束时间，从而构建出一个合理的时间线。

后向计算阶段则主要处理最晚时间参数，包括最晚结束时间和最晚开始时间。这些参数的计算有助于我们确定工作包可以推迟的最大限度，并且不会影响整个项目的完成时间。如果一个工作包是结束节点，那么它的最晚结束时间通常等于其最早结束时间，因为它标志着项目的终点。对于其他工作包，最晚结束时间则取决于其后置工作包的最晚开始时间，取其中的较小值。最晚开始时间则是通过将该工作包的最晚结束时间减去其持续时间来确定的。通过后向计算，我们可以了解到每个工作包在保持项目进度方面的重要性，从而更有针对性地安排资源和管理风险。

工程网络图计算的目的是通过确定各项工作的时间参数，找出网络计划中的关键工作、关键线路和计划工期。这些关键信息为项目计划的优化、调整和执行提供了明确的时间参数。同时，工程网络图还可以作为进一步计划的基础，因为它能展示工作包之间的依赖关系，并给出多种不同的计划方案。例如，在某个项目中，我们可能会发现该项目最小的可能持续时间为 3+2+3+5=13 天，这是通过计算那些机动时间为零的任务的持续时间之和得出的。这些关键路径上的工作包是项目计划中最重要的部分，因为它们的延迟将直接影响整个项目的进度。因此，在复杂项目计划中，优化关键路径上的工作包安排是非常重要的，可以为其他工作包提供更多的机动时间，从而降低项目延期的风险。

除了时间参数的计算，项目计划的实施还受人力等资源的影响。如果某些员工只在固定的时间可用，那么项目计划也需要遵循这些先决条件进行调整。此外，项目计划及所有资源的总体分配方案是一个相互依赖的复杂系统。在制订计划时，不仅要使员工的工作负担尽量均衡，还要考虑如何使项目尽可能顺利地开展下去。这需要项目经理具备全局观念和高超的协调能力，以确保项目计划的顺利实施和项目的成功完成。

12.2.5　项目组织与甘特图

项目计划旨在确保项目能够按照预定的时间、预算和质量要求顺利进行。一个好的项目计划应该能够清晰、直观地展示项目的各个关键要素，包括时间、人力、资源分配，以及各任务的主要责任人。为了实现这一目标，项目计划的制订者需要具备全面的知识和经验，深入了解项目组中每位成员的能力和擅长的技术。只有这样，我们才能根据项目组的实际情况，科学、合理地分配工作任务，确保项目的顺利进行。

在制订项目计划时，我们需要考虑多种因素，如图 12.14 所示。这些因素包括项目目标、范围、时间、成本、资源、风险等。在这些因素的作用下，项目计划需要逐渐进行迭代，不断调整和优化。我们不能生搬硬套、完全主观地依赖一成不变的套路，而是要根据项目计划阶段中不同的限制条件和实际状况对计划进行适时、动态的调整。这种灵活性和适应性是项目计划成功的关键因素之一。

图 12.14　影响项目计划的主要因素

为了更清晰地描述项目计划，我们经常使用一种名为甘特图（Gantt Chart）的图形工具。甘特图可以直观地展示各工作任务的开始时间、完成时间、持续时间、人员分配等详细信息。

通过甘特图，我们可以轻松地跟踪项目的进度，及时发现和解决潜在的问题。图 12.15 所示为一个甘特图的例子，其中除了工作包，还使用了一种实心菱形的符号来标示里程碑的位置。里程碑是项目中的重要事件，表示在对应的时间点可以对现有进度进行评审，并根据评估结果对计划进行较大调整，甚至终止项目。

ID	任务名称	开始时间	完成时间	持续时间	2014年										2015年		
					03月	04月	05月	06月	07月	08月	09月	10月	11月	12月	01月	02月	03月
1	需求确认	2014/3/17	2014/3/31	11天													
2	文献查阅、实地调研	2014/4/1	2014/7/30	87天													
3	数据库设计与数据整理	2014/4/15	2014/6/16	45天													
4	模块划分与概要设计	2014/6/17	2014/7/18	24天													
5	**各模块详细设计与开发**	**2014/7/21**	**2014/11/10**	**81天**													
6	性能评估	2014/7/21	2014/8/19	22天													
7	运行期实时风险评估	2014/8/22	2014/9/19	21天													
8	大坝三维模型	2014/9/22	2014/10/22	23天													
9	大坝时间序列模拟	2014/10/23	2014/11/10	13天													
10	系统集成与测试	2014/11/11	2014/12/19	29天													

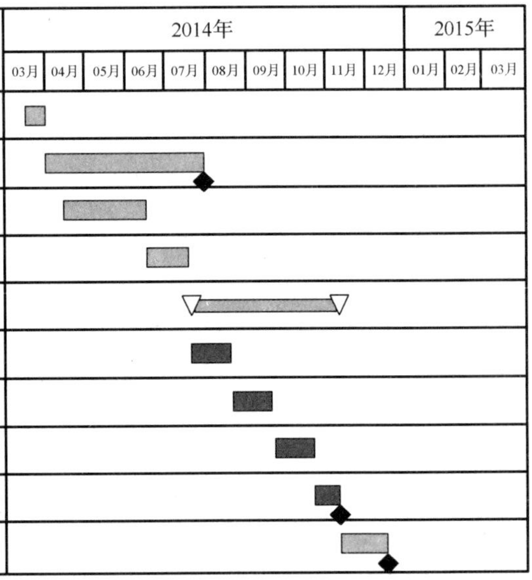

图 12.15　甘特图

里程碑可以分为内部里程碑和外部里程碑两种类型。其中，内部里程碑主要是在开发团队内部进行的进度评审，可以帮助团队及时发现和解决问题，确保项目按计划进行；外部里程碑是客户需要了解当前项目进展并进行部分验收的时间点。这些时间点通常会在项目早期达成共识并纳入合同，在计划中作为约束条件进行考虑。

在设定里程碑时，我们需要根据项目的实际情况进行灵活调整。内部里程碑的设定可以稍微灵活一些，如根据前面里程碑的结果对后面里程碑的计划进行适当调整。而外部里程碑则需要更加谨慎和严格，以确保项目能够满足客户的期望和要求。

绘制甘特图的过程并不复杂，但要想绘制出一份清晰、易懂的甘特图，却需要一定的技巧和经验。首先，需要明确项目的目标和任务，将项目分解为若干个阶段或任务，并为每个阶段或任务分配具体的负责人和完成时间。其次，根据这些信息，在甘特图上绘制出各个阶段或任务的条形图，也可以使用不同的颜色或标记区分不同的阶段或任务，以便更好地进行区分和识别。

随着项目规模的扩大和复杂性的增加，手动绘制甘特图已经无法满足现代项目管理的需求。因此，现代项目管理软件纷纷提供了甘特图的绘制功能，使得项目团队能够更加方便、快捷地绘制出甘特图。这些软件通常提供了丰富的模板和工具，用户只需输入项目的基本信息，软件便能自动生成一份清晰、易懂的甘特图。除了基本的甘特图绘制功能，现代项目管理软件还提供了许多高级功能，如任务依赖关系设置、进度跟踪、风险预警等。这些功能使得项目团队能够更加全面、深入地了解项目的整体进度和各个阶段的完成情况，从而更好地进行项目管理和决策。

12.3 项目计划跟踪控制

12.3.1 项目计划跟踪

项目计划跟踪涉及项目的整个生命周期，从项目启动到项目结束。通过有效的项目计划跟踪，项目团队可以及时发现和解决潜在问题，确保项目按照预定的时间表和预算顺利进行。

为了进行有效的项目计划跟踪，项目团队需要定期收集项目数据，包括项目进度、成本、质量等方面的信息。这些数据可以通过项目管理系统、进度报告、会议记录等渠道获取。收集到项目数据后，项目团队需要对其进行分析和整理，生成项目报告。项目报告应该包括项目的实际进度、与计划的偏差、潜在问题及解决方案等内容。项目报告应该定期向项目相关方进行汇报，以便及时发现问题并采取相应措施。

在进行项目管理和任务跟踪时，对完成进度的准确把控是至关重要的。为了更好地理解和预测任务的完成情况，我们通常会借助一些模型作为参考，其中一种近似线性模型较为简洁实用。这种近似线性模型的基本假设是，在任务完成的过程中，进度的增长趋势在开始阶段到大约 80% 的完成度时相对较快，之后会因为各种维护任务（如缺陷修正、性能优化等）导致进度增长变得缓慢。这种假设并非空穴来风，而是基于大量的项目实践和经验总结得出的。除了近似线性模型，还有其他一些模型和方法可以用于任务进度的预测和跟踪。例如，甘特图、关键路径法等都是项目管理中常用的工具。然而，这些工具各有优缺点，需要根据具体项目的特点和需求进行选择和应用。

项目经理在项目管理中需要不断地进行数据对比分析，以了解项目的实际执行情况与计划之间的偏差。同时，项目经理还需要关注项目执行过程中的各种决策和团队表现，以便及时发现问题并对其进行调整。图 12.16 所示为计划偏差的分析，通过一个坐标系统直观地展示了项目整体或单个任务的进度跟踪情况。在这个坐标系统中，横坐标轴代表时间的推移，纵坐标轴则代表任务完成的百分比，而那条虚线，则是项目计划中的理想进度线，代表了项目按照预定计划进行的理想状态。

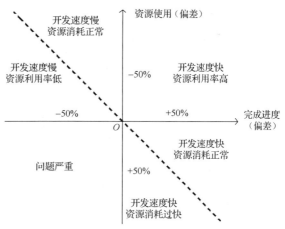

图 12.16　计划偏差的分析

当项目经理观察到实际进度曲线与虚线之间存在偏差时，需要深入分析产生这种偏差的原因。在理想情况下，曲线应该尽可能接近虚线，这意味着项目的实际进度与计划进度高度一致。然而，在实际操作中，因为各种不可预见的因素，这种偏差是不可避免的。

当曲线位于虚线以上的上三角位置时，这通常意味着项目具有较高的开发效率和经济效益。然而，这种偏差也需要引起项目经理的注意。这是因为，如果曲线持续位于右上象限，则说明项目计划中的资源估算过高，或者任务的实际执行效率超过了预期。在这种情况下，项目经理需要及时调整计划，或者合理优化那些空闲的资源，以确保项目的顺利进行。

同时，项目经理还需要关注项目执行过程中的各种决策。这些决策需要在项目日志中进行详细记录，以便在项目结束后进行回顾和总结。项目经理需要给出最终的项目总结评价，包括与客户交流的质量和效率、项目组人员的技术水平、开发工具的使用效率，以及使用的软件过程表现等方面内容。这些评价不仅有助于项目经理了解项目的整体表现，还能为未来的项目提供宝贵的参考。

此外，对一个学习型和持续改进型的团队来说，项目历史的记录和完善是极其宝贵的资源。通过对历史项目的回顾和总结，团队成员可以学到过去的经验教训，从而不断改进和提升自己的工作方法与技能。同时，这些历史数据还可以为团队提供宝贵的参考，帮助他们更好地制订和执行项目计划。

12.3.2 挣值分析

挣值分析（Earned Value）是一种全面而精确的项目绩效评估方法，旨在深入了解项目实施的进度和成本状态。该方法的核心思想在于，它不只是比较实际项目数据与计划数据，而是引入了一个更为复杂但更为准确的评估指标——挣值。挣值代表了项目到目前为止实际完成的价值，综合考虑了实际完成的任务量和这些任务的成本。

在传统的项目性能统计中，我们可能会简单地将实际的项目数据与计划数据进行比较，以计算差值，并基于这个差值来判断项目的执行情况。然而，这种方法可能会忽视一个关键因素，即实际完成的任务量可能会超过或低于预期的任务量。这意味着，即使实际的花费超过了计划的成本，也可能是因为项目进展顺利，实际完成的任务量超出了预期。因此，我们需要一个更为复杂的评估指标来准确反映项目的实际进度和成本状态。挣值分析正是为了解决这个问题而诞生的。挣值分析模型如图 12.17 所示，其中输入数据的详细定义如下。

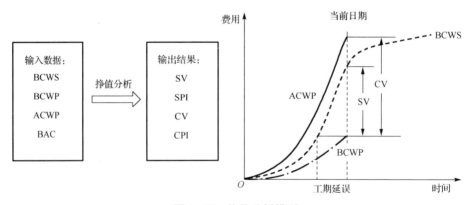

图 12.17　挣值分析模型

（1）BCWS（Budgeted Cost of Work Scheduled，计划完成工作的预算成本）：到目前为止的总预算成本。它表示"到目前为止的计划成本是多少"，或者"到目前为止本应该完成的工作是多少"，是根据项目计划计算出来的。

（2）BCWP（Budgeted Cost of Work Performed，已完成工作的预算成本）：到目前为止已经完成的工作的计划成本，也被称为挣值，表示"到目前为止完成了多少工作"。

（3）ACWP（Actual Cost of Work Performed，已完成工作的实际成本）：到目前为止所完成工作的实际成本，表示"到目前为止实际的成本"，可以由项目组统计出来。

（4）BAC（Budgeted At Completion，工作完成的预算成本）：项目计划中的成本估算结果，工作完成的预算总成本。

通过比较相关指标，我们可以获得对项目进度和成本状态的全面理解。例如，如果项目一切正常，ACWP、BCWP、BCWS 应该重合或接近重合。有了这些采集的数据信息可以使用挣值分析模型来分析输出结果，输出指标的计算如下。

（1）进度偏差（Schedule Variance，以下简称 SV）= BCWP−BCWS，若此值为零，则表示项目按照进度进行；若为负值，则表示项目进度落后；若为正值，则表示项目进度超前。

（2）成本偏差（Cost Variance，以下简称 CV）= BCWP−ACWP，若此值为零，则表示项目按照预算成本进行；若为负值，则表示项目超出预算成本；若为正值，则表示项目低于预算成本。

（3）进度执行指标（Schedule Performance Index，以下简称 SPI）= BCWP/BCWS，项目挣值与计划值之比。若 SPI>1，则表示进度超前；若 SPI=1，则表示实际进度与计划进度相同；若 SPI<1，则表示进度延误。

（4）成本执行指标（Cost Performance Index，以下简称 CPI）= BCWP/ACWP，项目挣值与实际费用之比。若 CPI>1，则表示低于预算，即实际费用低于预算费用；若 CPI=1，则表示实际费用与预算费用吻合；若 CPI<1，则表示超出预算，即实际费用高于预算费用。

在项目进行过程中，期望 SPI 和 CPI 趋近于 1，允许有一定的偏差。但是，若偏差太大，则说明项目进度和成本控制出现了较大问题，需要采取措施调整项目计划，使得未来的 SPI 和 CPI 始终趋近于 1。

在使用挣值分析时，对于 BCWS、BCWP、ACWP 这些基本参数值，可以按照一定的时间段来统计计算。例如，每周、每个月等。其中，挣值 BCWP 的计算是不容易的，需要考虑的原则有 50/50 规则和 0/100 规则，或者其他的经验加权法等。50/50 规则是指当一项工作任务已经开始，但是没有完成时，假设已经实现 50%的价值，当这个工作任务全部完成时，才实现全部的价值。0/100 规则是指当一项工作任务开始，但是没有完成时，不产生任何价值，即价值为 0，直到完成时才实现全部的价值。

例如，有 4 个工作任务：T1 全部完成，T2 完成一半，T3 刚开始做，T4 还没有开始做。表 12.7 所示为工作任务的 BCWS 和 ACWP 的取值。

表 12.7　工作任务的 BCWS 和 ACWP 的取值

工作任务	BCWS（元）	ACWP（元）	任务总预算（元）
T1	2000	1900	2000
T2	900	750	1600
T3	200	300	1000
T4	0	0	1200

根据 50/50 规则和 0/100 规则可以分别计算出 BCWP 值。表 12.8 所示为工作任务的 BCWP 计算取值。

表 12.8　工作任务的 BCWP 计算取值

工作任务	BCWS（元）	ACWP（元）	BCWP（元）（50/50 规则）	BCWP（元）（0/100 规则）
T1	2000	1900	2000	2000
T2	900	750	800	0
T3	200	300	500	0
T4	0	0	0	0
合计	3100	2950	3300	2000

因此，从按照 50/50 规则计算出的 SPI=3300/3100=1.06、CPI=3300/2950=1.12 中可以看出，二者都比 1 大，表示项目进度超前，实际费用低于预算费用，是一个比较好的项目执行。需要注意的是，如果 SPI 和 CPI 比 1 大得过多，则说明项目计划的预算不合理，过高地估计了一些任务计划预算，需要调整项目计划。从按照 0/100 规则计算出的 SPI=2000/3100=0.65、CPI=2000/2950=0.68 中可以看出，二者都比 1 小，表示项目进度滞后，实际费用高于预算费用，需要调整项目执行。从这个例子可以看出，使用不同规则计算出的结果是不同的。

对项目进行预算后，项目的执行过程可以按照预算内完成、低于预算完成，或者超出预算完成。超出预算完成会给项目带来经济损失，所以控制项目执行预算是一个非常重要的管理过程，需要设定一个允许偏差范围，并对超出允许偏差范围的挣值分析结果采取措施，以纠正偏差。

通过进度偏差 SV、进度执行指标 SPI 可以分析进度问题，如果滞后严重，则在分析开发者资源使用情况时，对正在做和未开始做的任务计划进行必要的调整，以降低未来的偏差。

通过成本偏差 CV、成本执行指标 CPI 可以分析成本问题，如果成本超出当前预算，则在分析工作任务复杂性及其预算的合理性时，对正在做和未开始做的任务计划进行必要的调整，以降低未来的偏差。

除了对项目的进度和成本进行监控，还应该对项目的质量、风险、人员等方面进行监控，只有它们的指标在计划的控制范围之内，项目的进度和成本控制才有意义。

12.4　软件质量保证

12.4.1　质量管理

在项目管理中，时间、成本和质量是三个至关重要的要素。它们相互关联、相互影响，共同构成了项目成功的基石。如何在三者之间找到最佳的平衡点，并持续遵循这一模式进行有效的管理，成为质量管理的核心目标。

质量管理领域流派众多，其中戴明理论、朱兰理论、克鲁斯比理论和田口质量理论等都具有重要的代表性。戴明理论强调目标稳定、持续改进和知识积累，其核心理念是预防优于检验。朱兰理论则更加注重产品的"适用性"。适用性意味着产品需要满足或超过项目涉众的期望。克鲁斯比理论的核心观点是质量定义需要符合预先的要求，质量源于预防，执行标准是零缺陷的，质量是用非一致成本来衡量的。田口质量理论则强调应用统计技术进行质量管理，通过损失函数来决定未满足目标产品的成本。

全面质量管理（TQM）是一种更为综合和全面的管理方法。它强调全体员工的参与和持续改进，通过改进流程、产品、服务和公司文化，实现百分之百时间内生产百分之百的合格产品，以满足顾客需求。TQM 是一种思想观念，更是一套方法、手段和技巧。它要求我们在整个项目过程中关注质量，从设计、开发、生产到服务的每一个环节都要严格控制质量，确保项目能够成功交付并满足客户的期望。

软件项目的质量管理是指一系列确保项目能够满足既定目标和要求的过程。这一过程涵盖了从项目初期的规划、设计、开发到最终的测试和交付的每个环节。质量管理的核心理念在于预防问题的发生，而不是仅仅依赖事后的检查和修正来处理问题。在扁鹊三兄弟的故事中，扁鹊认为他的大哥医术最高，因为他专长于疾病初露端倪时的预防与治疗，而不是等问题变得严重了才去应对。同样，在软件项目管理中，通过事前的质量计划和控制，可以有效避免许多潜在的问题，从而提高项目的成功率和客户满意度。

在任何软件开发项目中，质量不仅拥有发言权，还对项目的成败拥有表决权，甚至最终的否决权。质量不仅会对软件开发项目本身的成败产生影响，还会对软件企业的形象、信誉、品牌带来影响。质量一般通过交付物标准来明确定义，这些标准包括各种特性及这些特性需要满足的要求。另外，质量还包含对项目过程的要求，如规定执行过程应遵循的流程、规范和标准，并要求提供过程被有效执行的证据。因此，质量管理主要是监控项目的交付物和执行过程，以确保它们符合相关标准，同时确保不合格的内容能够按照正确的方法排除。质量管理还可能对项目的客户应对质量做出规定，包括应对客户的态度、速度及方法。高质量来自满足客户需求的质量规划、质量保证、质量控制和质量改善活动，也来自保证质量、捍卫质量和创造质量的卓越理念、规则、机制和方法。

质量管理过程的目的是确保项目满足需要执行的过程，主要包括软件质量规划（Software Quality Planning）、软件质量保证（Software Quality Assurance，SQA）和软件质量控制（Software Quality Control）。软件质量规划确定与项目相关的质量标准及如何满足这些标准。软件质量保证通过定期评估项目的整体性能，确保项目满足相关的质量标准。软件质量控制通过控制特定项目的状态，保证项目完全按照质量标准完成，同时确定质量改进的方法。

1. 软件质量规划

软件质量规划过程是确定项目应达到的质量标准，决定如何满足质量标准的计划安排和方法。合适的质量标准是质量规划的关键。只有做出精准的质量规划，才能指导项目的实施，做好质量管理。

质量规划主要指依据公司的质量方针、产品描述，以及质量标准和规则等制订出来的实施策略，其内容全面反映用户的要求，为质量小组成员进行有效工作提供指南，为项目小组成员及项目相关人员了解在项目进行中如何实施软件质量保证和控制提供依据，为确保项目质量得到保障提供坚实的基础。

2. 软件质量保证

软件质量保证是为了提供信用，证明项目将会达到有关质量标准，而开展的有计划、有组织的工作活动。它是贯穿整个项目生命周期的系统性活动，经常性地针对整个项目质量规划的执行情况进行评估、检查与改进等工作，获取管理者、客户或其他方的信任，确保项目质量与计划保持一致。

软件质量保证的目的是验证项目在软件开发过程中是否遵循了合适的过程和标准，是保证软件透明开发的主要环节。它贯穿了整个项目的始终。

软件质量保证的职责是确保过程的有效执行，监督项目按照指定过程进行项目活动；同时审计软件开发过程中的产品是否按照标准开发。软件质量保证的主要方法是质量审计，即产品审计和过程审计。为此，质量保证人员要定期对项目质量规划的执行情况进行评估、审核与改进，并在项目出现偏差时提醒项目管理人员，提供项目和产品可视化的管理报告，通过各种手段来保证得到高质量的结果。

3. 软件质量控制

软件质量控制是确定项目结果与质量标准是否相符，同时找出不符的原因和方法，控制产品的质量，及时纠正缺陷的过程。软件质量控制是对阶段性的成果进行检测、验证，为质量保证提供参考依据。

软件质量控制主要用于发现和消除软件产品的缺陷。对高质量的软件来说，最终产品应尽可能达到零缺陷。而软件开发是一个以人为中心的活动，所以出现缺陷是不可避免的。因此，要想交付一个高质量的软件，消除缺陷的活动就变得很重要。消除缺陷是通过"评审"和"测试"这类质量控制活动实现的。软件质量控制方法有技术评审、走查、测试、返工、控制图、趋势分析、抽样统计、缺陷追踪等。

12.4.2 软件质量保证的内容

软件质量保证的内容主要包括：软件质量保证过程、具体的质量保证和质量控制任务（包括技术评审和多层次测试策略）、有效的软件工程实践（方法和工具）、对所有软件工作产品及其变更的控制、保证符合软件开发标准的规程、测量和报告机制。

软件质量保证涵盖了广泛的内容和活动，这些内容和活动侧重于软件质量管理，主要的要素如下。

（1）标准：IEEE、ISO及其他标准化组织制订了一系列广泛的软件工程标准和相关文件。标准可能是软件工程组织自愿采用的，或者是客户及其他系统涉众要求采用的。软件质量保证的任务是要确保遵循所采用的标准，并保证所有的工作产品符合标准。

（2）评审和审核：技术评审是由软件工程师执行的质量控制活动，目的是发现错误。审核是一种由软件质量保证人员执行的评审，目的是确保软件工程工作遵循质量准则。例如，要对评审过程进行审核，确保以最有可能发现错误的方式进行评审。

除此之外，还包括测试、缺陷收集分析、变更管理、培训、供应商管理、风险管理等方面的活动。

12.4.3 软件质量保证的任务

软件质量保证团队的行动纲领是协助软件团队实现高质量的最终产品。CMMI（Capability Maturity Model Integration，软件能力成熟度模型集成）中推荐了一套质量保证活动，包括质量保证计划、监督、记录、分析和报告，这些活动由独立的软件质量保证团队执行和完成，他们的任务如下。

（1）编制项目质量保证计划。该计划作为项目计划的一部分，并且经所有系统涉众评审。软件工程团队和软件质量保证团队进行的质量保证活动都受该计划支配。在计划中确定要进行的评估、要进行的审核和评审、适用于项目的标准、错误报告和跟踪的规程、软件质量保证组产出的工作产品及将提供给软件团队的反馈意见。

（2）参与编写项目的软件过程描述。软件工程团队选择完成工作的过程。软件质量保证团队审查该过程描述是否符合组织方针、内部软件标准、外部要求的标准（如 CMMI），是否与软件项目计划的其他部分一致。

（3）评审软件工程活动，以验证其是否符合规定。软件质量保证团队识别、记录和跟踪偏离过程的活动，并验证是否已做出更正。

（4）审核指定的软件工程产品，以验证是否遵守规定。软件质量保证团队审查选定的产品，识别、记录并跟踪偏差，验证已经做出的更正，并定期向项目经理报告其工作成果。

（5）确保根据文档化的规程，记录和处理软件工程和工程产品中的偏差，包括在项目计划、过程描述、适用的标准或软件工程工作产品中存在的偏差。

（6）记录各种不符合项并报告给上层管理人员。跟踪不符合项，直到解决。

除了这些任务，软件质量保证团队还协调进行软件配置变更的控制和管理，并帮助收集和分析软件度量数据。

12.4.4 软件质量保证计划

软件质量保证计划也被称为 SQA 计划，为软件质量保证提供了一张路线图。该计划由软件质量保证团队来制订，可以作为各个软件项目中软件质量保证活动的模板。

SQA 计划应包括：计划的目的和范围；软件质量保证覆盖的所有软件工程产品的描述，如模型、文档、源代码等；应用于软件过程中的所有适用的标准和习惯做法；软件质量保证活动和任务（包括评审和审核），以及它们在整个软件过程中的位置；支持软件质量保证活动，以及任务的工具和方法；软件配置管理的规程；收集、保护和维护所有软件质量保证相关记录的方法；与产品质量相关的组织角色和责任。

12.5 风险管理

软件风险是指软件开发过程中及软件产品本身可能造成的伤害或损失。风险关注未来的事情，这意味着风险涉及选择本身包含的不确定性。软件开发过程及软件产品都要面临各种决策的选择。当在软件工程领域考虑风险时，我们要关注以下问题。

（1）什么样的风险会导致软件项目的彻底失败？

（2）用户需求、开发技术、目标计算机及所有其他与项目有关的因素的改变会对按时交付和总体成功产生什么影响？

（3）采用什么方法和工具，需要多少人员参与工作的问题，如何选择和决策？

（4）软件质量要达到什么程度，才是"足够的"？

当没有办法消除风险，甚至连试图降低风险也存在疑问时，这些风险就是真正的风险了。在我们能够标识出软件项目中的真正风险之前，识别出所有对管理者和开发者来说均明显的风险很重要。

被动风险策略是针对可能发生的风险来监督项目，直到它们变成真正的问题时，才拨出资源处理它们。更普遍的是，开发者对风险不闻不问，直到发生了错误，才采取行动，试图迅速地纠正错误。这种管理模式常常被称为"救火模式"。当补救失败后，项目就处在真正的危机之中了。

风险管理的一个更好的策略是主动策略。主动策略在技术工作开始之前就已经启动了，即标识出潜在的风险、评估它们出现的概率及产生的影响，对风险按重要性进行排序。我们可以建立一个计划来管理风险。主动策略的主要目标是预防风险。由于不是所有的风险都能够预防，因此必须建立一个应对意外事件的计划，使其在必要时能够以可控、有效的方式做出反应。

项目的风险管理如图 12.18 所示，其中描述了主要的风险活动及其关系，包括风险识别、风险分析、措施计划、措施执行、结果评估、优化、风险数据库几个主要部分。

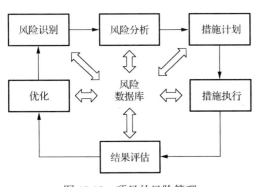

图 12.18 项目的风险管理

1. 风险识别

风险识别步骤一般在项目开始时就已经进行了，用来识别出项目开发过程中潜在的风险。虽然风险不能立即被全部识别出来，但是越早发现风险，后续的步骤就越容易。

2. 风险分析

对每个风险来说，风险分析需要确定两个影响因素：一是该风险出现的概率有多大；二是一旦出现风险，其破坏程度如何。我们可以将这两项值的乘积作为该风险的优先级进行管理，评估可能的后果，并考虑应对的措施。

3. 措施计划

措施计划针对每个威胁的风险制订对应的计划，以使其危害最小化，如原型的开发、员工的培训、通过协议对风险进行转移等，并设置每项措施的成功指数。

4. 措施执行

措施执行是指按照措施计划执行应对措施。

5. 结果评估

结果评估在措施执行后规定的时间点（如对项目产品评审时），依据每项措施的评估指数验证该措施是否成功。

6. 优化

优化是指对某项风险及其应对措施进行改进和提升的过程，包括对措施的调整，或者制定更有效的措施。优化也指对风险管理过程本身的优化，因为风险管理过程同样需要持续改进和完善。

7. 风险数据库

风险数据库是指组织级上建立的经验数据库，将不同的项目及其风险管理信息在数据库中进行存储，为现有项目风险的评估提供信息参考，同时使得未来项目的经验在组织级上实现持久化。风险分析的结果数据样例如表 12.9 所示。

表 12.9　风险分析的结果数据样例

风险名称	类别	发生概率	影响程度	风险排序
用户变更需求	产品规模	80%	5	1
规模估算不准确	产品规模	70%	5	2
开发者变动	人员数目及其经验	60%	4	3
客户对计划有异议	商业影响	50%	4	4
产品交付期限提前	商业影响	50%	3	5
软件负载超出计划	产品规模	30%	4	6
技术水平达不到	技术情况	20%	2	7
缺少对开发工具的学习	开发环境	40%	1	8
成员缺乏开发经验	人员数目及其经验	10%	3	9

12.6　项目人员构成与沟通

在探讨项目成功的关键要素时，社交环境无疑扮演着举足轻重的角色，特别是对非纯技术背景的项目成员来说。这一要素的重要性，在敏捷软件过程模型中得到了淋漓尽致的体现。该模型明确强调，个体和互动的重要性远远超过了过程和工具。这一点在软件开发领域尤为重要，因为软件开发本质上是一个团队协作的过程。

想象一下，一个缺乏互动和沟通的软件开发团队，成员们各自为战，缺乏协作，这样的团队很难产出高质量的软件产品。相反，一个拥有良好社交环境的团队，成员们能够自由地交流想法、分享经验、解决问题，这样的团队往往能够产生更加出色的工作成果。

在软件开发项目中，开发者通过项目构成了一个独特的社会环境。这个环境既需要技术能力的支撑，又需要社交技能的加持。在这个环境中，团队成员需要学会如何与他人高效合作，如何理解并尊重他人的观点，如何有效地表达自己的意见。只有这样，团队成员才能共同推动项目的进展，促成最终项目的成功。

同时，社交技能的培养在项目团队中也显得尤为重要。有效的沟通能够激发每位员工的潜能，使整个团队的工作效率得到大幅提升。因此，教育或培训中也越来越重视社交技能的培养，希望通过这种方式帮助项目团队更好地应对各种挑战。

总之，社交环境是项目成功不可或缺的关键因素之一。在软件开发领域，一个拥有良好社交环境的团队，往往能够产出更加出色的软件产品，赢得用户的青睐和市场的认可。本节主要讨论项目团队的组建、人员构成与沟通机制。

12.6.1　项目人员构成

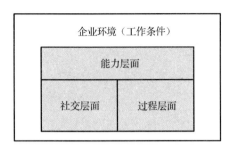

图 12.19　项目的整体视图

项目的成功往往取决于多个层面的因素，这些层面相互关联、相互影响。尽管过程的思想在成功项目的开发中起到重要的作用，但在过程的层面上也不能解决所有问题。图 12.19 所示为项目的整体视图，将项目及其成功的因素划分为过程层面、能力层面、社交层面、企业环境四个部分。

过程层面涵盖了企业中所有的过程定义及其描述。这些过程包括项目管理流程、开发工作流程、质量控制流程等。清晰的过程定义可以确保项目的有序进行和高效的团队协作。然而，过程层面的管理并不能完全解决项目中的所有问题。有时，即使过程再完美，如果团队成员缺乏必要的能力或社交层面出现问题，那么项目仍然可能面临失败的风险。

能力层面包括所有工作人员能够掌握和应用的所有技术与构件。一个成功的项目需要团队成员具备相应的技术能力和专业知识。这些能力包括项目管理能力、技术能力、沟通能力等。只有团队成员具备了这些能力，才能有效地执行项目过程，确保项目的顺利进行。

社交层面是项目成功的另一个关键因素。社交层面包括工作人员之间所有的交互情况、交互特点及交互质量。团队之间的沟通和协作对于项目的成功至关重要。团队成员之间需要建立起良好的工作关系，相互尊重、理解和支持。只有这样，才能在面对困难和挑战时共同应对，确保项目的顺利进行。

企业环境层面包括所有组织级的能够影响项目成败的制度和设施。企业环境对项目的成功具有重要影响。良好的企业环境可以提供必要的支持和资源，为项目的成功创造有利条件。例如，企业可以提供必要的培训和发展机会，帮助团队成员提升能力；同时，企业也可以建立有效的激励机制，激发团队成员的积极性和创造力。

在任何一个项目的初始阶段，项目团队的组建都是一个至关重要的环节。该过程往往会聚集来自不同背景、不同领域，甚至互不相识的工作人员。他们可能从未共事过，对彼此的工作习惯、思维方式，乃至个性特点都缺乏了解。因此，如何让这样一个多元化的团队快速融合，形成高效协作的工作模式，是项目经理必须面对的挑战。

在团队的成长过程中，一般会经历组建（Forming）、风暴（Storming）、规范（Norming）和行动（Performing）四个典型的阶段。这些阶段不仅反映了团队成员之间关系的变化，还体现了团队工作效率的逐步提升。

在组建阶段，项目成员们开始相互熟悉，彼此了解。这是一个相互摸索、试探的过程。由于大家还在摸索如何与新同事合作，因此团队对工作的专注度可能不够，导致效率低下。此时，项目经理需要耐心引导，帮助团队成员建立初步的信任和合作基础。

风暴阶段通常伴随着团队内部的冲突和摩擦。团队成员们开始为职责的确定、工作的分配等问题争论不休。这种不稳定的状态可能会导致团队士气低落，工作效率进一步下降。在这个阶段，项目经理需要发挥调解者的角色，通过有效的沟通和协调，帮助团队成员化解矛盾，达成共识。

随着团队逐渐进入规范阶段，团队成员之间开始形成共同的工作规范和价值观。每个人开始关注如何更好地实现团队目标，而不是个人的得失。这种转变使得团队工作效率得到显著提升。在这个阶段，项目经理需要继续加强团队建设，通过培训、分享等活动提升团队的整体能力和凝聚力。

在进入行动阶段时，团队已经形成了稳定的工作模式和高效的协作方式。每个成员都清楚自己的职责，并且了解如何与其他成员协同工作。这种高度默契和配合使得团队工作效率达到顶峰。在这个阶段，项目经理需要保持对团队的关注和激励，以确保团队能够持续保持高效的工作状态。

除了以上四个典型阶段，还有一些其他的因素也会影响团队建设的成功与否。例如，团队成员之间的性格差异、沟通能力、领导风格等都会对团队的工作效率产生重要影响。因此，项目经理在团队建设过程中，还需要关注这些方面，采取针对性的措施来提升团队的整体表现。一种富有建设性的方法是将项目人员按照其特点划分为九种类型，并且每种类型都有其积极和消极的一面。了解这些类型，并合理地分配角色，可以极大地提升项目的效率和质量。

下面详细介绍这九种人员类型。

（1）专家（Specialist）：这类人员专注于新技术的研发，并对自己的专业技能感到自豪。他们往往对技术有着深厚的理解，但在团队协作方面可能有所欠缺。因此，他们在项目中通常扮演技术顾问或专业指导的角色。

（2）润饰者、完工者（Completer、Finisher）：这类人员注重细节，做事有条不紊，总能坚持到底。他们对待工作认真负责，但可能过于追求完美，导致进度缓慢。在项目中，他们通常负责关键任务的完成和细节的打磨。

（3）实现者（Implementer）：这类人员是务实主义者，擅长处理复杂任务。他们忠诚可靠，但可能缺乏创新思维。在项目中，他们通常负责执行计划和任务，确保项目的顺利进行。

（4）团队者（Team Worker）：这类人员善于与团队成员沟通，擅长协调人际关系。他们乐观、外向，能够快速适应新环境。在项目中，他们通常扮演团队协调员的角色，促进团队成员之间的合作和沟通。

（5）监督评估者（Monitor Evaluator）：这类人员冷静客观，能够对当前形势进行清晰的分析。他们具备高智商和高创造力，能够快速发现问题并提出解决方案，但有时过于悲观或挑剔，可能影响团队的士气。在项目中，他们通常负责监督和评估项目进展，确保项目按照计划进行。

（6）领导者（Shaper）：这类人员积极进取，善于领导和协调团队。他们具备强烈的责任心和使命感，能够迅速找到问题的解决方案，但有时可能过于冲动或急躁，需要注意控制情绪。在项目中，他们通常担任项目经理或团队领导的角色，带领团队成员共同实现项目目标。

（7）协调者（Coordinator）：这类人员以自我为中心，具备强烈的纪律性和组织能力。他们擅长与外部机构沟通合作，为项目争取资源和支持，但在创新方面稍显不足，需要鼓励团队成员提出新想法和建议。在项目中，他们通常负责对外联络和协调工作。

（8）资源投资者（Resource Investigator）：这类人员善于从外部获取资源和信息，具备丰富的社会关系和商业头脑。他们擅长与各类人士建立联系，为项目提供必要的支持和帮助，但可能过于依赖外部资源，需要关注项目自身的可持续发展。在项目中，他们通常负责资源拓展和合作关系的建立。

（9）电厂（Plant）：这类人员具备创新思维和高智商，能够提出原创的想法和建议。他们通常以自我为中心，关注宏观层面的问题，但在接收外界批判时可能表现出攻击性。在项目中，他们通常负责创意生成和创新工作的推进。

每种类型的人员并非只能扮演一种固定角色。实际上，他们可能在不同的项目和情境中表现出不同的特点和优势。因此，在分配角色时，需要综合考虑人员的个人特点、项目需求和团队结构等因素，以实现最佳的人员配置和角色匹配。

此外，我们还可以结合具体案例和实践经验来进一步说明这些人员类型在实际项目中的应用。例如，在一个软件开发项目中，我们可以将专家类型的人员安排在技术团队中负责技术难题的攻克；将润饰者、完工者类型的人员安排在测试团队中负责产品的细节打磨和质量控制；将实现者类型的人员安排在开发团队中负责具体的编码和实施工作；将团队者类型的人员安排在项目协调团队中负责团队成员之间的沟通和协作等。

总之，通过对项目人员进行合理的分类和角色分配，我们可以更好地发挥每个人的优势和特长，提高项目的执行效率和质量。同时，我们也需要关注人员类型的消极面，及时采取措施进行改进和调整，以确保项目的顺利进行和团队的和谐稳定。

12.6.2　项目人员沟通

图 12.20　四方沟通模型

在当今复杂多变的工作环境中，有效地建立不同观点和角色之间的沟通渠道至关重要。这需要我们利用一些沟通模型和技巧来增进团队成员之间相互理解和协作。其中，四方沟通模型也被称为通信方或四耳朵模型，用于提供一种高效而全面的沟通框架。四方沟通模型由 Friedemann Schulz von Thun 提出，并得到了广泛应用，如图 12.20 所示。

四方沟通模型的核心在于，它认为每条消息或沟通行为都包含四个关键方面，并且每个方面都有其独特的重点和目的。这四个方面分别为事实（Fact）、自我揭示（Self-Revealing）、关系（Relationship）和诉求（Appeal）。下面将通过一个具体的例子来详细解析这四个方面。

假设项目经理对一名开发者说："你应对这个类进行注释。"这句话看似简单，但在四方沟通模型的框架下，它实际上包含了丰富的信息。

首先，从事实方面来看，这句话指出了开发者需要完成的一项具体任务，即对某个类进行注释。这是沟通的基础，确保了信息的准确性和清晰性。在实际沟通中，我们需要确保所传递的事实是准确无误的，以避免误解和混淆。

其次，自我揭示方面关注的是说话者的情感和态度。在这句话中，项目经理可能认为注释对代码的可读性和维护性至关重要，因此他希望开发者能够认真对待这一任务。通过了解说话者的情感和态度，我们可以更好地理解他们的立场和意图，从而做出更合适的回应。

再次，关系方面强调了沟通双方之间的关系和互动。项目经理在提出这一要求时，可能希望与开发者建立一种合作和信任的关系，共同推动项目的顺利进行。在实际沟通中，我们需要关注和维护双方的关系，以促进有效的合作和协调。

最后，诉求方面反映了说话者的期望和愿望。在这句话中，项目经理的诉求是希望开发者能够按照他的要求去做，从而提高代码的质量。了解说话者的诉求有助于我们更好地把握他们的目标和动机，从而做出更符合他们期望的回应。

在四方沟通模型的指导下，我们可以更全面地理解和分析沟通行为，从而更有效地建立和维护与不同类型、持不同见解的人员之间的沟通渠道和氛围。这不仅有助于提高工作效率和团队协作，还能促进个人成长和职业发展。因此，我们应积极学习和应用四方沟通模型，不断提升自己的沟通能力。

在组织的日常运营中，无论是从开发的角度还是管理的角度，危机管理都扮演着至关重要的角色。特别是在沟通层面，危机管理更是显得尤为关键。危机管理的一个重要任务是识别并打破那些可能导致组织陷入困境的恶性沟通循环。

恶性沟通循环是一种破坏性的互动模式，通常通过强硬、敌对的言语和行为，逐渐加深参与者之间的负面印象和误解。这种循环一旦形成，就像滚雪球一样，不断积累压力和紧张，最终可能导致严重的后果，如项目失败、员工流失等。

图 12.21 所示为恶性沟通循环的过程。在这个循环中，员工首先感受到来自领导层的巨大压力。他们可能因为担心失去工作而不得不忍受这种压力，并在工作压力和问题下继续选择努力工作。然而，这种努力往往得不到应有的认可和支持。领导者可能认为他们的决策正在发挥积极的作用，而忽略了员工的实际感受和需求。当偶尔有抱怨和挑剔产生时，他们可能会将其视为例外，而不是从根本上反思自己的领导方式。这种忽视和误解进一步加深了员工对领导层的不满和失望，导致他们更加努力地工作以证明自己的价值，同时积累了更多的负面情绪和压力。这种恶性循环就像是一个不断加速的螺旋运动，最终在某个时刻爆发，可能以项目失败、员工辞职等形式表现出来。

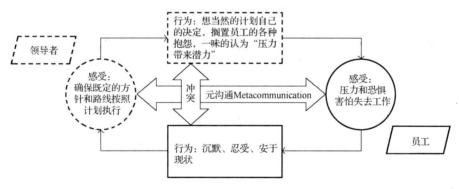

图 12.21　恶性沟通循环的过程

要打破这种恶性沟通循环，我们需要从交流的"元沟通"层面进行改善。元沟通指的是对沟通本身的感知和理解，而不是具体的行动或内容。通过更多地关注员工的实际感受和需求，而不是仅仅关注他们的工作表现，可以创建一种更加开放、更具建设性的对话环境。

在这种环境中，员工被赋予自由表达思想的权力，其声音可以被听到和理解。同时，领导者也需要放下身段，真诚地倾听员工的反馈和建议，以便更好地调整自己的领导方式。通过这种方式可以逐渐消除员工对领导层的不信任和敌意，建立起一种更加健康、积极的组织氛围。

此外，员工代表（如工会）在这一过程中也发挥着重要作用。他们可以作为员工和领导层之间的桥梁和纽带，帮助双方建立更加有效的沟通渠道。我们可以通过员工代表给予员工更多的鼓励和支持，进一步增强员工的归属感和忠诚度，从而提高组织的整体效能和竞争力。

总之，危机管理不仅仅是一种应对突发事件的手段，更是一种持续改进和优化的过程。通过打破恶性的沟通循环，我们可以建立更加健康、积极的组织氛围，提高员工的满意度和忠诚度，从而推动团队的长期稳定发展。

12.7 习题

（1）根据版本管理的机制设计一个版本仓库，并使用工具实现它。

（2）选择使用第 3 章习题中描述的一个系统需求，完成系统规模、工作量和成本估算的过程并给出结果。

（3）在如图 12.22 所示的工程网络图中，补充计算每个工作包的计划安排，并指出其关键路径。

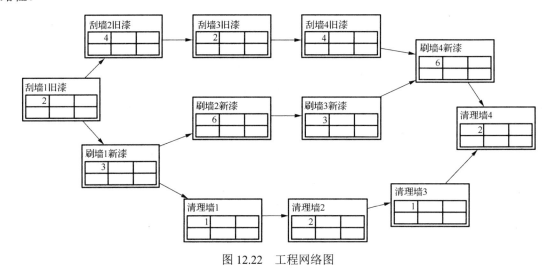

图 12.22　工程网络图

（4）在上一题的基础上，为两人的团队使用甘特图制订计划安排，要求指定每项任务的责任人，并标出可能的里程碑位置。

（5）请根据如表 12.10 所示的项目的成本数据，首先计算出项目的 BAC；然后根据 50/50 规则和 0/100 规则，计算出 BCWS、ACWP、BCWP，并进一步计算出 SPI 和 CPI；最后说明在 7 月 1 日时项目的状况如何。

表 12.10　项目的成本数据

工 作 任 务	估算的成本（千元）	到目前为止实际成本（千元）	估计完成日期	实际完成日期
T1	5	10	1 月 25 日	2 月 1 日
T2	20	15	4 月 1 日	3 月 15 日
T3	80	60	5 月 15 日	4 月 1 日
T4	30	40	6 月 15 日	5 月 20 日
T5	40	45	7 月 1 日	7 月 1 日
T6	50	—	9 月 1 日	—

（6）软件质量保证的工作任务有哪些？

第 13 章　软件过程管理与改进

在现代软件开发中，产品和服务变得越来越复杂。这些复杂的产品或服务可能由内部开发的一些组件和外部采购的其他组件共同构成，经过集成成为最终的产品或服务。面对如此复杂的开发与维护过程，组织必须具备强大的管理和控制能力。因此，有效的组织级管理成了成功的关键。

能力成熟度模型集成（CMMI）作为企业级的软件开发过程模型和质量标准，为软件开发提供了明确的方向和指导。它强调规范的软件开发必须从项目级管理开始，这是 CMMI 中明确描述和要求的。为了理解和掌握项目管理的核心知识和方法，我们需要深入学习 CMMI 所提供的框架和指南。

然而，CMMI 的价值远不止于此。它更是一个组织级的管理模型、标准和改进框架。为了系统地解决软件质量和过程管理问题，卡内基梅隆大学软件工程研究所经过多年的努力，提出了 CMMI、个体软件过程（PSP）和团队软件过程（TSP）等理念。这些理念共同构成了一个包含 CMMI、PSP 和 TSP 的完整软件过程框架。本章将重点阐述这一基于 CMMI 的组织级软件过程体系。

CMMI/TSP/PSP 被广泛认为是目前世界上非常好的软件过程管理模式之一。CMMI 提供了整体框架和目标，为组织提供了一个清晰的改进路径。PSP 针对个人软件开发者进行优化，帮助他们提高工作效率和软件质量。TSP 专注于团队层面的优化，通过明确的角色分工和协作流程，提升团队的整体效能。

本章将对这些相关知识进行深入阐述和说明，包括探讨 CMMI 的核心原则和实践方法，了解 PSP 如何帮助个人开发者提升技能和质量，以及 TSP 如何促进团队之间的有效沟通和协作。通过学习和应用这些知识，我们可以更好地理解和实施组织级的软件过程管理，从而推动软件项目的成功执行和持续改进。

13.1　软件过程管理

13.1.1　过程改进

很多与开发相关的领域越来越重视软件过程的概念，这已经是一个不争的事实。但为什么从 20 世纪 90 年代中期开始，软件过程的概念和思想越来越受到人们的重视，如何确定和组织高质量的软件开发过程？

质量的历史经历了产品发展历史的若干个阶段，其基本目标是提供给客户满意的产品。质量的概念始于产品向客户的最终交付，最终交付意味着客户对产品进行检验并接收的过程，也被称为质量控制。到了 20 世纪初，人们逐渐不满足于简单的质量控制活动，因为质量控制总是发生在产品成型之后，是一个事后的被动过程。通过对产品的最终控制，可以进行残次品数据的收集并对其进行分析，找出解决的措施，从而减少不合格产品的数量，这是一个主动应对的过程。对不合格产品的清点是常用的对过程的质量度量。另外，还一个重要的质量措施是引入生产控制，以便能够在早期发现缺陷产品并识别出产品生产过程中存在的问题。这种方法多用在质量保证措施的改进上。

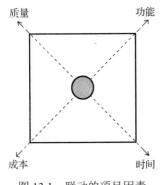

图 13.1　联动的项目因素

我们需要弄清楚为什么某个生产过程的缺陷产品数量少于其他过程，从对过程的持续改进的角度来说，过程改进是质量管理的起点。这种质量的观点要求，不仅要重视产品本身的质量，还要注重产品生产过程的质量，因为在好的产品生产过程中会以极高的概率产生高质量的产品。产品的生产过程不是一蹴而就的，而是需要不断经过改进而提高的。发现现有过程的问题并制订完善措施是过程改进不变的宗旨。图 13.1 所示为联动的项目因素，给出了互为补充的四个项目因素，其作用是联动的，如并不能简单地提高开发速度，而不增加预算、降低质量（忽略控制）或去除某些功能。但是，我们可以找到某种更好的开发过程，保证期间问题较少，因而可以实现快速的

开发，并产生高质量的产品。

承认并坚持过程改进带来的潜在积极作用，是质量管理的核心任务。要善于站在巨人的肩膀上，在别人的工作基础上进行过程的利用和改进。前面的章节已经就一些开发方法及其应用环境进行了说明，由于项目领域的多样性及边界约束的复杂性，因此一成不变的通用开发过程是不存在的。好的开发过程的产生依赖很多具体的方面，如业务领域、公司长期目标等。另外，客户群体的业务领域和需求经常会发生改变，应通过过程实现快速响应和应对变化，这些都是质量管理的范畴。总之，过程的裁剪定制和灵活性是质量管理的目标和准则。

13.1.2　能力成熟度模型

能力成熟度模型（Capability Maturity Model，以下简称 CMM）具有很多的变种，最后统一起来形成 CMMI。CMM 的初衷是为美国国防部（DoD）提供对软件开发承包商的资质评估，以增加项目开发成功的概率。此项目后来由卡内基梅隆大学的软件工程研究所负责，并形成了一套系统的评估标准，为软件开发组织提供了认证的标准和路线。模型中将过程的能力和成熟情况按照等级或成熟度进行了划分，得到阶段式 CMMI 的级别，如图 13.2 所示。

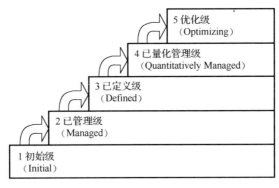

图 13.2　阶段式 CMMI 的级别

1. 初始级（Initial）

开发的初始级阶段没有引入任何系统化的过程控制，如开发过程存在很大的随意性；开发结果存在较大的不确定性，并且难以理解和回顾；开发过程经常返工，工作量翻倍是常态；被动地等待问题的出现；采用救火式的处理方式，项目成败极大地依赖员工的技能和个人的承诺。

2. 已管理级（Managed）

这个阶段的项目可以再现，项目管理起到了重要的作用，总结出了项目开发的特点和管理经验。该阶段引入了关键的子过程：需求管理（REQM）、项目计划（PP）、项目跟踪和控制（PMC）、过程和产品质量保证（PPQA）、配置管理（CM）、供应商协议管理（SAM）、度量与分析（MA）。但是，已管理级仍然采用被动的问题应对方式。

3. 已定义级（Defined）

所有已有的过程都进行了统一的文档化，使其能够被理解和利用，并为其他项目提供一个统一的框架。对过程的分析综合和协调是管理的核心，为此需要以下子过程的支持：需求定义（RD）、验证（Val）、确认（Ver）、技术方案（TS）、风险管理（RSKM）、组织级过程聚焦（OPF）、组织级过程定义（OPD）、组织级培训（OT）、集成项目管理（IPM）、决策分析和决定（DAR）。已定义级采用主动的问题应对方式。

4. 已量化管理级（Quantitatively Managed）

为了识别出哪些过程改动会带来什么样的质量变化，需要对过程和产品质量进行量化的度量。每个过程的表现都需要能够度量，并具有基于量化结果进行自我分析的能力，支持组织级过程性能（OPP）和量化项目管理（QPM）两个子过程。

5. 优化级（Optimizing）

在此阶段，公司能够基于前面的基础阶段确定更合理的优化目标，及时识别并做出必要的过程调整。优化级包含的子过程包括：组织级革新与实施（OID）、原因分析与解决（CAR）。

开发的能力与成熟度阶段性的改善过程和路线通过图 13.3 进行了可视化的描述。经过阶段 1 的杂乱无章的项目组织，在阶段 2 的软件开发中融入软件工程的思想，并在软件过程的指导下进行开发；在阶段 3 中对过程的各个环节的工作进行细化；在阶段 4 中对各个指标进行客观的量化，如评估出项目持续时间；在阶段 5 中根据新出现的问题或约束条件进行分析，并对过程进行持续改进。

CMMI 二级及以上的子过程也被称为过程域（Process Area）。每个过程域具有一系列的目标，包括特定目标（Specific Goals）和通用目标（General Goals），并给出其对应的特定实践（Specific Practice）和通用实践（General Practice）。这里主要关注的是特定目标，即那些受制于企业的某些具体行为的过程片段，也是企业进行过程改进的重点内容。图 13.4 所示为使用 CMMI 进行过程改进的简单示意图，左侧是一个产品计划的原始步骤，其中的活动没有经过特别的优化，右侧参考了 CMMI，并对模型中的工作包定义进行了具体的改进。

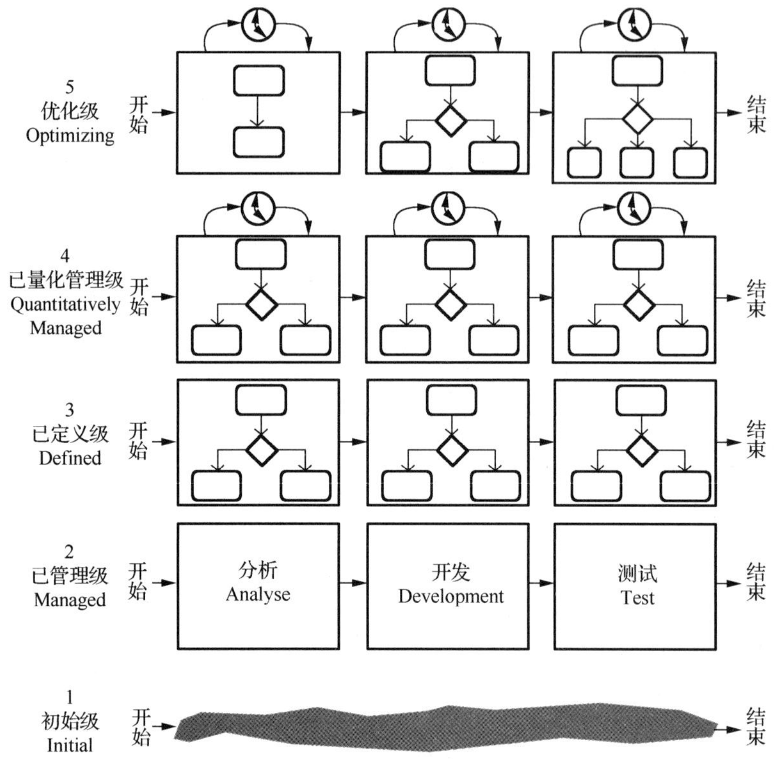

图 13.3　CMMI 与过程改进

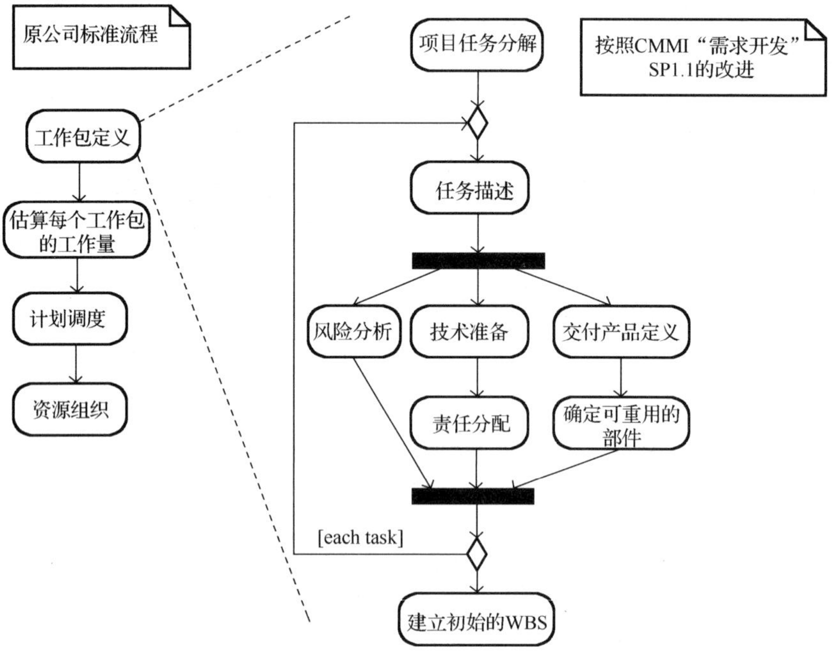

图 13.4　使用 CMMI 进行过程改进的简单示意图

　　实践表明，企业成熟度向高一级别的发展需要有足够的时间积累，一般至少为两年。软件过程不能纸上谈兵，或者由上到下命令式推进，一定要得到所有员工的认可并作为必不可少的手段融入日常工作中，潜移默化地影响员工的做事方式，统一思想，行动一致，这就是企业文化的作用。

图 13.2 给出的实际上为 CMMI 阶段模型，每个阶段定义了若干个过程域，只有完成了过程域规定的要求，才可以过渡到下一个阶段。这类似在大学四年里，每年安排一定的课程和学分要求，当通过所有的考核时，可以升级到下一个年级。因此，CMMI 阶段模型旨在提高综合能力和成熟度。CMMI 还提供了一种连续模型供使用。连续模型强调的是对某些能力的重视和不断优化，而不是明显的阶段划分和引领，注重的不是综合能力和全面成熟度的提升，因此对连续模型不做展开介绍。

13.1.3　CMMI 过程域

简单地说，过程域是做好一件事情的某一个方面。对应软件开发来说，过程域是做好软件开发的某一个方面。CMMI 中过程域的主要内容分为四大类，共 22 个，其中 2~3 级有 18 个，4~5 级有 4 个。

1．过程管理类

（1）OPD（Organizational Process Definition，组织级过程定义）：建立和维护有用的组织级过程资产。

（2）OPF（Organizational Process Focus，组织级过程焦点）：在理解现有过程强项和弱项的基础上，计划和实施组织过程改善。

（3）OT（Organizational Training，组织培训）：增强组织各级人员的技能，使他们能有效地执行任务。

2．项目管理类

（1）PP（Project Plan，项目计划）：保证在正确的时间有正确的资源可用。为每个人员分配任务、协调工作，并根据实际情况调整项目。

（2）PMC（Project Monitoring and Control，项目监督与控制）：通过对项目的跟踪与监控活动，及时反映项目的进度、费用、风险、规模、关键计算机资源及工作量等情况，并通过对跟踪结果的分析，依据跟踪与监控策略采取有效的行动，使项目能在既定的时间、费用、质量要求等情况下完成。

（3）SAM（Supplier Agreement Management，供应商协议管理）：旨在对以正式协定的形式从项目之外的供应商采办的产品和服务实施管理。

（4）IPM（Integrated Project Management，集成项目管理）：根据从组织标准过程剪裁而来的集成、定义的过程对项目和系统涉众的介入进行管理。

（5）RSKM（Risk Management，风险管理）：识别潜在的问题，以便策划应对风险的活动和必要时在整个项目生命周期中实施这些活动，缓解不利的影响，从而实现目标。

（6）REQM（Requirement Management，需求管理）：需求管理的目的是在客户和软件项目之间需要满足需求建立和维护一致的约定。

3．工程类

（1）RD（Requirement Development，需求开发）：用于定义系统的边界和功能性、非功能性需求，以便系统涉众和项目团队对开发的内容达成一致。

（2）TS（Technical Solution，技术解决方案）：开发、设计和实现满足需求的解决方案。解决方案的设计和实现等都围绕产品、产品组件和与过程有关的产品。

（3）PI（Product Integration，产品集成）：从产品部件组装产品，确保集成产品功能正确并交付产品。

（4）VAL（Validation，确认）：确认产品或产品部件在实际应用中满足应用要求。

（5）VER（Verification，验证）：验证选定的工作产品满足需求规格。

4．支持类

（1）CM（Configuration Management，配置管理）：建立和维护在项目的整个软件生命周期中软件项目产品的完整性。

（2）PPQA（Process and Product Quality Assurance，过程和产品质量保证）：为项目团队和管理层提供项目过程和相关工作产品的客观信息。

（3）MA（Measurement and Analysis，测量与分析）：通过开发和维持度量的能力，以便支持对管理信息的需要。

（4）DAR（Decision Analysis and Resolution，决策分析与解决）：应用正式的评估过程，依据指标评估候选方案，在此基础上进行决策。

第 4 级除第 2 级和第 3 级所涵盖的 18 个过程域之外，还增加了以下 2 项。

（1）OPP（Organizational Process Performance，组织过程性能）：属于过程管理类，用于建立与维护组织过程性能的量化标准，以便使用量化的方式管理项目。

（2）QPM（Quantitative Project Management，量化的项目管理）：属于项目管理类，通过量化管理项目已定义的项目过程，从而达到项目既定的质量和过程性能的目标。

第 5 级除以上 20 个过程域之外，还增加了以下 2 项。

（1）OPM（Organizational Performance and Management，组织的绩效与管理）：属于过程管理类，用于选择并推动渐进创新的组织过程和技术改善，由于改善应是可度量的，因此所选择和推动的改善需要支持基于组织业务目的的质量及过程执行目标。

（2）CAR（Causal Analysis and Resolution，因果分析与解决）：属于支持类，通过识别缺失的原因并对其进行矫正，从而进一步防止缺失再次发生。

能力成熟度集成（CMMI）核心过程域如表 13.1 所示。

表 13.1　能力成熟度集成（CMMI）核心过程域

缩　　写	英 文 名 称	中 文 名 称	领 域 类 别	成熟度等级
CAR	Causal Analysis and Resolution	因果分析与解决	支持类	5
CM	Configuration Management	配置管理	支持类	2
DAR	Decision Analysis and Resolution	决策分析与解决	支持类	3
IPM	Integrated Project Management	集成项目管理	项目管理类	3
MA	Measurement and Analysis	测量与分析	支持类	2
OPD	Organizational Process Definition	组织级过程定义	过程管理类	3
OPF	Organizational Process Focus	组织级过程焦点	过程管理类	3
OPM	Organizational Performance Management	组织的绩效与管理	过程管理类	5

续表

缩　写	英　文　名　称	中　文　名　称	领　域　类　别	成熟度等级
OPP	Organizational Process Performance	组织过程性能	过程管理类	4
OT	Organizational Training	组织培训	过程管理类	3
PMC	Project Monitoring and Control	项目监督与控制	项目管理类	2
PP	Project Planning	项目计划	项目管理类	2
PPQA	Process and Product Quality Assurance	过程和产品质量保证	支持类	2
QPM	Quantitative Project Management	量化的项目管理	项目管理类	4
REQM	Requirements Management	需求管理	项目管理类	2
RSKM	Risk Management	风险管理	项目管理类	3
SAM	Supplier Agreement Management	供应商协议管理	项目管理类	2
RD	Requirement Development	需求开发	工程类	3
TS	Technical Solution	技术解决方案	工程类	3
PI	Product Integration	产品集成	工程类	3
VAL	Validation	确认	工程类	3
VER	Verification	验证	工程类	3

　　过程域的描述使用了一个统一的框架结构，如图 13.5 所示。也就是说，每个过程域都需要有目的陈述、简介、相关过程域，还需要有特定目标及其达成目标的特定实践，并且特定实践中包含了一系列具体实施的子实践，以及使用的工作产品实例。此外，每个过程域还需要有通用目标，而通用目标的达成依赖于实施通用实践。每个通用实践也包含一系列的子实践和通用实践详细说明。

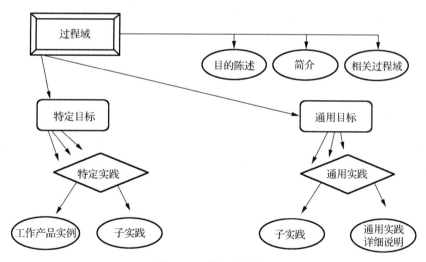

图 13.5　过程域的描述

　　它们的详细含义如下。

　　（1）目的陈述：描述了过程域的目的。例如，"组织级过程定义"过程域的目的是"建立并维护一套可用的组织级过程资产、工作环境标准，以及团队规则与指南"。

　　（2）简介：过程域的简介描述了过程域所涉及的主要概念。例如，"项目监督与控制"过程域的简介是"当实际状态与预期情况显著偏离时，要酌情采取纠正措施"。

（3）相关过程域：列出了相关过程域的引用，反映了过程域之间高层次的关系。例如，"项目计划"过程域的相关过程域中的一条引用是"参阅'风险管理'过程域，以进一步了解如何识别、分析并缓解风险"。

（4）特定目标：描述了为满足过程域而必须呈现出的独特特征，在评估中用于帮助确定过程域是否得到满足。例如，"配置管理"过程域中的一个特定目标是"基线的完整性得到建立与维护"。只有特定目标陈述才是必需的模型组件。特定目标的标题（前面标有目标编号）及与目标相关联的注释被视为说明性的模型组件。

（5）通用目标：通用目标中的"通用"是指同样的目标陈述适用于多个过程域。通用目标描述了把某一过程域相关过程制度化所必须呈现的特征，并在评估中用于确定过程域是否得到满足。通用目标的一个实例是"过程得到制度化为已定义的过程"。

（6）特定实践：对活动的描述。该活动被认为在达成所关联的特定目标方面具有重要性。特定实践描述了在特定过程域中执行的活动，这些活动旨在实现该过程域的特定目标。特定实践属于期望的模型组件。例如，"项目监督与控制"过程域中的一条特定实践是"对照项目计划，监督所识别的承诺"。

（7）工作产品实例：列出了特定实践的输出例子。例如，"项目监督与控制"过程域中"监督项目计划参数"特定实践的一个工作产品实践是"重大偏差记录"。

（8）子实践：为解释和实施特定实践或通用实践提供指导的详细描述。子实践的措辞可能会让人感觉是规定的做法，但实际上它们只是为过程改进提供可能有用的思路。例如，"项目监督与控制"过程域中"采取纠正措施"特定实践的一个子实践是"确定所需的适当措施并将其文档化，以处理已识别的问题"。

（9）通用实践：通用实践中的"通用"是指相同的实践适用于多个过程域。与通用目标相关联的通用实践描述了一些活动，这些活动被认为对通用目标的达成具有重要意义，并且有助于过程域所关联过程的制度化。例如，"过程得到制度化为已管理的过程"通用目标中的一条通用实践是"提供充分的资源，以执行过程、开发工作产品并提供过程的服务"。

（10）通用实践详细说明：出现在通用实践之后，为该通用实践在某一过程域的特定应用中提供指导。例如，"项目计划"过程域中"执行特定实践"通用实践的详细说明是"本通用实践的目的在于产生工作产品与交付服务，这些产品与服务是实施（执行）过程所期望得到的。这些实践能够以非正式方式完成，而不用遵循文档化的过程描述或计划。执行这些实践的严格程度取决于管理与实施该项工作的个人，并可能有很大的差异"。

下面以 CMMI 中 2 级的"项目计划"过程域为例，使用这个框架结构描述过程域，如图 13.6～图 13.9 所示。

项目计划（PP）

过程域名称

成熟度2级项目管理类过程域

成熟度等级

过程域类型

目的

项目计划（Project Planning，PP）的目的在于建立并维护定义项目活动的计划。

目的陈述

简介

简介

项目计划是有效管理项目的关键之一。"项目计划"过程域包含以下活动：

- 制订项目计划。
- 适当地与相关人员配合。
- 获得对计划的承诺。
- 维护计划。

项目计划工作包括估算工作产品与任务的属性、确定需要的资源、协商承诺、安排进度及识别并分析项目风险。为了建立项目计划，可能需要反复进行这些活动。项目计划提供了执行并控制项目活动的基础，这些活动实现了项目客户的承诺。

图 13.6 "项目计划"过程域的基本描述结构

SG 1　建立估算

特定目标

项目计划参数的估算得到建立与维护。

项目计划参数包括项目执行必要的计划、组织、人员配备、指导、协调、报告及预算等工作所需要的所有信息。

对计划参数的估算应该具备合理可靠的基础，使人们相信基于这些估算得出的计划足以支持项目目标的达成。

估算这些参数时要考虑的因素包括项目需求——包含产品需求、组织提出的需求、客户提出的需求，以及影响项目的其他需求。

为了评审、对计划的承诺及进展过程中对计划的维护，需要将估算依据和支持数据文档化。

SP 1.1　估算项目范围

特定实践

建立顶层的工作分解结构（Work Breakdown Structure，WBS），以估算项目范围。

WBS与项目一同演进。顶层的WBS可以用来构建初始估算。通过WBS的开发，整个项目被划分为一组相互关联且可管理的组成部分。

WBS通常以面向产品、工作产品或任务的方式为结构，提供一个原理框架，从而识别并组织将要管理的工作逻辑单元。该工作逻辑单元也被称为"工作包（Work Package）"。WBS为分配工作、进度与职责提供了参考和组织机制，并作为计划、组织与控制项目工作的基础框架。

图 13.7 "项目计划"过程域的特定目标和特定实践描述结构

273

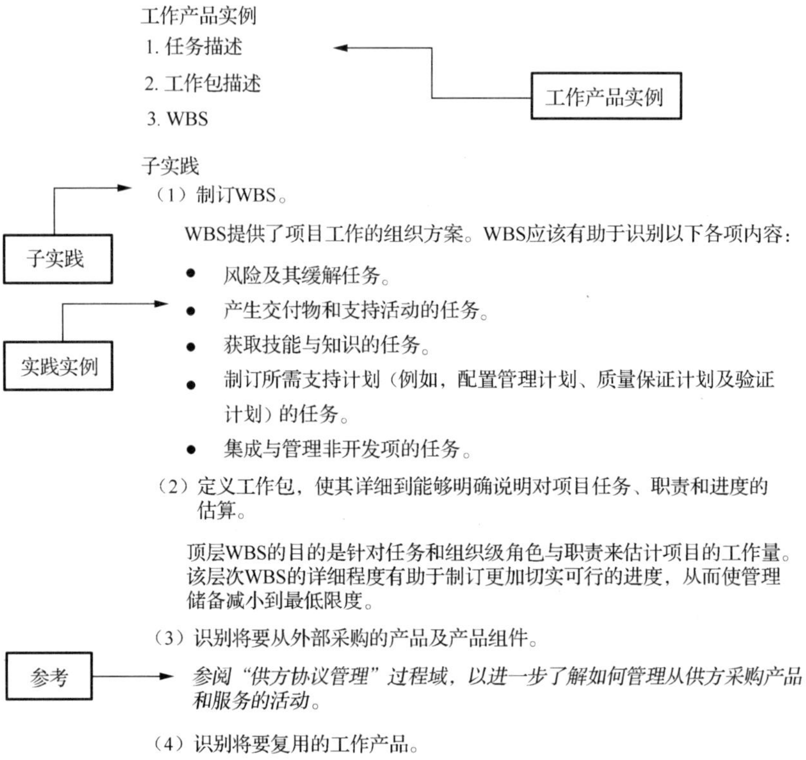

工作产品实例
1. 任务描述
2. 工作包描述
3. WBS
工作产品实例
子实践
（1）制订WBS。
子实践
WBS提供了项目工作的组织方案。WBS应该有助于识别以下各项内容：
风险及其缓解任务。
产生交付物和支持活动的任务。
实践实例
获取技能与知识的任务。
制订所需支持计划（例如，配置管理计划、质量保证计划及验证计划）的任务。
集成与管理非开发项的任务。
（2）定义工作包，使其详细到能够明确说明对项目任务、职责和进度的估算。
顶层WBS的目的是针对任务和组织级角色与职责来估计项目的工作量。该层次WBS的详细程度有助于制订更加切实可行的进度，从而使管理储备减小到最低限度。
（3）识别将要从外部采购的产品及产品组件。
参考
参阅“供方协议管理”过程域，以进一步了解如何管理从供方采购产品和服务的活动。
（4）识别将要复用的工作产品。

图 13.8 “项目计划”过程域的特定子实践描述结构

通用目标与通用实践
本节描述所有的通用目标与通用实践及其相关联的子实践、说明、实例与参考。通用目标按照数字顺序排列成GG1到GG3。通用实践也按照数字顺序排列在各自所支持的通用目标之下。
GG 1 达成特定目标
过程域的特定目标得到过程的支持，过程的支持通过将可识别的输入工作产品转换为可识别的输出工作产品来实现。
通用目标
GP 1.1 执行特定实践
通用实践
执行过程域的特定实践，以开发工作产品并提供服务来达成过程域的特定目标。
本通用实践的目的在于产生工作产品与交付服务，这些产品与服务是实施（执行）过程所期望得到的。这些实践能够以非正式方式完成，而不用遵循文档化的过程描述或计划。执行这些实践的严格程度取决于管理与实施该项工作的个人，并可能有很大的差异。
通用实践详细说明

图 13.9 “项目计划”过程域的通用目标和通用实践描述结构

在 CMMI 中，“项目计划”过程域的特定目标和通用目标及其实践一览表，如表 13.2 所示。

表 13.2 “项目计划”过程域的特定目标和通用目标及其实践一览表

SG 1	项目计划参数的估算得到建立与维护	
	SP 1.1	建立顶层的工作分解结构（Work Breakdown Structure，WBS），以估算项目范围
	SP 1.2	建立和维护工作产品和任务属性的评估
	SP 1.3	定义项目生命周期阶段，以确定计划工作量的范围
	SP 1.4	根据估算原理估算项目工作产品和任务的工作量和成本

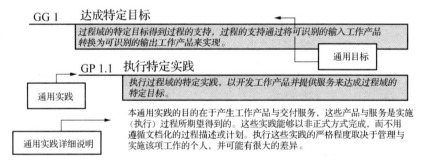

SG 2		建立和维护项目计划，作为管理项目的基础
	SP 2.1	建立和维护项目的预算和进度
	SP 2.2	识别和分析项目风险
	SP 2.3	为项目数据的管理做计划
	SP 2.4	为执行项目的资源做计划
	SP 2.5	为项目实施所需的知识和技能做计划
	SP 2.6	为系统涉众的参与做计划
	SP 2.7	建立和维护总体项目计划
SG 3		对项目计划的承诺进行确定并维护
	SP 3.1	审查影响用于理解项目承诺的所有计划
	SP 3.2	调整项目计划，以协调可用资源和估计资源
	SP 3.3	获得相关利益获得者的承诺，负责实施和支持计划的执行
GG 2		过程被制度化为一个管理过程
	GP 2.1	制订和维护用于策划和执行过程的组织政策
	GP 2.2	制订和维护过程执行的计划
	GP 2.3	为执行过程、开发工作产品和提供过程服务提供充足的资源
	GP 2.4	指定执行过程、开发工作产品和提供过程服务的职责和权限
	GP 2.5	根据需要培训执行或支持过程的人员
	GP 2.6	将选定的过程工作产品置于适当的控制级别下
	GP 2.7	按计划确定和涉及过程相关的系统涉众
	GP 2.8	根据过程执行的计划监控过程，并采取适当的纠正措施
	GP 2.9	客观评估过程和所选工作产品与过程描述、标准和规程的一致性，并解决不符合项
	GP 2.10	与高级管理层一起审查过程的活动、状态和结果，并且解决问题
GG 3		过程被制度化为一个已定义的过程
	GP 3.1	建立和维护已定义过程的描述
	GP 3.2	从执行过程中收集获得的与过程相关的经验，用于支持过程的未来使用和组织过程资产的改进

本书没有对 CMMI 从 2 级到 5 级的所有过程域内容进行全部介绍，读者可以参考相关专业书籍和资料进一步学习。

13.2 个体软件过程

CMMI 框架的应用范围广泛，涉及整个组织，从而引发一个问题：引入 CMMI 后，会对每位员工带来多大的影响？CMMI 的主要开发者 Humphrey 认为，CMMI 不仅关注整个组织的过程改进，还为每位员工定义了阶段性的能力和成熟度。这种能力被称为个体软件过程（Personal Software Process，以下简称 PSP），如图 13.10 所示。PSP 是一个旨在帮助开发者提升个人工作能力和效率的过程模型。

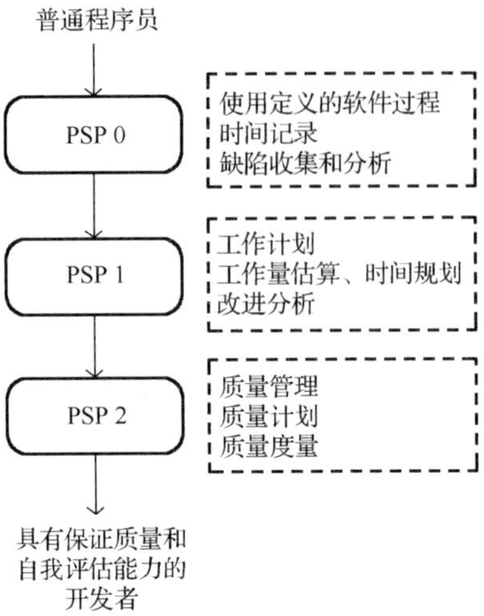

普通程序员

图 13.10　个体软件过程

在 PSP 的初始阶段，即 PSP0，员工需要理解软件过程的思想，并且能够完成相应的开发工作。这意味着，员工需要掌握基本的软件开发技能，并且能够在团队中有效地协作。

为了向 PSP1 升级，员工需要总结总体工作时间，并对出现的缺陷进行度量。在这一阶段，员工需要具备对自己的工作进行评估的能力。例如，他们应该能够使用功能点方法计算工作量，并对过程细节有一定的理解。虽然对过程细节的理解在这个阶段并不是必需的，但对相似任务的工作量评估通常会使用类比评估法。

有了对自己工作量的评估结果，开发者可以计划个人的工作安排，并对个人过程进行改进。通过实际开发时间和缺陷的度量，开发者可以确定对个人过程的改进是否带来了工作结果的改进。这有助于员工在后续的开发工作中不断优化自己的工作流程，提高开发效率和质量。

在 PSP2 的最终阶段，要求开发者能够树立自己的质量目标，并通过自我评审来评估工作效率。这意味着，员工需要具备自我驱动和自我改进的能力，能够不断挑战自己，追求卓越。同时，员工还应该具备对软件开发过程中可能出现的问题进行预测和防范的能力。

总的来说，PSP 的目标是培养开发者在尽可能准确设置的时间段中完成高质量的工作。通过 PSP 的逐步升级，员工可以不断提升自己的软件开发能力和效率，为组织的整体发展做出贡献。

此外，值得一提的是，在 CMMI 框架下，员工被鼓励将创造性的内容融入具体的任务中。这是因为在传统的、不断重复的软件过程中往往缺乏创新和突破。通过鼓励员工发挥创造力，不断推动技术创新和产品创新，从而在激烈的市场竞争中保持领先地位。

综上所述，引入 CMMI 框架对每位员工都会带来深远的影响。通过 PSP 的逐步升级和个人能力的提升，员工可以不断提升自己的工作效率和质量，为组织的整体发展做出贡献。同时，通过发挥创造力，员工还可以为组织带来更多的创新和突破。

13.3　团队软件过程

在现代软件工程中，一个成功的项目往往需要一支庞大且多才多艺的团队共同努力。这是因为随着科技的飞速发展，软件系统的复杂性和规模也在日益增长，单凭一个开发者已经难以应对。为了开发出高质量、功能丰富的产品，开发者必须与来自不同领域、具备各种专业技能的人员紧密合作。

为了实现这一目标，建立一个高效、协同的工作环境至关重要。在这样的环境中，不同领域的专家能够充分发挥各自的优势，将各自的技能融合在一起，共同为项目的成功贡献力量。团队软件过程（Team Software Process，以下简称 TSP）技术正是为此而生。

TSP 对软件过程的定义、度量和改进提出了一整套原则、策略和方法，把 CMMI 要求实施的管理与 PSP 要求开发者具有的技巧结合起来，旨在按时交付高质量的软件，并把成本控制在预算的范围内。

TSP 诞生于 1998 年，建立在 PSP 的基础之上，旨在帮助团队更加高效地构建软件密集型产品。PSP 和 TSP 技术的核心理念是：一个清晰定义、结构化的软件开发过程能够显著提升个人的工作质量和效率。为了实现这一目标，需要专业的软件工程师来定义这个过程，测量和跟踪他们的工作，帮助他们更好地理解自己所从事的工作，并提供必要的信息来评估和学习他们的经验。

TSP 作为一个框架，为个人提供了一个将自身工作过程和技能与团队成熟的过程管理技术相结合的平台。在这个框架内，团队成员可以充分发挥自己的专长，同时借助团队的力量，完成高质量的软件开发工作。一致和明确的过程使用不仅为团队协作提供了有效的基础，还激发了团队成员的创造性和创新精神，从而创造出一个富有生产性的工作环境。

（1）TSP 注重过程和方法的规范化。它提供了一个清晰的、可重复的软件开发流程，包括需求分析、设计、编码、测试和维护等各个环节。这样的流程可以确保软件开发的每个阶段都得到有效控制，从而降低项目风险，提高软件质量。

（2）TSP 强调团队协作和沟通。在 TSP 中，团队成员需要共同参与到过程的定义、测量和跟踪中，相互协作，共同解决问题。这种团队协作的方式不仅有助于提升团队凝聚力，还能让团队成员更好地了解彼此的工作习惯和优势，从而实现优势互补，提高整体工作效率。

（3）TSP 注重持续改进和学习。它鼓励团队成员不断反思自己的工作过程，总结经验教训，以便在未来的项目中更好地应对类似的问题。这种持续改进的精神使得 TSP 成为一个动态的、不断发展的过程模型，能够适应不断变化的市场需求和技术环境。

图 13.11 所示为团队软件过程。TSP 框架结构包括一系列能力领域，每个能力领域都由一组相互关联的知识域组成。知识域又由概念和技能组成，这些概念和技能是知识域中包含的最小信息单位。概念用于描述 TSP 内容的智能方面，即技术的信息、事实、术语和哲学成分。技能是指个人理解和应用一个或多个概念的能力。

在 TSP 中，能力领域被划分为六个关键部分，共同构成了 TSP 的完整框架。这六个能力领域分别为 TSP 基础和原理、团队基础、TSP 的项目策划、TSP 的项目

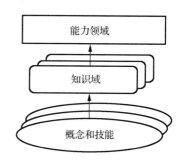

图 13.11　团队软件过程

实施和跟踪、收集和使用 TSP 数据，以及扩大 TSP。每个能力领域都全面描述了相关的知识域，以及知识域中的概念和技能，供团队应用到项目管理中。

TSP 基础和原理是 TSP 的基石，深入剖析了 TSP 的核心价值观和原则，为整个 TSP 过程

提供了理论支撑。团队基础则着重于建立高效协作的团队文化，通过明确团队角色、责任和沟通机制，确保团队成员能够充分发挥各自的优势，形成强大的团队合力。

在 TSP 的项目策划阶段，团队需要制订详细的项目计划，明确项目的目标、范围、时间和资源等方面的要求。这一阶段需要运用各种项目管理工具和方法，确保项目计划的合理性和可行性。而 TSP 的项目实施和跟踪阶段，则是对项目计划的具体执行和监控。团队需要按照计划有序推进项目，同时密切关注项目的进展和变化，及时采取应对措施，确保项目能够按时、按质完成。

收集和使用 TSP 数据是 TSP 过程中不可或缺的一环。通过对项目数据的收集、分析和利用，团队可以更加准确地了解项目的实际情况和存在的问题，为项目决策提供有力支持。同时，这也是一个持续改进的过程，团队可以根据数据分析结果，不断优化项目管理流程和方法，从而实现项目管理水平的提升。

扩大 TSP 是一个持续发展的过程。随着团队的不断壮大和项目的不断增加，TSP 需要不断扩展其应用范围和深度，以适应不断变化的市场需求和业务环境。这需要团队具备创新意识和学习能力，不断探索新的项目管理理念和方法，将 TSP 与实际应用相结合，实现高效和卓越的项目管理。

在 TSP 过程中，认证是一个重要的环节。当过程满足了一些预定的要求和约束时，我们可以按照某些标准对过程进行认证。这些认证标准通常来自不同的业务领域，如 ISO 9000 质量体系就是一个广泛使用的认证标准，能够在很多不同的业务领域提供客观、严谨、可量化的标准和规范。对于 IT 服务管理领域，ITIL（Information Technology Infrastructure Library）是一个重要的认证标准，为企业的 IT 服务管理实践提供了一个全面、系统的指导和规范。对于软件开发领域，SPICE（Software Process Improvement and Capability dEtermination）是一种类似于 CMMI 的机制，提供了对软件开发公司的过程质量进行评估的框架和标准。

通过认证，团队可以证明其所实施的过程的有效性和可靠性，提升其在行业中的竞争力和信誉度。同时，认证也是一个持续改进的过程。团队可以通过认证反馈和指导，不断完善其项目管理流程和方法，提升项目管理的成熟度和绩效水平。

成功的质量管理如果仅将优化的过程和准则记录下来，则不足以在实践中发挥作用。过程首先要以制度的形式体现出来，为员工所接受。只有当员工意识到过程改进涉及每个人的切身利益，并且都乐意为之努力和付出时，在全员参与的基础上，才能实现全面质量管理的思想，这时的软件过程是一个企业的财富。

13.4　习题

1. 在 CMMI 阶段式表述中，5 个等级的关注点分别是什么？
2. 在 CMMI 中，过程域可以分为哪些类型？每种类型中都有哪些过程域？
3. 请举例说明 CMMI 过程域的结构及其作用。
4. 请简单说明 PSP 的含义。
5. 请简单说明 TSP 的含义。